ISBN 978-1-397-32308-8
PIBN 11374561

This book is a reproduction of an important historical work. Forgotten Books uses state-of-the-art technology to digitally reconstruct the work, preserving the original format whilst repairing imperfections present in the aged copy. In rare cases, an imperfection in the original, such as a blemish or missing page, may be replicated in our edition. We do, however, repair the vast majority of imperfections successfully; any imperfections that remain are intentionally left to preserve the state of such historical works.

1 MONTH OF
FREE
READING

at

www.ForgottenBooks.com

By purchasing this book you are eligible for one month membership to ForgottenBooks.com, giving you unlimited access to our entire collection of over 1,000,000 titles via our web site and mobile apps.

To claim your free month visit:

www.forgottenbooks.com/free1374561

English
Français
Deutsche
Italiano
Español
Português

www.forgottenbooks.com

Mythology Photography **Fiction**
Fishing Christianity **Art** Cooking
Essays Buddhism Freemasonry
Medicine **Biology** Music **Ancient**
Egypt Evolution Carpentry Physics
Dance Geology **Mathematics** Fitness
Shakespeare **Folklore** Yoga Marketing
Confidence Immortality Biographies
Poetry **Psychology** Witchcraft
Electronics Chemistry History **Law**
Accounting **Philosophy** Anthropology
Alchemy Drama Quantum Mechanics
Atheism Sexual Health **Ancient History**
Entrepreneurship Languages Sport
Paleontology Needlework Islam
Metaphysics Investment Archaeology
Parenting Statistics Criminology
Motivational

MEMORIAS

DE LA

Sociedad Científica "Antonio Alzate."

MÉMOIRES

DE LA

SOCIÉTÉ SCIENTIFIQUE

"Antonio Alzate."

Publiés sous la direction de

RAFAEL AGUILAR Y SANTILLAN,

Secrétaire perpétuel,

TOME 21
1904.

MEXICO
IMPRIMERIE DU GOUVERNEMENT FÉDÉRAL.
—
1904

MEMORIAS

DE LA

SOCIEDAD CIENTÍFICA

"Antonio Alzate."

Publicadas bajo la dirección de

RAFAEL AGUILAR Y SANTILLÁN,

Secretario perpetuo.

TOMO 21
1904.

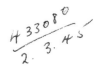

MÉXICO

IMPRENTA DEL GOBIERNO FEDERAL, EN EL EX-ARZOBISPADO
(Avenida Oriente 2, Núm. 726.)

SOCIÉTÉ SCIENTIFIQUE "ANTONIO ALZATE."

MEXICO.

FONDÉE EN OCTOBRE 1884.

Membres fondateurs.

M M. Rafael Aguilar y Santillán, Guillermo B. y Puga, Manuel Marroquín y Rivera et Ricardo E. Cicero.

Vice - Président honoraire perpétuel.

M. Ramón Manterola.

Secrétaire général perpétuel.

M. Rafael Aguilar y Santillán.

Q 23 A6 t.21

Conseil directif.—1903.

PRÉSIDENT.—Dr. Ricardo E. Cicero.
VICE-PRÉSIDENT.—Ing. T. L. Laguerenne.
SECRÉTAIRE.—Dr. José Guzmán.
VICE-SECRÉTAIRE.—Ing. Jesús Meza
TRÉSORIER PERPÉTUEL.—M. José de Mendizábal.

La Bibliothèque de la Société (Ex-Mercado del Volador), est ouverte au public tous les jours non fériés de 4 h. à 7 h. du soir.

Les "Mémoires" et la "Revue" de la Société paraissent par cahiers in 8? de 64 pags. tous les mois.

La correspondance, mémoires et publications destinés à la Société, doivent être adressés au   Secrétaire général à
                Palma 13.—MÉXICO (Mexique).

LES MASSES ÉRUPTIVES INTRUSIVES ET LA FORMATION DES MONTAGNES

PAR LE DOCTEUR

CARLOS BURCKHARDT, M. S. A.

Suivant *E. Suess*, le maitre des géologues actuels, on s'est accoûtumé d'admettre que les roches éruptives intrusives, intercalées dans les grandes chaines de montagnes, ont joué un rôle tout–à–fait "passif" lors de la formation de ces chaînes. Ces roches, dit on généralement, sont plus anciennes que le mouvement orogénique et ont été disloquées beaucoup plus tard ensemble avec les sédiments qui les entourent.

Ainsi, loin d'avoir contribué par leur éruption à la formation des grandes chaines, ces roches seraient "passives" par rapport au soulèvement des montagnes.

Dans ces derniers temps plusieurs géologues, entre lesquels nous citons *Branco* et *Salomon,* ont protesté contre ces généralisations. Mes propres études dans le Palatinat rhénan bavarois m'ont fourni de nouvelles dates, qui peuvent être invoquées en faveur de la supposition que les roches éruptives intrusives ont pu jouer un rôle actif dans la formation des montagnes. Une description détaillée de la région étudiée par moi sera publiée en bref dans les "Geognostische Jahreshefte" (Munich) sous le titre Geologische Untersuchungen im Gebiet zwischen Glan und Lauter. Ici je me contenterai à donner un résumé de ce travail.

Le pays situé entre les fleuves Glan et Lauter (Palatinat rhénan bavarois) est remarquable déjà par sa configuration orographique. Trois montagnes isolées attirent dans cette région notre attention: ce sont le "Königsberg," "Hermannsberg" et "Potzberg." Ces trois cimes forment des surélévations sur la crête du grand anticlinal, qu'on appelle "Pfälzer Sattel" (Anticlinal du Palatinat) et qui—dirigé du sudouest au nord-est—traverse aussi notre région. Le centre des trois cimes mentionnées [1] est formé par des Porphyres quartzifères occupant le noyau des montagnes. Leur éruption est postérieure à la formation des roches sédimentaires qui les entourent car ils ont pénétré dans les sédiments superposés sous forme de filons en les métamorphisant. Ce sont donc des roches intrusives, qui affectent selon mes recherches la forme de "*Laccolithes.*"

Les sédiments, qui entourent et couvrent les Porphyres, appartiennent aux différents étages du terrain houiller supérieur (Couches d'Ottweiler) et du terrain permien inférieur (couches de Cusel et de Lebach de l' "Unterrotliegendes"). Ils affectent une forme de dislocation tout-à-fait particulière car ils plongent de tous les côtés du noyau porphyrique vers l'extérieur en s'enveloppant les uns les autres, de manière que nous distinguons du noyau éruptif vers l'extérieur de la montagne plusieures couches de plus en plus modernes à mesure qu'on s'éloigne du centre (voir les figures).

Dans certains endroits les sédiments recouvrent la masse porhyrique centrale en formant un toit sur elle, dans d'autres le noyau éruptif est actuellement dépourvu de cette couverture sédimentaire; mais il n'y a pas de doutes qu'il en a été recouvert partout jadis et que ce n'est que l'érosion, qui l'a enlevé en beaucoup d'endroits.

Nos trois cimes sont donc à comparer à de *grandes coupoles,* dont le centre est occupé par le porphyre tandis que les parties extérieures sont formées de couches carbonifères et per-

---

[1] Au Potzberg l'existence dans les profondeurs du porphyre est très probable. Comp. mon travail définitif.

miennes, qui s'enveloppent tour à tour en plongeant partout
du centre de la coupole vers l'extérieur. Par conséquent les
couches sédimentaires, au lieu d'affecter une direction linéaire
comme d'habitude, montrent au contraire une direction circu-
laire. Il s'en suit qu'on peut tracer des profils dans toutes
les directions possibles à travers n'importe laquelle des trois
cimes et que dans toutes ces coupes on observera quand même
exactement la même structure: toujours un noyau laccolithi-
que porphyrique et des deux côtés des couches carbonifero-
permiennes plongeant vers l'extérieur et formant le toit de la
coupole audessus du noyau éruptif (voir les figures 1 et 2).

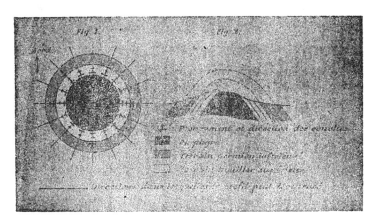

Nous avons déjà remarqué que l'intrusion des laccolithes
porphyriques a eu lieu beaucoup plus tard que la formation des
sédiments qui les entourent, et nous pouvons admettre que
cette intrusion a eu lieu vers la fin du dépôt des couches permiennes inférieures (Unterrotliegendes) en même temps avec
les mouvements orogéniques qui ont fait naître les trois coupoles sédimentaires.

En tenant compte de ces faits il me parait évident que
l'intrusion des laccolithes porphyriques a fait naître les coupoles et a eu sa part active dans la formation des montagnes.
Ainsi, quoique les masses intrusives de la région ne soient

certes pas responsables de la formation du grand anticlinal
du Palatinat dans sa totalité, elles ont cependant sans doute
coopéré à sa formation en faisant naître les coupoles sédimentaires qui le couronnent.

Nous sommes donc disposé à croire que les roches éruptives n'ont pas toujours joué le rôle passif, qu'on leur attribue
généralement mais qu'elles ont souvent pu coopérer active-
ment dans la formation des grandes chaînes de montagnes.

Des études suivies dans les régions montagneuses pourront jeter un nouveau jour sur ces questions d'un grand intérêt théorique, et je ne doute pas que des études géologiques
dans les grandes chaines du Mexique pourront aussi apporter
de nouveaux matériaux pour résoudre ce problème.

Mexico, Avril 1904.

Mammato-cumulus en el Valle de México.

LAS NUBES MAMMATO-CUMULOS EN EL VALLE DE MÉXICO,

POR M. MORENO Y ANDA, M. S. A.

(Lámina I).

El día 2 del corriente al regresar de nuestro Observatorio magnético de Cuajimalpa, el estado amenazador del tiempo me hacia examinar con frecuencia el aspecto aparatoso de la nebulosidad, circunstancia que me permitió observar una formación muy rara en el Valle de México, ó por lo menos que yo nunca habia admirado con tal claridad y precisión.

Al llegar á Santa Fe, á las 2 p. m. el estado nebuloso era el siguiente:

Un manto general de a–cu inferiores, ó bajos, contiguos y apretados.

Al W. ni tempestuosos avanzando hacia el E. que se descargaban con gran aparato eléctrico en las alturas de Acopilco.

En el primer cuadrante, es decir, del N. al E. sobre el fondo azul pálido del cielo, se sucedía un banco de hermosos cu de base recortada y bordes redondeados de tonos gris y blanco mate.

Al SE. dos cu–ni notables, separados, de base perfectamente recortada al mismo nivel, con rebordes simétricos y que en la parte superior del lado W. afectaban la forma de un yunque.

Al SW. y cerniéndose en la cumbre del Ajusco, un gran cu–ni de extremos superiores fibrosos.

Tal era el estado general de las nubes al acercarme á Santa Fe.

Veinte minutos después, ya casi para bajar la cuesta de Belem, fuí notablemente sorprendido por el cambio que se había operado en el manto de *a-cu*, pues en su lugar y en la región del cenit al S, aparecían unos hermosísimos *mammato-cu*, como se designa en la clasificación internacional á la forma particular de nubes que presenta la superficie inferior apezonada ó mamelónea.

Esta formación que tenía ante mi extasiada vista, presentaba sus convexidades inferiores pequeñas, perfectamente circunscritas y en apretadas filas siguiendo la dirección N-S, próximamente la del viento ligero que arrastraba al manto nebuloso.

El fenómeno se definió con toda claridad sólo en la región que indiqué arriba, del cenit á unos 30 grados al S y con unos 10 grados de anchura, notándose, sin embargo, su prolongación hacia el N. W. aunque con menor precisión.

Pocos momentos después desaparecieron las bolsas tipicas del mammato, quedando, como anteriormente, el manto de *a-cu* cuyas características masas sombreadas se movían pesadamente hacia el Sur.

Creo oportuno citar la parte conducente de una crítica presentada por el Sr. C. Besson, segundo Jefe del servicio meteorológico municipal de la ciudad de París, en el Congreso Meteorológico Internacional de 1900, relativa á la clasificación internacional de las nubes.

Al referirse el Sr. Besson á la forma *mammato-cu* dice lo siguiente:

"Las bolsas que designa esta denominación no se encuentran sólo en las nubes cumuloides, y éstas, cuando aquellas se presentan, no son, hablando propiamente, *cu*, sino más bien *cu-ni*. Así, pues, no debe decirse *mammato-cu* sino *mammato-cu-ni* Pero los *cu-ni* no son las únicas nubes que pueden presentar dicha forma de bolsas, se les ve también con frecuencia, y muy bellas, en la superficie de los *a-s* opacos y algunas veces en los *ci* densos, así como en las capas de los *ci-s*. Se debía, pues, admitir bajo el mismo título los *mammato-a-s*, los *mammato-ci* y los *mammato-ci-s*. Más sencillamente, se podría designar indistintamente todas las nubes en forma de bolsas con el nombre genérico de mammato y decir mammatos como se dice kilos, dinamos. Así no resultaría ninguna confusión, porque el observador por la misma forma de la palabra mammato sería inducido á notar al mismo tiempo la naturaleza de la nube productora de las bolsas, indicando, por ejemplo, "cu-ni con mammatos" ó bien "ci-s" que presentan mammatos."

No habiendo duda de que el curioso proceso que yo observé tuvo lugar en un *a-cu*, según lo expuesto por el Sr. Besson, queda bien designado con el nombre de *mammato-cu* de la clasificación internacional.

Tacubaya, Junio de 1904.

INFLUENCIA DEL SEXO EN LA CRIMINALIDAD

EN EL ESTADO DE PUEBLA.

ESTUDIO DE ESTADISTICA CRIMINAL

POR EL DOCTOR

M. VERGARA, M. S. A.

En este trabajo me propongo examinar las condiciones de la criminalidad en el Estado de Puebla, en relación con el sexo, asunto digno de estudio como todo lo que se relaciona directamente con el conocimiento del hombre y de las sociedades. Los estudios de criminología, especialmente, suscitan arduos problemas prácticos pendientes de resolución, porque no se han fijado aún las leyes inmutables á que sin duda obedecen todas las manifestaciones humanas, de un modo tan inexorable y fatal, como los movimientos de los mundos en los sistemas siderales, que están regidos por las leyes eternas descubiertas por Newton y Kepler.

Sin pretensión alguna, y más aún, sin la de creer que mis estudios ilustren el asunto, quiero presentar mis modestos materiales para que, manos más expertas les den colocación, si son dignos de ello, en el edificio de la Sociología Criminal Mexicana.

Los actos humanos en apariencia más libres y espontáneos, no escapan á las leyes biológicas á que está sometido todo organismo, según su naturaleza. Vivimos en el Imperio de la Fatalidad, y nuestra pretendida libertad es sólo una hermosa ilusión, cuya inconsistencia y falta de realidad podremos comprobar tan pronto como, separando todo prejuicio, sometamos nuestros actos á una crítica severa fundada en las leyes sociológicas conocidas.

Los móviles y los motivos son las fuerzas atractivas ó repulsivas en cuya virtud obramos, antecedentes necesarios de nuestros actos, que nos detienen ó nos impulsan, y nos lanzan por fin en el sentido de una resultante que casi nunca puede determinarse de antemano, por la complejidad y número de los factores que intervienen. La fatalidad, en el sentido de obrar ciegamente, sin discernimiento y sin conciencia, no es ya aceptada por la psicologia contemporánea, hay siempre, para cada acto humano, ciertos estados de conciencia que son las razones que impulsan al hombre á ejecutar ese acto. Entre esas razones ó esos estados de conciencia, hay siempre también alguno ó algunos que son más poderosos y que determinan finalmente el acto.

Que el hombre elige el móvil ó motivo en cuya virtud ejecuta un acto es indudable; pero ¿por qué lo que es para una persona motivo suficiente, es para otra un motivo insignificante que no tiene valor ni influencia algunos en sus determinaciones? He aquí el eje sobre que gira la cuestión del libre albedrío, del fatalismo y del determinismo.

Si todos los hombres clasificaran siempre del mismo modo y ajustados á cierto criterio, los móviles y motivos de sus actos, la elección de aquellos podría ser libre; pero cada hombre aprecia de distinto modo el valor de los factores, porque en esa apreciación interviene el modo de sentir, de pensar, su estado de salud, de enfermedad, el estado de sus funciones nutritivas, etc., etc., y como todo esto está fuera de su voluntad, como el criterio de cada hombre es la resultante de su estructura orgánica, de la herencia y del medio en que vive, resulta finalmente que sus actos sólo son libres en apariencia.

La conclusión á que acabamos de llegar ha sido motivo de

escándalo para todos aquellos que, á favor de prejuicios filosóficos ó religiosos, se esfuerzan en sostener que todos los actos humanos son el producto de la voluntad libre del espíritu. ¡Ojalá tuvieran razón!

Cuando se particulariza la cuestión y se aplican los datos de la psicología y de la fisiología contemporáneas, floración la más hermosa de la ciencia experimental y de la observación, al delincuente y al delito, la oposición y el escándalo llegan al colmo. Los sostenedores de la vieja escuela criminologista, acusan á los partidarios de la contemporánea de visionarios, cuando no de cosas peores y se manifiestan aterrados por las tremendas consecuencias á que dan origen las ideas disolventes de lo que llaman el materialismo moderno. Las bases de la sociedad se derrumban, según ellos, y suscitan por ende, en la medida de su capacidad y de sus ideas, una fuerte reacción contra todo intento que se proponga levantar el misterioso velo con que desean ver siempre envuelta la conciencia humana.

Hay que darles en parte la razón: Es tan dulce vivir rodeados por las deliciosas nieblas de la metafísica, que se prestan admirablemente á fingirnos, con apariencia de realidad, los fantasmas engendrados por la imaginación, dócil á las sugestiones de nuestros deseos. Se siente el hombre tan grande cuando cree haber encerrado en imaginarios moldes toda la realidad de lo existente, de manera que sea la expresión de sus aspiraciones, que sin esto se creería estar fuera de la superioridad que tiene sobre el resto de las especies animales. Es duro en verdad ponerse enfrente de las descarnadas realidades que nos dan la evidencia de nuestra pequeñez, y nos dejan la amarga conciencia de que las cosas son como son y no como las fingimos en los espléndidos mirajes engendrados por la imaginación servida por la metafísica.

En el cielo del arte, el alma humana puede desplegar sus alas, elevarse á alturas inconmensurables, levantar palacios con las hermosas cristalizaciones del pensamiento y vivir dichosa y grande en ese mundo que ha sabido crearse. Pero aun entonces, para que sus creaciones sean verdaderamente artísticas y tengan derecho á vivir, el alma se habrá visto obligada á sujetarse á los datos de la realidad.

Las más grandes y elevadas concepciones del genio, condensadas y cristalizadas en una obra de arte, no son otra cosa que combinaciones variadas de los elementos que nos ofrece la naturaleza en sus creaciones.

Vivir en ese mundo de idealidades, es, decimos, muy hermoso; pero ahí sólo viven ciertos privilegiados, que frecuentemente se encuentran en la obligación de descender al mundo de las realidades.

Cuando el hombre quiere darse cuenta de la verdad y salir del dominio de las quimeras, entonces debe tener el valor de sacrificar sus más queridos ideales y aceptar la realidad tal como la revelan la observación y la experiencia, aquilatadas por una crítica severa y desapasionada; sólo á este precio puede gustar el fruto de la ciencia. Siempre será verdadera la simbólica leyenda del árbol cuyo fruto al ser gustado por la primera pareja humana, fué causa de que Dios la arrojara del Paraíso de la felicidad. Siempre la ciencia será obtenida al precio de la felicidad, cuando la felicidad consiste en vivir en un sueño constante. Apartémonos pues de las nieblas de metafísica, lamentemos también no pertenecer al número de los artistas, seres privilegiados que tienen la facultad de modificar las realidades y hacerlas servir á la edificación de sus ideales y de sus deseos, y fijemos serenamente la mirada en la realidad, para investigar lo que hay de bueno y de malo en la bestia humana.

La idea de delito es una de las que se han definido de más diversos modos, y el gran número de definiciones es el resultado de nuestra ignorancia acerca de las causas que impulsan al hombre á los actos delictuosos.

El delito es una violación de la ley moral; pero no todas las violaciones de la ley moral constituyen un delito. **Para** que éste exista es preciso que la ley moral violada conste expresamente en un código cuya observancia sea obligatoria.

A despecho de los que opinan otra cosa, la moral es solamente la expresión de lo que se acepta como bueno por una agrupación humana, en un momento histórico determinado y en determinadas condiciones del medio social. En este sentido afirmamos, que las leyes morales no pueden ser absolutas, necesarias, universales, inmutables ni eternas. Son por lo contrario relativas, contingentes, particulares á la raza, al pueblo, al grado de civilización, y mudables y transitorias como transitorias y mudables son las condiciones que les han dado nacimiento.

La embriaguez, acto de los más inmorales, se castigaba con la pena de muerte en el Imperio Azteca; en la actualidad es simplemente un acto inmoral y no delictuoso por sí mismo en nuestro país, porque la ley no prohibe embriagarse. En ciertos pueblos el robo es acto meritorio, mientras que en las sociedades civilizadas es enérgicamente reprimido y castigado por la ley. Actos como la blasfemia, castigada en otra época como delito de los más graves, no se considera ahora, en los tiempos de la libertad de conciencia, sino como una falta de respeto y de cortesía hacia los que conservan viva su fe religiosa. Algunos delitos, como el adulterio, el estupro, la estafa, etc., no son castigados de oficio por la ley, sino á pedimento y por denuncia de la parte interesada; esto es así porque el acto inmoral cometido sólo afecta á determinadas personas y no perjudica á la conservación de la sociedad.

La ley moral violada en un acto delictuoso, no puede, pues, servirnos sola para caracterizar el delito. Hay transgresiones de la ley que no son delitos.

No es pues sólo la violación de la ley moral lo que constituye el delito. Es necesario que haya violación de la ley pe-

nal, que no es á su vez otra cosa que la expresión de la necesidad que, en un momento histórico dado, tiene la sociedad
de reprimir ciertos actos que comprometen su seguridad ó la
particular de los asociados. Y como la ley es objeto de reformas, de derogaciones, de adiciones. etc., resulta que en un momento dado, puede un acto que se consideraba antes como in-
diferente ó hasta meritorio, ser considerado como delito; ó
bien, un acto hasta entonces delictuoso, convertirse en indi-
ferente ó hasta loable.

La ley, sin embargo, es la expresión más genuina de las
costumbres, de los sentimientos, de las ideas, del nivel moral
y del grado de civilización, en fin, de una sociedad. Cuando
las modificaciones ó reformas que se le hacen, son el fruto del
capricho ó de ciertas necesidades particulares de un grupo de
individuos de las clases directoras, y no corresponden al nivel medio moral y al grado de civilización, entonces, las violaciones y transgresiones no se consideran en la sociedad como
delitos, por más que legalmente lo sean. Tal sucede con el
duelo: ciertos atavismos históricos, ciertas preocupaciones he-
redadas ó trasmitidas á través del tiempo, acerca del honor,
hacen que todavía ahora se sienta deshonrado el que no acepta el duelo, y la sociedad misma le impone el sambenito del
indigno y del cobarde. La ley considera delito el duelo; la sociedad no lo considera así, sino por lo contrario, el duelo es la
forma de reivindicar el honor ultrajado. Un acto evidentemente inmoral para los hombres de criterio superior, dista muy
poco de ser considerado meritorio por la gran masa social, y
aun los hombres superiores se ven á veces obligados á ceder
á la enorme presión que ejerce la sociedad sobre ellos, y á
aceptar y hasta á realizar el duelo.

El delito, por consiguiente, supone la violación de la Ley
moral y de la Ley penal, cuando éstas están de acuerdo. De
otro modo, el acto es una simple falta á la moral, ó bien un
acto castigado por las autoridades; pero sin la sanción social.

El delincuente es un ser cuyos actos chocan y se reprueban, porque se separan considerablemente del nivel medio que caracteriza una fisonomía social y hieren los intereses de la agrupación comprometiendo ora la existencia, ora la seguridad, ó bien el libre juego de las funciones de una sociedad.

El delincuente es lógico en sus actos; obedece á los antecedentes que son los factores que lo impulsan.

Examinemos desde luego el sexo.

El sexo tiene una influencia manifiesta é indudable en los caracteres del delito, como trataremos de demostrar en este pequeño trabajo.

El Estado de Puebla, según el último censo, tiene un total de 1.021,133 habitantes, de los cuales 495,571 son hombres y 525,262, mujeres. Durante los años de 1899, 1900 y 1901, se aprehendieron y procesaron por diversos delitos, en todo el Estado, 19,376 individuos, de los cuales, 16,685 fueron hombres y 2,691 mujeres. La enorme desproporción salta á la vista. Entre los individuos del sexo masculino se reclutan la mayor parte de los criminales.

La relación que existe entre el número de hombres, habitantes del Estado (495,571) y el número de criminales de igual sexo (16,685) durante los tres años expresados, es de 3.39 %; mientras que esta relación entre 525,562 mujeres que existen en el Estado, y 2,691 mujeres criminales del mismo, durante los citados años, es de 0.51 %. El número de hombres delincuentes es pues, siete veces mayor, aproximadamente que el de mujeres de la misma clase. En otro lugar trataremos de inquirir por qué el sexo tiene semejante influencia en la criminalidad bruta del Estado. Por ahora limitémonos á investigar algunas particularidades del delito según el sexo.

Los delitos más frecuentes en el Estado son los de lesiones, homicidio y robo; pero existen otros muchos de los cuales, algunos son más frecuentes entre las mujeres ó al contrario, entre los hombres: mientras que ciertos delitos son peculiares, como veremos, á un sexo con exclusión del otro.

Veamos los datos estadísticos: Entre 859 homicidas, se encuentran 807 hombres y 52 mujeres; lo que da una proporción de 93.95% para los primeros, y 6.05% para las segundas.

Cuando se trata del delito de lesiones, la proporción disminuye: Entre 8,200 delincuentes, 7,040 son hombres y 1,160 mujeres. Es decir, que existe la proporción de 85.85 % de varones y 14.15 % de hembras.

El infanticidio es un delito mucho más frecuentemente cometido por la mujer que por el hombre: de 37 infanticidas, 8 son hombres y 29 mujeres; lo que da la proporción de 21.62% de los primeros y 78.38% de las últimas.

Una particularidad, notable cuando se comparan los delitos de sangre en el hombre y la mujer, es que el primero, frecuentemente los comete como un medio de llegar á la perpetración de otro acto delictuoso, como el robo, estupro, etc., mientras que en la mujer, no se cometen como medios, sino como fin, por el impulso de ciertas pasiones que conducen á ellos. El homicidio, complicando otros delitos, se observa sólo entre los hombres, en las estadísticas del Estado.

Comparando el número de habitantes del sexo masculino y el de delitos de sangre, cometidos por individuos del mismo sexo, obtenemos la proporción de 1.82 %. La misma comparación hecha respecto de la mujer, nos da solamente 0.24 %. En la clase de delitos que nos ocupa, la proporción de hombres es mucho mayor que la de las mujeres.

Los delitos contra la propiedad, cuyo tipo es el robo, proporcionan también cifras muy sugestivas.

Entre 3,679 ladrones, se encuentran 3,175 hombres y 494 mujeres. La proporción es de 86.57 % de hombres, por 13.43 % de mujeres. Aquí también la diferencia es notable en favor de la mujer.

Comparando el número de habitantes hombres y el de ladrones, obtenemos 0.66 %. La misma comparación respecto de las mujeres da 0.0009 %, ó sea 0.09 por diez mil,

Los delitos contra el orden público, cuyos tipos son la vagancia y la mendicidad, son casi propios del hombre: De 1390 procesados por estos delitos, 70 son mujeres y 1320 hombres; lo que da 94.96 % para éstos y 5.04 % para aquellas.

La comparación con los habitantes de uno y otro sexo, nos da 0.26% para los hombres, 0.013% para las mujeres.

De los delitos contra el pudor, hay algunos, como la violación, que se cometen exclusivamente por el hombre. Los de estupro, rapto, adulterio, etc., aunque consignados en las estadísticas, no merecen mucha fe, porque sin duda deja de consignarse la mayor parte de los cometidos, en razón de ser sólo castigados á petición de parte.

En ciertos delitos, como los comprendidos en el Código con los nombres de delitos contra la reputación, etc., dan proporciones más elevadas para la mujer.

Los delitos contra la moral nos proporcionan las siguientes cifras: De 114 delincuentes, hay 81 hombres y 33 mujeres, ó sea la proporción de 71.05% para los primeros y 28.95% para las segundas.

Entre 302 procesados por delito contra la reputación, hay 198 hombres, 64.24%, y 108 mujeres, 35.76%.

Proporción semejante se observa en los delitos contra las personas: De 1648 procesados, hay 1307 hombres, 79.31%, y 341 mujeres, 20.69%.

En los otros delitos, contra la propiedad, de falsedad ó incendio, las cifras correspondientes á la mujer son pequeñas y se restablece la superioridad manifiesta para el hombre.

La mujer se nos revela pues, menos delincuente que el hombre. ¿A qué se debe este fenómeno? ¿Buscaremos la razón en un orden fisiológico ó anatómico respecto del hombre, ó al contrario en una inferioridad que le impide en un caso

dado desplegar sus impulsos y actividades con la misma energía que el hombre emplea en la comisión del delito?

El fenómeno se produce en todo el mundo con caracteres
idénticos y sólo varía la proporción en ciertos límites, pero
quedando siempre superior para el hombre. Joly afirma que
en el Japón, la Isla Mauricio, la América del Sur y parte de
la del Norte, se encuentra una proporción de criminales de 97%
para los hombres y 3% para las mujeres. Aumenta la proporción á 10% de mujeres en los Estados Unidos y á 20% en China, oscilando entre estas dos cifras en Europa. Se ve por estos datos que no es la raza precisamente la que más influye
en el fenómeno, y que se deben buscar en otros factores las
causas de él.

En todas partes también, según las estadísticas extranje-
ras, son ciertos delitos los que predominan en el sexo femenino con exclusión casi completa de otros; y en esto la semejanza es tan completa entre todos los países, que tiende casi
á la igualdad.

Para explicar la causa del fenómeno que estudiamos, no
nos bastan evidentemente los datos estadísticos, tan lacónicos,
que llegan á la obscuridad; y es preciso recurrir á otros datos
derivados de la biologia.

La proporción de criminales mujeres, tan corta en relación con la de hombres, parece á primera vista que acusa una
superioridad para la mujer; lo que no admite nadie, pues los
pensadores que no la creen inferior al hombre, aspiran, cuando más, á colocarla en condiciones de igualdad respecto de
éste.

Algunos en efecto, juzgando á la mujer con notoria injus-
ticia, y apreciando indebidamente sus cualidades y sus defectos, la declaran inferior y le niegan todas sus virtudes atribu-
yéndolas á hipocresía ó á manifestaciones raras de sus mismos vicios.

Otros, como Tarde y Ferri, descubren en la mujer todos

los caracteres que se encuentran en los delincuentes que ostentan el tipo criminal en toda su pureza. Para ellos, fundados en esas premisas, la mujer es un ser degenerado, retardado ó atávico, en quien reaparecen todos los caracteres del hombre primitivo.

Si tales conclusiones fueran ciertas, se deducirían otras que están en oposición con lo que enseña la experiencia. En efecto, sería imposible la conservación y el mejoramiento de las razas si uno de los progenitores fuera un ser degenerado, como muy juiciosamente observa Corre. Además, si el crimen es la característica de los degenerados, de los atávicos, de los retardados y de los ancestrales, el delito debería ser mucho más frecuente en la mujer que en el hombre: lo que es contrario á los hechos. La menor criminalidad en la mujer, no puede atribuirse á su menor fuerza muscular; pues es bien sabido que los peores criminales son hombres débiles y cobardes.

Los caracteres de orden anatómico y psíquico de la mujer como signos de inferioridad, ni nos explican el hecho ni son, por otra parte, de gran importancia en el caso. Si no puede sostenerse la superioridad de la mujer, tampoco tenemos datos positivos de su inferioridad, y más cuerdo es admitir la igualdad bajo ciertos aspectos, y considerarla como el complemento del hombre, de quien se diferencia en verdad, precisamente por el sexo; pero no por esto deja de caminar paralelamente al hombre dentro de la órbita que le ha marcado la naturaleza.

Para sostener esta idea no queremos aducir como pruebas la existencia de tantas mujeres justamente inmortalizadas por la historia, como Juana de Arco, Catalina de Rusia, Isabel la Católica, etc. De estas mujeres, estadistas, guerreras, patriotas, abnegadas hasta el sacrificio se encuentran diariamente, aunque en esferas más modestas, en todas las sociedades. La mujer madre, la esposa fiel y buena, es sin duda más abundante que el hombre bueno en el mundo.

Considerada como igual al hombre, la mujer debe obede-
cer á los mismos impulsos que él, y deben ser los mismos factores, aunque aparentemente distintos, en razón de la diferencia de organización, los que la impelan al delito.

Lo mismo que en el hombre, son las modificaciones dege-
nerativas ó morbosas ias que la impulsan, y desde este punto
de vista, ninguna importancia tendría el estudio del delito en
relación con el sexo. Pero la mujer, en razón misma de su
organización, presenta reacciones muy distintas de las del
hombre originadas por los mismos factores: de aquí la diferencia en los impulsos que caracterizan el crimen en el sexo
femenino.

Esto es lo que hay verdaderamente interesante en el asunto que nos ocupa y que reseñaremos sucintamente.

Monin, con frase pintoresca, ha definido la mujer: "un
útero con órganos." Nada hay más exacto que esta definición
Podría decirse en tesis general, que la mujer es de tempera-
mento genital. El aparato de la procreación es en ella el do-
minante, y determina modificaciones profundas en todas sus
reacciones, tanto en el orden físico como en el psíquico. Mientras que la mujer conserva sus lineamientos femeninos, los
que constituyen sus caracteres específicos, y se separa del
hombre netamente por ellos, evoluciona en los límites normales y no se hace criminal. Lo mismo se observa en el hombre.

Los caracteres masculinos de perfecta virilidad son, en tesis general, el atributo del hombre normal, honrado y bueno.
Pero desde que se invierten ó se desnaturalizan estos caracteres, desde que en el hombre se manifiesta el feminismo ó en
la mujer el masculinismo, semejante hecho debe atribuirse á
degeneración ó á morbosismo y no debe extrañar la manifestación de actos delictuosos ó inmorales.

Lo anteriormente dicho permite entrever que las diferencias sexuales constituyen una de las principales causas de la

menor criminalidad en la mujer y de los aspectos característicos que se notan en sus delitos.

El sexo obra de dos maneras: como factor orgánico, directamente; como factor extrínseco del delito, cuando obra indirectamente, modificado por el medio.

La acción genésica se manifiesta como una necesidad imperiosa en ambos sexos; pero en razón del diferente papel social del hombre, de su mayor libertad de acción y de la ausencia casi constante de consecuencias perjudiciales para él, se entrega libremente á los excesos carnales mostrándose ardiente y brutal á veces.

La mujer por lo contrario: limitada en general su actividad por la sujeción del hogar, temerosa de las consecuencias personales y sociales de sus actos sexuales, se muestra más moderada y con menos tendencia al desarreglo.

El amor es para el hombre un pasatiempo; para la mujer es asunto muy serio é importante; porque no se desapercibe de que, al conducirla directamente á la maternidad que le proporciona goces, le impone en cambio terribles responsabilidades y sufrimientos físicos y morales. Se comprende que la mujer, abandonada y decepcionada de su amante, sienta impulsos enérgicos capaces de lanzarla al crimen: he aquí porqué busca la satisfacción de sus deseos genésicos dentro de los límites legales del matrimonio, pues sabe que así escapa del ludibrio social, que asegura la propia subsistencia y la de su progenie, y se proporciona á la vez un apoyo permanente en el hombre. Esta es la causa de que se muestre tan celosa y que sea presa de impulsividades enérgicas, que son á veces tan terribles para sus rivales. Así se explica que los delitos de lesiones y homicidio dominen en la criminalidad femenina.

Se caracterizan estos crímenes por ser siempre pasionales; nunca calculados como medios para la perpetración de otro delito como se observa en el hombre, en el que frecuentemente los crímenes son profesionales y friamente calculados.

En esta clase de delitos hay otro carácter notable por lo que respecta á la mujer y es que con frecuencia son ejecutados por medio del veneno. Esto podría acusar cierta superioridad intelectual en la mujer; pero se explica mejor teniendo en cuenta su modo de ser, su repugnancia por el escándalo y por la sangre. Dentro de la órbita en que se mueve, encuentra más facilidades y comodidad, menos peligros, empleando el tósigo que el puñal ó el revólver.

En aquellos delitos en que no interviene el instinto genésico, se muestra menos criminal aún, como puede verse en las cifras proporcionales que arroja la estadística. Puede explicarse este fenómeno por la influencia de la prostitución á que se entrega frecuentemente, y que es una especie de derivativo de las tendencias morbosas y criminales.

Nadie ignora que el abandono del amante, la miseria, la pereza y las tendencias hereditarias, son otras tantas causas que predisponen á la mujer á prostituirse.

La pereza, que la hace incapaz de todo trabajo serio y sostenido, la impulsa á la prostitución porque le hace entrever mayores facilidades de proporcionarse recursos sin esfuerzo y antes bien entregada al placer. En el mismo sentido obra la miseria, aunque con menos energía, pues equivale á cambiar una forma de degradación por otra que, si bien la hace descender, le permite satisfacer sus necesidades pecuniarias.

Cuando la mujer es seducida y abandonada, y más aún cuando el amor deja su fruto, la mujer, presa de los celos, del desengaño, pero con afecto profundo hacia su hijo, se siente impulsada á la venganza, que no puede satisfacer por los deberes que la maternidad le impone. Entonces se entrega al vicio ya para proporcionarse recursos si está en la miseria, ora para mostrar desprecio al amante y á la sociedad que la rechaza y la elimina de su seno.

Esto sucede á menudo cuando se trata del tipo femenil casi normal; pero cuando se encuentran estigmas de degeneración hereditaria, ó de morbosismo psíquico, en vez de prostituirse cae más fácilmente en el delito. Se siente impulsada al aborto intencional, al infanticidio ó al asesinato del amante, formas de delito de las más frecuentes.

Se ve pues, que la prostitución confina con el delito y se extiende tanto más cuanto que la sociedad es más tolerante. En cierto sentido, la prostitución equilibra á la mujer con el hombre en sus tendencias criminales.

Como hemos asentado que la prostitución es un derivativo y á veces un equivalente del delito, y como aquella se extiende tanto más cuanto que la sociedad es más tolerante, resulta este hecho paradógico: que la prostitución es un signo cierto de la inmoralidad social y que un aumento de la criminalidad femenina revela una elevación más grande en el nivel moral de la sociedad; ó en otros términos: la criminalidad de la mujer es directamente proporcional á la moralidad social y la prostitución femenina está en razón inversa de la misma moralidad social.

No debe creerse.por esto que la prostitución sea siempre el equivalente del delito; antes al contrario, da origen por sí misma y directamente á la delincuencia femenina.

Los límites que me impone el objeto y destino de este trabajo, me impiden desarrollarlo suficientemente á efecto de desenvolver en la medida necesaria las ideas en él contenidas. Pero bastan los datos apuntados en resumen, para poder afirmar que, la predominancia de las funciones sexuales en la mujer, las modificaciones que imprimen á su carácter y á sus reacciones nerviosas y la diferente situación que tiene en el medio social respecto del hombre, son las causas principales de la menor criminalidad y de la fisonomía particular de los delitos femeninos.

Puebla, Abril de 1904.

CALCULO DE LA RESISTENCIA A LA FLEXION

Ó TRABAJO ESTÁTICO DE LOS RIELES

POR EL INGENIERO DE MINAS

TEODORO L. LAGUERENNE, M. S. A.

Cuando un sólido empotrado en sus dos extremidades ó descansando libremente sobre dos apoyos, está sometido á la acción de una ó varias fuerzas que lo hacen flexionar, se nota que las fibras colocadas del lado de la cara cóncava se acortan y las que están colocadas del lado de la cara convexa se alargan. Estos efectos opuestos de acortamiento y alargamiento van en aumento progresivo del interior al exterior de la pieza, existiendo en el interior una capa de fibras cuya longitud no varía, y á la cual se le da el nombre de *capa de fibras neutras*, y que se encuentra situada en el lugar geométrico de los centros de gravedad de las secciones transversales.

Se nota además que las diversas secciones transversales del sólido prismático, que son perpendiculares á la longitud de la pieza antes de la flexión, se encuentran después de la flexión normales á esta longitud, de donde deducimos que las secciones del sólido durante la flexión están sometidas á un movimiento de rotación alrededor de una línea recta situada en la intersección de la capa de las fibras neutras con la sección considerada. Durante esta rotación, las fibras situadas del lado de la convexidad de la pieza están sometidas á esfuerzos de extensión, bajo la acción de las cuales se alargan, pre-

sentando resistencias precisamente iguales á estos esfuerzos,
mientras que las fibras situadas del lado de la concavidad del
sólido sufren esfuerzos de compresión, bajo la acción de las
cuales se acortan, ofreciendo resistencias iguales á los esfuerzos de compresión.

Por lo expuesto se comprende, que la resistencia á la
flexión se compone de dos resistencias combinadas, la una debida á la tracción y la otra á la compresión, y el momento estático ó el momento de flexión con relación al eje de las fibras
neutras, debe estar siempre en equilibrio con relación al momento de resistencia de la pieza, en tanto que no se pase del
límite de elasticidad.

Por último, debemos recordar que el coeficiente de elasticidad para el hierro forjado y para el acero, es el mismo para
la compresión que para la extensión.

El momento de resistencia de un sólido descansando sobre dos apoyos, y cargado en su centro con un peso P, ó bien
apoyado en su centro y cargado en cada extremidad de un
peso $\dfrac{P}{2}$ será $M = \dfrac{Pl}{4}$, y el momento de flexión estará representado por la fórmula $M = \dfrac{RI}{v}$ combinando estas dos fórmulas tendremos $\dfrac{Pl}{4} = \dfrac{RI}{v}$ y despejando á R obtendremos

$$R = \tfrac{1}{4}\,\frac{Plv}{I} = 0{,}25\,\frac{Plv}{I} \qquad (1)$$

Al aplicar esta fórmula para obtener el trabajo estático del
riel, el coeficiente práctico que tomaremos en lugar de 0,25
será igual á 0,189.

En esta fórmula:

R es el trabajo estático del riel por milímetro cuadrado, el cual
   no debe exceder de 8 kilogramos, según previene el Regla-
   mento de Ferrocarriles

P es el peso sobre una de las ruedas motrizes

V es la mitad de la altura del riel

$I=\dfrac{I'}{v}$ Es la relación del momento de inercia de la Sección, á la distancia de la fibra más lejana de su centro de gravedad.

Para calcular el valor de I en un riel dado, como la sección del riel presenta partes curvas, como se nota en el diagrama adjunto; trataremos de reducir esta sección á una figura regular, compensando lo que por una parte se quite de las secciones curvas para agregarlas á las secciones rectangulares en que hemos descompuesto á la figura, quedándonos por lo tanto la sección del riel representada por tres rectángulos, que son los que se ven marcados con líneas rojas en el diagramo.

El valor de I' lo calcularemos por la fórmula

$$I'=\tfrac{1}{3}\ (B_e{}^3 - B'\, h^3 + \tfrac{be^3}{2} - b\, h^3) \qquad (2)$$

Para determinar el valor de v, necesitamos conocer la posición del centro de gravedad de la figura, pues por este centro de gravedad es por donde pasa el eje neutro.

El centro de gravedad lo podemos determinar experimentalmente de la manera siguiente: recortemos la figura de la sección del riel sobre un pedazo de papel, la cual ponemos en seguida en equilibrio sobre la punta de un lápiz, y marcando exactamente el punto en que la pieza se conserva en equilibrio, este será el lugar del centro de gravedad; hecho esto el valor de y, lo determinaremos exactamente por la fórmula

$$v=\tfrac{1}{2}\dfrac{a\, H^2 + B\, H\, d^2 + b\, d\ (2-d)}{a\, H + B\, d + b\, d} \qquad (3)$$

sustituyendo en estas fórmulas sus valores numéricos, obtendremos R ó sea el trabajo estático del riel.

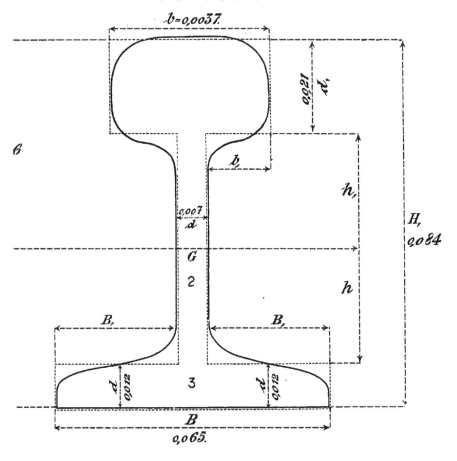

TAMAÑO NATURAL.

APLICACION NUMÉRICA.

Tomemos un riel de las dimensiones indicadas en la adjunta figura, y en la cual el riel está representado de tamaño natural, los números marcados en dicha figura, nos indican los valores numéricos que en lugar de las letras deben substituirse en las fórmulas; tenemos

$$B=\frac{'B-a}{2}=\frac{0,065-0,007}{2}=0,029$$

$$b=\frac{b-a}{2}=\frac{0,037-0,007}{2}=0,015$$

$$h=e_2-d = 0,046-0,021 = 0,025$$
$$h=e-d = 0,038-0,012 = 0,026$$

sustituyendo sus valores en la fórmula (2) obtendremos
$I'=0,00000214$
y haciendo lo mismo en la fórmula (3) obtendremos $v=0,040$
El valor de I será

$$I=\frac{I'}{v}=\frac{0,00000214}{0,040}=0,00000535$$

substituyendo en la fórmula (1) sus valores, los cuales en el presente caso serán:

P peso máximo sobre una rueda igual á 1250 kgs. pues consideramos un carro de cuatro ruedas, cuyo peso máximo estando cargado es de 5000 kilos

l distancia entre los durmientes, contada de eje á eje de ellos igual á $0,^m80$

v igual $0,^m042$ mitad de la altura del riel

$$I =\frac{l'}{v}=0,00000535$$

obtendremos $R=1,^{kg} 48$ para el trabajo del metal por milímetro cuadrado.

Para terminar me permito indicar.el método práctico que los ingleses y americanos emplean para determinar el peso de un riel.

Es bien sabido que una barra de acero de una yarda de largo y cuya sección sea de una pulgada cuadrada inglesa pesa 10 libras, de manera que si multiplicamos la sección del riel en pulgadas cuadradas inglesas por 10, obtendremos con toda exactitud el peso del riel en libras por cada yarda longitudinal.

El riel representado en la adjunta figura pesa 30 libras por yarda ó sean $15^{kig.}$ por metro lineal, como puede demostrarse por el siguiente cálculo

Superficie rectángulo N? 1 $0,037 \times 0,021 = 0,000777$

„   „ N? 2 $0,007 \times 0,052 = 0,000364$

„   N? 3 $0,065 \times 0,012 = 0,000780$

Superficie total $0,001921$

La pulgada inglesa cuadrada es $= 0,^{m}00064516$

Dividiendo $\dfrac{0,001921}{0,00064516}$ obtendremos $2\frac{98}{100}$ pulgadas cuadradas que multiplicadas por 10 nos dan $29\frac{80}{100}$ libras ó sean en números redondos 30 libras para el peso del riel por yarda.

México, Mayo 22 de 1904.

DETERMINACIÓN DEL AZIMUT ASTRONÓMICO

POR EL INGENIERO

ANGEL GARCIA CONDE, M. S. A.

ADVERTENCIA

Hoy que tengo el honor de poder presentar mis trabajos en el seno de una corporación cientifica respetable, como es la Sociedad "Antonio Alzate," se hace ante todo indispensable hacer una breve referencia histórica de cómo se ha llevado á efecto este folleto que hoy presento y cuya justificación más palpable se va á ver en seguida.

Si bien es cierto que con el objeto de su publicación los he coleccionado, y animado hoy más que nunca, puesto que se me presenta la oportunidad de darlos á luz, la verdad de los hechos es la siguiente: Encontrándome en principios de 1901 por el Estado de Tamaulipas trabajando en situaciones astronómicas, para la Carta General de la República, y como miembro de la "Comisión Geográfico Exploradora" y habiéndose dispuesto que determinara en la Hacienda del Cojo la declinación de la aguja magnética, puse en práctica para el objeto los procedimientos de "Azimutes de la Estrella polar en su máxima elongación" y de "zenitales iguales de dos estrellas;" mas como en estos procedimientos se necesitan como se sabe la hora y la latitud del lugar, elementos de que por el momento podía disponer con la perfección que para estos casos se necesitaban; pero reflexionando un instante comprendí que estos procedimientos en otras circunstancias, no serían más favorables que si existiera uno, en el cual se eliminara todo elemento local, que fuera de fácil aplicación práctica y casi en cualquier momento para la determinación del azimut astronómico y por lo tanto para la declinación.

Así es que recordando previamente las fórmulas fundamentales que dan el azimut para cada astro, observé que sería posible combinándolas para tres estrellas, lograr mi objeto y antes de tener estudiado el asunto en debida forma como era lo natural y deseando evitar pérdidas de tiempo que podrian borrar los detalles principales de mi concepción ó idea, me resolví á ponerlas en práctica en la hacienda de Tancasneque, y aprovechándome de las mismas estrellas que debían de servirme para determinar el tiempo de que se hacía uso para las situaciones geográficas que se determinaban. Tomados los datos prácticos los apliqué en su oportunidad una vez desarrolladas las fórmulas y combinadas como consta en el presente folleto. Era importante hacer esta ligera historia, que consta á mis compañeros, y sobre todo, al Sr. Ing. Jesús Cortés Alegría, por ser esta persona una de las que me acompañaron casi en todo el trabajo en esta época; y tan es así que tuvo la deferencia de anotarme todos los datos prácticos y revisarme algunos cálculos que á la vez han rectificado la teoría; como se verá en el folleto, y digo era importante porque ya escrito y puestos en práctica todos estos procedimientos y listos para presentarlos á la Sociedad "Antonio Alzate" como hoy sucede, me indicó el Sr. Ing. Joaquín Mendizábal Tamborrel, que él había visto ya un procedimiento de zenitales iguales de tres estrellas, para determinar los elementos astronómicos que contiene este trabajo, y el cual es de un autor alemán, mas como dicho señor no conoce los míos no le era fácil presumir si ellos coincidían, y como yo no tenía tiempo para rectificarlos en el caso más desfavorable que la idea tenida por ambos fuera desarrollada igualmente, lo cual en matemáticas no sería nada improbable, creo que con esta aclaración no necesitan mis hechos más justificación y con sólo esto quedará salvada mi conciencia y mi proceder honrado. Por otra parte, creo que es de presumirse el autor alemán y yo no coincidamos puesto que mis procedimientos son propios para nuestras latitudes y no para las cercanas al polo para las cuales es de esperarse esté arreglado el procedimiento idéntico del autor alemán. Además en mis procedimientos están dos ángulos auxiliares que teórica y prácticamente he encontrado justificados y los cuales forman parte esencial de mis dichos procedimientos y sería muy poco probable que aun en este detalle coincidiéramos.

Si esta corporación, no obstante esta advertencia, tiene á bien publicar este mi trabajo, yo le doy las gracias, y puesto que no tengo tiempo para más, sin por eso ceder un palmo á la originalidad de él, conste que con empeño sólo he deseado decir la verdad para demostrar mi buena fe y celebraré que si la publicidad se realiza, encuentre la utilidad práctica que desde un principio perseguí.

México, Octubre 9 de 1903.

CAPÍTULO 1º

ZENITALES IGUALES DE TRES ESTRELLAS

Conociendo las declinaciones δ δ' δ'' de tres estrellas y las lecturas azimutales g g' g'' que se obtendrían al visar estos astros con una misma distancia zenital z uno á un lado del meridiano y los otros dos en el opuesto, se puede determinar la indicación incógnita m que señalaría el instrumento cuando el eje óptico del telescopio estuviese situado en el plano meridiano y por la tanto deducir los azimutes de las estrellas ó de un punto terrestre cualquiera.

Efectivamente designemos siempre por δ a g la declinación, azimut y lectura azimutal de la estrella que se observa aislada al Este ó al Oeste; por δ' a' g' los mismos elementos también siempre de la del Oeste ó Este que se observe más inmediatamente á la anterior y por último por δ'' a'' g'' los referidos elementos para la que queda. Se tendrá:

$$sen\ \delta = sen\ \varphi\ cos\ z + cos\ \varphi\ sen\ z\ cos\ a\ \dots\dots\dots\dots(1)$$
$$sen\ \delta' = sen\ \varphi\ cos\ z + cos\ \varphi\ sen\ z\ cos\ a'\ \dots\dots\dots(2)$$
$$sen\ \delta'' = sen\ \varphi\ cos\ z + cos\ \varphi\ sen\ z\ cos\ a''\ \dots\dots\dots(3)$$

siendo en estas expresiones como se sabe φ la latitud del lugar de observacion. Combinando (1) con (2) y (1) con (3) se obtiene:

$$cos\ \varphi\ sen\ z = \frac{sen\ \delta - sen\ \delta'}{cos\ a - cos\ a'} = \frac{sen\ \delta - sen\ \delta''}{cos\ a - cos\ a''} \dots\dots (a)$$

Por otra parte se tiene:

$$
\left.
\begin{array}{l}
a = m - g \\
a' = m - g' \\
a'' = m - g''
\end{array}
\right\} \ldots\ldots\ldots\ldots (b)
$$

Sustituyendo los valores (b) en (a) y desarrollando la diferencia de senos y cosenos de los dos últimos miembros de (a) se encontrará fácilmente:

$$
\frac{sen\left[m - \tfrac{1}{2}(g+g')\right]}{sen\left[m - \tfrac{1}{2}(g+g'')\right]} =
$$

$$
\frac{sen\,\tfrac{1}{2}(\delta - \delta')\,cos\,\tfrac{1}{2}(\delta + \delta')\,sen\,\tfrac{1}{2}(g - g'')}{sen\,\tfrac{1}{2}(\delta - \delta'')\,cos\,\tfrac{1}{2}(\delta + \delta'')\,sen\,\tfrac{1}{2}(g - g')} \ldots (c)
$$

Designando por γ el segundo miembro de (c) y desarrollando el primero tendremos:

$$
\gamma = \frac{sen\,m\,cos\,\tfrac{1}{2}(g+g') - sen\,\tfrac{1}{2}(q'+g')\,cos\,m}{sen\,m\,cos\,\tfrac{1}{2}(g+g'') - sen\,\tfrac{1}{2}(g+g'')\,cos\,m} =
$$

$$
\frac{tang\,m\,cos\,\tfrac{1}{2}(g+g') - sen\,\tfrac{1}{2}(g+g')}{tang\,m\,cos\,\tfrac{1}{2}(g+g'') - sen\,\tfrac{1}{2}(g+g'')}
$$

De la expresión anterior se deduce:

$$
tang\,m = \frac{\gamma\,sen\,\tfrac{1}{2}(g+g'') - sen\,\tfrac{1}{2}(g+g')}{\gamma\,cos\,\tfrac{1}{2}(g+g'') - cos\,\tfrac{1}{2}(g+g')} =
$$

$$
tang\,\tfrac{1}{2}(g+g') \frac{\gamma\dfrac{sen\,\tfrac{1}{2}(g+g'')}{sen\,\tfrac{1}{2}(g+g')} - 1}{\gamma\dfrac{cos\,\tfrac{1}{2}(g+g'')}{cos\,\tfrac{1}{2}(g+g')} - 1} \ldots\ldots\ldots\ldots (d)
$$

haciendo en (d)

$$\gamma \frac{sen\ \tfrac{1}{2}\ (g+g'')}{sen\ \tfrac{1}{2}\ (g+g')} = cot\ \beta \quad y \quad \gamma \frac{cos\ \tfrac{1}{2}\ (g+g'')}{cos\ \tfrac{1}{2}\ (g+g')} = tang\ a \ldots (5)$$

se obtendrá:

$$tang\ m = \frac{cot\ \beta - 1}{tang\ a - 1}\ tang\ \tfrac{1}{2}\ (g+g') =$$

$$tang\ \tfrac{1}{2}\ (g+g')\ \frac{sen\ (45-\beta)\ cos\ a}{sen\ (a-45)\ sen\ \beta} \ \ldots\ldots (6)$$

Expresión que da el valor de m en función de la tangente la cual como se sabe corresponde á todos los arcos suplementarios, se conocerá el verdadero teniendo en cuenta los valores $\tfrac{1}{2}\ (g+g')$ y $\tfrac{1}{2}\ (g+g'')$; en cuyo cuadrante es evidente que debe estar comprendido el valor incógnito de m.

Reuniendo las fórmulas por calcular se tendrán por orden

$$\gamma = \frac{sen\ \tfrac{1}{2}\ (\delta-\delta')\ cos\ \tfrac{1}{2}\ (\delta+\delta')\ sen\ \tfrac{1}{2}\ (g-g'')}{sen\ \tfrac{1}{2}\ (\delta-\delta'')\ cos\ \tfrac{1}{2}\ (\delta+\delta'')\ sen\ \tfrac{1}{2}\ (g-g')}\ \ldots (4)$$

$$\left. \begin{array}{l} cot\ \beta = \gamma \dfrac{sen\ \tfrac{1}{2}\ (g+g'')}{sen\ \tfrac{1}{2}\ (g+g')} \\[3mm] tang\ a = \gamma \dfrac{cos\ \tfrac{1}{2}\ (g+g'')}{cos\ \tfrac{1}{2}\ (g+g')} \end{array} \right\} \ \ldots\ldots (5)$$

$$tang\ m = tang\ \tfrac{1}{2}\ (g+g')\ \frac{sen\ (45-\beta)\ cos\ a}{sen\ (a-45)\ sen\ \beta} \ \ldots (6)$$

$$\left. \begin{array}{l} a = m-g \\ a' = m-g' \\ a'' = m-g'' \end{array} \right\} \ \ldots\ldots\ldots (b)$$

El azimut A de cualquiera señal ó punto terrestre so obtendría por la relación

$$A = m - G \ldots \ldots\ldots (7)$$

designando por G la indicación ó lectura azimutal respectiva.

Es necesario tener presente para evitar equivocaciones que el azimut que se obtiene con las fórmulas (b) ó (7) es contado en sentido opuesto á la graduación del instrumento siempre que los valores del azimut resulten positivos, pues si resultaren negativos, los azimutes deben considerarse contados en el sentido de la graduación del referido instrumento.

Sería fácil ver que la fórmula (b) puede remplazarse por la siguiente:

$$tang\ m = tang\ \tfrac{1}{2}\ (g + g'') \frac{sen\ (\beta - 45)\ sen\ \alpha}{sen\ (45 - \alpha)\ cos\ \beta} \cdots (b')$$

y se comprende que calculadas las expresiones (b) y (b') se comprueba el resultado del valor m en su cálculo.

Valiéndome de las expresiones anteriores hice unas aplicaciones de este procedimiento y cuyo tipo de cálculo se verá adelante, pero esto no obstante, me parece más óbio y cómodo hacerles una ligera transformación; para esto dividiendo tangente de α por cotangente de β se obtiene

$$tang\ \alpha = tang\ \tfrac{1}{2}\ (g + g')\ cot\ \tfrac{1}{2}\ (g + g'')\ cot\ \beta \ \dots$$

y entonces las expresiones generales quedarán de la forma siguiente:

$$\left. \begin{array}{l} cot\ \beta = \dfrac{sen\ \tfrac{1}{2}\ (\delta - \delta')\ cos\ \tfrac{1}{2}\ (\delta + \delta')\ sen\ \tfrac{1}{2}\ (g - g'')\ sen\ \tfrac{1}{2}\ (g + g'')}{sen\ \tfrac{1}{2}\ (\delta - \delta'')\ cos\ \tfrac{1}{2}\ (\delta + \delta'')\ sen\ \tfrac{1}{2}\ (g - g')\ sen\ \tfrac{1}{2}\ (g + g')} \\[2ex] tang\ \alpha = tang\ \tfrac{1}{2}\ (g + g')\ cot\ \tfrac{1}{2}\ (g + g'')\ cot\ \beta \ \dots \dots \\[2ex] tang\ m = tang\ \tfrac{1}{2}\ (g + g')\ \dfrac{cos\ \alpha\ sen\ (45 - \beta)}{sen\ \beta\ sen\ (\alpha - 45)} \\[2ex] tang\ m = tang\ \tfrac{1}{2}\ (g + g'')\ \dfrac{sen\ \alpha\ sen\ (\beta - 45)}{cos\ \beta\ sen\ (45 - \alpha)} \\[2ex] \quad\quad a = m - g \\ \quad\quad a' = m - g' \\ \quad\quad a'' = m - g'' \\ \quad\quad A = m - G \end{array} \right\} \dots \dots (8)$$

En cuanto á la parte práctica el método es de lo más sencillo, pues basta colocar el primer astro que se observa en
coincidencia con el cruzamiento ó intersección de dos hilos;
hacer en este momento la lectura del círculo azimutal g y con
el movimiento particular del instrumento girar en seguida el
telescopio en azimut, para venir á esperar que los otros astros
que están con respecto al meridiano en el lado opuesto á aquel
en que se encuentra el primero, vengan á pasar por el mismo
cruzamiento que este último. Para esperar estos astros se tendrán convenientemente colocados en el campo del anteojo y
ya acercándose los momentos de la observación, por ligeros
movimientos del círculo azimutal que se imprimirán con el tor-
nillo de aproximación del movimiento particular de que ya se
ha hecho mención, se hará la coincidencia deseada, en cuyo
instante y sucesivamente obtenidas las indicaciones g' y g''
queda terminada la operación.

Cuando se quieren tomar dos estrellas con la misma distancia zenital á uno y otro lado del meridiano se puede determinar prácticamente el momento de la observación; efectivamente teniendo conocimiento de la bóveda celeste por las cartas respectivas y habiendo varias estrellas en general en un
momento dado, si nos establecemos en estación y ya listos para
observar vemos por arriba del telescopio que se aproximan á
tener su altura ó zenital igual dos estrellas A y B basta hacer que aparezca en el campo del anteojo una de ellas A y girar en azimut para ver si ya B se encuentra en dicho campo;
si no sucede así, se deja pasar un poco tiempo y se repite la
operación; llegará un momento en que ambas se encuentren
en el campo entrando y que se les verá una subiendo y la otra
bajando; se empezará sin pérdida de tiempo con la última observada, á hacerla coincidir con los hilos respectivos; se hará
la lectura azimutal y se girará el instrumento en azimut para
esperar la otra que ya se encontrará muy cerca del hilo respectivo y se hará, una vez que esta última llegue á la altura

igual, la indicación azimutal correspondiente; pero conviene advertir que si se ha dejado entrar en el campo mucho á una de las estrellas de tal manera que por ejemplo se vea tocando uno de los hilos horizontales extremos de la retícula, entonces ya no da tiempo á la observación y es inútil continuarla, al menos para las dos estrellas elegidas; conviene por eso tener cuidado de no distraerse y dejarlas entrar en el campo del telescopio lo necesario si posible es, para cerciorarse de que realmente ya están en dicho campo. De esta manera observadas A y B se pueden esperar á C y D ó los astros que se pueda y en unos quince minutos ó menos á veces se observarán cuatro, cinco ó seis estrellas que darán varios valores de m. Para determinar los valores de m que resultan con un número cualquiera de astros observados, tenemos que si los designamos por M se tendrá

$$M = C^m_3 - (C^n_3 + C^{n'}_3) \dots\dots\dots\dots\dots\dots\dots (h)$$

en la que C es el número de combinaciones y cuya fórmula general para m'' elementos tomados de n'' en n'' es como se sabe

$$C^{m''}_{n''} = \frac{m'' \, (m''-1) \, (m''-2) \, (m''-3) \dots (m''-n''+1)}{1 \times 2 \times 3 \times \dots \times (n''-1) \times n''}$$

siendo por otra parte en la expresión (h) m' el número total de estrellas observadas, y n y n' el número de las observadas al Este y al Oeste respectivamente. Así, por ejemplo, si observamos cinco astros de los cuales dos sean del Este, tendremos:

$$C^{m'}_3 = C^5_3 = \frac{5 \times 4 \times 3}{1 \times 2 \times 3} = \frac{60}{6} = 10; \quad C^n_3 = C^2_3 = 0;$$

$$C^{n'}_3 = C^3_3 = \frac{3 \times 2}{2 \times 3} = 1 \quad \text{y}$$

$M = 10 - 0 - 1 = 9$ cuya cantidad indica el número de resultados del valor incógnito m que podrían obtenerse en este caso.

Podrían ó deberían más bien hacerse las lecturas de nivel para corregir las azimutales g g' y g'', pero en este procedimiento puede prescindirse de ellas, si se tiene el cuidado de nivelar el instrumento lo mejor posible y no imprimirle movimientos demasiado bruscos que pueda alterar su posición, pues son tan pequeñas estas correcciones que casi nunca llegan á alcanzar el valor numérico de la aproximación angular del instrumento, al menos cuando este último es de 10''; esto no quiere decir que se recomiende dejar de hacer dichas correcciones cuando la exactitud lo exija.

Para determinar las mejores condiciones que deben llenarse en la observación, tenemos que el procedimiento de zenitales iguales de tres estrellas no es más que un caso particular del de cuatro estrellas, en el que la estrella que se observa aislada en el actual ha sustituído á las dos del mismo lado, del otro procedimiento. Al leer este último en el capitulo siguiente se comprenderá mejor la razón de porqué consideramos en lugar de $a = m - g$ su valor doble y así podremos poner:

$$2\,a = 2\,m - 2\,g$$
$$a' = m - g'$$
$$a'' = m - g''$$

ó $$2\,a + a' + a'' = 4\,m - (2\,g + g' + g'') \ldots \ldots (a')$$

Si suponemos un error $\triangle m$ en m, resultarían otros $\triangle a$, $\triangle a'$ y $\triangle a''$ para los azimutes a a' a'' y tendríamos

$$2\,a + a' + a'' + (2\,\triangle a + \triangle a' + \triangle a'') =$$
$$4\,m + 4\,\triangle m - (2\,g + g' + g'') \ldots \ldots \ldots (b')$$

combinando (a') y (b') se deduce

$$\triangle m = \tfrac{1}{4}\,(2\,\triangle a + \triangle a' + \triangle a'') \ldots \ldots (c')$$

Para encontrar los valores de los errores tomemos las expresioues fundamentales *(1) (2)* y *(3)*; suponiéndoles un pequeño error en cada uno de sus elemeutos se obtendrá:

$$\triangle a = \frac{d\,a}{d\,z} \triangle z + \frac{d\,a}{d\,\varphi} \triangle \varphi + \frac{d\,a}{d\,\delta} \triangle \delta =$$

$$-\frac{cos\,\delta \triangle \delta}{cos\,\varphi\,sen\,a\,sen\,z} = -\frac{\triangle \delta}{cos\,\varphi\,sen\,h}$$

$$\triangle a' = \frac{d\,a'}{d\,z} \triangle z + \frac{d\,a'}{d\,\varphi} \triangle \varphi + \frac{d\,a'}{d\,\delta'} \triangle \delta' =$$

$$\frac{cos\,\delta \triangle \delta'}{cos\,\varphi\,sen\,a'\,sen\,z} = \frac{\triangle \delta'}{cos\,\varphi\,sen\,h'}$$

$$\triangle a'' = \frac{d\,a''}{d\,z} \triangle z + \frac{d\,a''}{d\,\varphi} \triangle \varphi + \frac{d\,a''}{d\,\delta''} \triangle \delta'' =$$

$$-\frac{cos\,\delta'' \triangle \delta''}{cos\,\varphi\,sen\,a''\,sen\,z} = -\frac{\triangle \delta''}{cos\,\varphi\,sen\,h''}$$

expresiones obtenidas teniendo en cuenta que los coeficientes diferenciales $\Sigma \frac{d\,a}{d\,\varphi}$ y $\Sigma \frac{d\,a}{d\,z}$ son nulos en la teoría por no entrar en *m*, ni la latitud ni la distancia zenital; pues aunque en la observación práctica entran, después se tomaron en consideración.

Según las relaciones ó expresiones anteriores se tendrá:

$$\triangle m = -\frac{1}{4\,cos\,\varphi\,sen\,z} \left[\left(\frac{cos\,\delta \triangle \delta}{sen\,a} + \frac{cos\,\delta' \triangle \delta'}{sen\,a'} \right) + \right.$$

$$\left. + \left(\frac{cos\,\delta \triangle \delta}{sen\,a} + \frac{cos\,\delta'' \triangle \delta''}{sen\,a''} \right) \right] =$$

$$-\frac{1}{4\,cos\,\varphi} \left[\left(\frac{\triangle \delta}{sen\,h} + \frac{\triangle \delta'}{sen\,h'} \right) + \left(\frac{\triangle \delta}{sen\,h} + \frac{\triangle \delta''}{sen\,h''} \right) \right] \text{ ó}$$

$$\triangle m = -\frac{1}{2\,cos\,\varphi\,sen\,z} \left(\frac{cos\,\delta \triangle \delta}{sen\,a} + \frac{cos\,\delta' \triangle \delta'}{2\,sen\,a'} + \frac{cos\,\delta'' \triangle \delta''}{2\,sen\,a''} \right) =$$

$$-\frac{1}{2\,cos\,\varphi} \left(\frac{\triangle \delta}{sen\,h} + \frac{\triangle \delta'}{2\,sen\,h'} + \frac{\triangle \delta''}{2\,sen\,h''} \right)$$

estudiando las dos formas de valores obtenidos para $\triangle m$ se observará que ellos adquieren su menor valor

1º A menor valor de φ

2º A mayor distancia zenital

3º A mayor azimut

4º A mayor valor de las declinaciones

5º Cuando las declinaciones y ángulos horarios de las estrellas difieran poco entre sí.

Condiciones que demuestran que el método es favorable en las bajas latitudes y observando estrellas que teniendo grandes declinaciones difieran poco entre sí y en los momentos de su mayor elongación que es cuando á mayor azimut corresponde también mayor distancia zenital.

Por otra parte observando estrellas en los momentos de sus mayores elongaciones, mientras mayores sean sus declinaciones más se aproximan á ser rectos sus ángulos horarios.

Por lo visto las circumpolares son las más propias para la observación.

Los astros cuya declinación fuere menor que la latitud del lugar no podrían nunca observarse en los momentos de sus mayores elongaciones, en este caso basta observarlas cerca del primer vertical. Efectivamente en esta hipótesis podemos admitir los azimutes de las Estrellas iguales á 90º y por las variaciones pequeñas que sufren los valores de $\triangle m$ anteriores sería fácil ver que las condiciones quedando las mismas, en nuestras latitudes ellas se llenarían bastante bien observando astros poco diferentes en declinación y con la mayor distancia zenital posible ó mejor todavía si se combina una circumpolar en los momentos de su mayor elongación con dos del primer vertical.

Como se ha ya observado los coeficientes diferenciales por latitud y distancia zenital son nulos teóricamente, pero para

que prácticamente esto se verifique, se necesita tener el mayor cuidado para no alterar esta última; pues los coeficientes
diferenciales de dicho elemento para cada estrella siendo de

la forma $\dfrac{d\,a}{d\,z} = \dfrac{cos\ a\ cot\ z - tang\ \varphi}{sen\ a}$ si los astros se observan en

su máxima elongacióu; ó $\dfrac{d\,a}{d\,z} = -tan\ \varphi$ si se observan cerca del

1er. vertical, se ve que la magnitud de cada error dependiente
de la distancia zenital es de la mayor importancia evitarlo ó
disminuirlo, lo cual se logra bastante teniendo cuidado de que
la observación dure lo menos posible para que la refracción
no se altere, no mover el telescopio del instrumento en azimut
con la mano, pues para este movimiento basta hacerlo de los
soportes y en general no producir movimiento brusco ó causa
que pueda alterar la posición de dicho instrumento; por último
el elemento de la latitud siendo imposible prácticamente alte-
rarlo sin tener de ello perfecto conocimiento, estará por demás
ya cualquier indicación respecto de él.

Aunque ciertamente sería posible observar estrellas en los
momentos de sus mayores elongaciones, sería también poco
probable que siempre esto fuera posible realizarlo; pero el análisis anterior demuestra en este caso que siempre se pueden
llenar las demás importantes condiciones y que por la tanto
no se hace indispensable conocer la hora exacta de las dichas
elongaciones pues basta para el objeto estar seguro de que es-
están lejos del meridiano; cosa que es bien sencilla como se
sabe.

Si se tiene el cuidado de empezar la observación con la
estrella que esté aislada al Este ó al Oeste y se pone el instrumento en cero de tal manera que se tenga $g=0$ entonces
tendremos:

$$\text{(P)}\begin{cases} \cot \beta = \dfrac{sen\ \frac{1}{2}\ (\delta - \delta')\ \cos\ \frac{1}{2}\ (\delta + \delta')\ sen^2\ \frac{1}{2}\ g''}{sen\ \frac{1}{2}\ (\delta - \delta'')\ cos\ \frac{1}{2}\ (\delta + \delta'')\ sen^2\ \frac{1}{2}\ g'} \\[2mm] tang\ a = tang\ \frac{1}{2}\ g'\ \cot\ \frac{1}{2}\ g''\ \cot\ \beta \\[2mm] tang\ m = \begin{cases} tang\ \frac{1}{2}\ g'\ \dfrac{cos\ a\ sen\ (45 - \beta)}{sen\ \beta\ sen\ (a - 45)} = \\[3mm] -\ tang\ \frac{1}{2}\ g'\ \dfrac{cos\ a\ sen\ (45 - \beta)}{sen\ \beta\ sen\ (45 - a)} \\[3mm] tang\ \frac{1}{2}\ g''\ \dfrac{sen\ a\ sen\ (-\beta 45)}{cos\ \beta\ sen\ (45 - a)} = \\[3mm] -\ tang\ \frac{1}{2}\ g''\ \dfrac{sen\ a\ sen\ (45 - \beta)}{cos\ \beta\ sen\ (45 - a)} \end{cases} \end{cases}$$

$$a = m$$

En este caso los valores que dan estas últimas expresiones unidas á las a' y a'' de las *(b)* resuelven el problema. De esta manera se abrevia un poco el cálculo y por lo tanto si se han tomado varias estrellas en combinación siempre será preferible cuando de todas las estrellas combinadas sólo una se observará aislada, pues cuando se observan varias á uno y otro lado del meridiano sería fácil dicernir á cuáles convendría la aplicación del caso en referencia.

La medida de un azimut por este procedimiento aunque laborioso por su cálculo se ve que es muy favorable por no exigir el conocimiento de ningún elemento local, por ser de fácil aplicación práctica casi en cualquier momento y por entrar en su determinación las distancias angulares del círculo azimutal. A continuación constan los cálculos de una aplicación que hice de él en la hacienda de Tancasneque el 5 de

Abril de 1901, y no obstante que las estrellas elegidas allí, así como la distancia zenital de observación, $z = 24° \, 48' \, 05.''00$ no estaban en las mejores condiciones, sus resultados demuestran la exactitud y bondad del método si se logran ó se tiene cuidado en reunir las mayores condiciones del análisis.

Tancasneque Hda. Estado Tam. Abril 5 de 1901.

Altz. T. & S. SF. (10"00)————Obs. Angel García Conde.

Zenitales Iguales de tres * (Para Azim.)**

γ Geminorum   (al Oeste) — * ε Lionis   (al Este) — * μ Geminorum   (al Oeste)

Lec. Cir. Hort.	Niv. Mont.ᵉ			Lec. Cir. Hort.	Niv. Mont.ᵉ			Lec. Cir. Hort.	Niv. Mont.ᵉ		
° ′ ″	0. d	e. d		° ′ ″	0. d	e. d		° ′ ″	0. d	e. d	
160 48 50.00 +	+	−		341 10 30.00 +	+	−		175 39 20.00 +	+	−
. .	+	. +		. .	+	. +		. .	+	. +
. .	+	−		. .	+	−		. .	+	−
	o−e				o−e				o−e	
	½ v. ×				½ v. ×				½ v. ×	
	d				d				d	
o	+	Log d. . −		o	+	Log d. . −		o	+	Log d. . −
	Cot z′ + . +				Cot z′ + . +				Cot z′ + . +
. . i . .	−			. . i . .	−			. . i . .	−
o ′ ″	−			o ′ ″	−			o ′ ″	−
160 48 50.00 + g″				341 10 30.00 + g				175 39 20.00 + g′	

Declinaciones ap. de las *** (y cálculo de m)

Columna I

°	′	″		
16	28	53.60 +	(ᵃ.)	
	+	. −	(ᵃ.)	
16	28	53.60 +		δ''
24	13	36.05 +		δ
40	42	29.65 +		$(\delta+\delta'')$
7	44	42.45 +		$(\delta-\delta'')$
20	21	14.83 +	$\tfrac{1}{2}(\delta+\delta'')$	
3	52	21.23 +	$\tfrac{1}{2}(\delta-\delta'')$	
341	10	30.00 +		g
160	48	50.00 +		g''
501	59	20.00 +		$(g+g'')$
180	21	40.00 +		$(g-g'')$
250	59	40.00 +	$\tfrac{1}{2}(g+g'')$	
90	10	50.00 +	$\tfrac{1}{2}(g-g'')$	

Columna II

°	′	″		
24	13	35.60 +	(ᵃ.)	
	−	0.45 −	(ᵃ.)	
24	13	36.05 +		δ
22	33	46.75 +		δ'
46	47	22.80 +		$(\delta+\delta')$
1	39	49.30 +		$(\delta-\delta')$
23	23	41.40 +	$\tfrac{1}{2}(\delta+\delta')$	
0	49	54.65 +	$\tfrac{1}{2}(\delta-\delta')$	

$$8.1619057 + \ldots \operatorname{sen} \tfrac{1}{2}(\delta-\delta')$$
$$+9.9627435 + \ldots \cos \tfrac{1}{2}(\delta+\delta')$$
$$+9.9999978 + \ldots \operatorname{sen} \tfrac{1}{2}(g-g'')$$
$$8.1246470 +$$
$$-8.7980680 +$$
$$9.3265790 +$$

Columna III

°	′	″		
22	33	46.08 +	(ᵃ.)	
	+	0.05 −	(ᵃ.)	
22	33	46.75 +		δ'
341	10	30.00 +		g
175	39	20.00 +		g'
516	49	50.00 +		$(g+g')$
165	31	10.00 +		$(g-g')$
258	24	55.00 +	$\tfrac{1}{2}(g+g')$	
82	45	35.00 +	$\tfrac{1}{2}(g-g')$	

$$8.8295453 + \ldots \operatorname{sen} \tfrac{1}{2}(\delta-\delta')$$
$$+9.9719994 + \ldots \cos \tfrac{1}{2}(\delta+\delta')$$
$$+9.9965233 + \ldots \operatorname{sen} \tfrac{1}{2}(g-g')$$
$$8.7980680 +$$
$$9.3265790 + \ldots \ldots r$$

Determinación del

$$+9.5127642 —..\cos \tfrac{1}{2}(g+g'')$$
$$8.8393432—$$
$$—9.3027998 —..\cos \tfrac{1}{2}(g+g')$$
$$9.5365434 + .. tag\ \alpha$$

$$\begin{array}{ccc} ° & ' & '' \\ 18 & 58 & 57.38 + \ \alpha \end{array}$$

$$\begin{array}{ccc} ° & ' & '' \\ 45 & 00 & 00.00+ \end{array}$$

$$\begin{array}{ccc} ° & ' & '' \\ —78 & 25 & 47.88 + \ \beta \end{array}$$

$$\begin{array}{ccc} ° & ' & '' \\ 33 & 25 & 47.88— & (45—\beta) \end{array}$$

$$9.9910843 + ..sen\ \beta$$
$$+9.6421122 —..sen\ (\alpha—45)$$
$$9.6331965—$$

$$+ \ \tfrac{1}{2} — sen\ \tfrac{1}{2}(g+g'')$$
$$9.3022346—$$
$$—9.9910616—$$
$$9.3111730+..........cot\ \beta$$

$$\begin{array}{ccc} ° & ' & '' \\ 78 & 25 & 47.88 + \ \beta \end{array}$$

$$\begin{array}{ccc} ° & ' & '' \\ 18 & 58 & 57.38+ \\ —45 & 00 & 00.00+ \end{array}$$

$$\begin{array}{cccc} ° & ' & '' \\ 26 & 01 & 02.62— & (\alpha—45) \end{array}$$

$$9.7410864 —..sen\ (45—\beta)$$
$$+9.9757154 + ..\cos\ \alpha$$
$$+0.6882618 + ..tag\ \tfrac{1}{2}(g+g')$$
$$—9.6331965—...........$$
$$0.7718671+...tag\ m$$

$$\begin{array}{cccc} ° & ' & '' \\ 260 & 24 & 08.33+ & m \end{array}$$

$$9.9910616 —..sen\ \tfrac{1}{2}(g+g')$$
$$—9.3027998— \quad \cos\ \tfrac{1}{2}(g+g')$$
$$0.6882618+ \quad tag\ \tfrac{1}{2}(g+g')$$

Azimutes Astronómicos.

De * ε *Lionis*

	°	′	″	
	260	24	08.33 +	m
	−341	10	30.00 +	g
	80	46	21.67 −	a

De * μ *Geminorum*

	°	′	″	
	260	24	08.33 +	m
	−175	39	20.00 +	g'
	84	44	48.33 +	a'

De * γ *Geminorum*

	°	′	″	
	260	24	08.33 +	m
	−160	48	50.00 +	g''
	99	35	18.33 +	a''

De señal

	°	′	″	
	260	24	08.33 +	m
	°	′	″	G
	°			A

Calc. por *Angel García Corde.*
Rev. por *Jesús Cortés Alegría.*

CAPÍTULO 2º

ZENITALES IGUALES DE CUATRO ESTRELLAS

El mismo problema y con los mismos elementos que en el capítulo anterior, puede resolverse con cuatro estrellas observando dos de cada lado del meridiano. Para esto designando por δ''' a''' y g''' los elementos que se aumentan por el nuevo astro tendremos:

$$sen\ \delta = sen\ \varphi\ cos\ z + cos\ \varphi\ sen\ z\ cos\ (m-g)\ldots\ldots(1)$$
$$sen\ \delta' = sen\ \varphi\ cos\ z + cos\ \varphi\ sen\ z\ cos\ (w-g')\ldots\ldots(2)$$
$$sen\ \delta'' = sen\ \varphi\ cos\ z + cos\ \varphi\ sen\ z\ cos\ (m-g'')\ldots\ldots(3)$$
$$sen\ \delta''' = sen\ \varphi\ cos\ z + cos\ \varphi\ sen\ z\ cos\ (m-g''')\ldots\ldots(4)$$

Combinando *(1)* y *(2)* en que entran los elementos de los astros observados á uno y otro lade del meridiano y *(3)* con *(4)* que están en las mismas circunstancias con respecto á este plano, encontraríamos:

$$\frac{sen\ \frac{1}{2}\ (\delta-\delta')\ cos\ \frac{1}{2}\ (\delta+\delta')}{sen\ \frac{1}{2}\ (\delta''-\delta''')\ cos\ \frac{1}{2}\ (\delta''+\delta''')} =$$

$$\frac{sen\ \frac{1}{2}\ (g-g')\ sen\ (m-\frac{1}{2}\ (g+g'))}{sen\ \frac{1}{2}\ (g''-g''')\ sen\ (m-\frac{1}{2}\ (g''+g'''))}$$

Siguiendo el mismo sistema de desarrollo que en el capitulo anterior sería fácil encontrar

$$(A) \begin{cases} \cot \beta = \dfrac{sen\ \frac{1}{2}\ (\delta - \delta')\ cos\ \frac{1}{2}\ (\delta + \delta')\ sen\ \frac{1}{2}\ (g'' - g''')\ sen\ \frac{1}{2}\ (g'' + g''')}{sen\ \frac{1}{2}\ (\delta'' - \delta''')\ cos\ \frac{1}{2}\ (\delta'' + \delta''')\ sen\ \frac{1}{2}\ (g - g')\ sen\ \frac{1}{2}\ (g + g')} \\[2ex] tang\ a = tang\ \frac{1}{2}\ (g + g')\ cot\ \frac{1}{2}\ (g'' + g''')\ cot\ \beta \\[2ex] tang\ m = tang\ \frac{1}{2}\ (g + g')\ \dfrac{cos\ a\ sen\ (45 - \beta)}{sen\ \beta\ sen\ (45 - a)} \\[2ex] tang\ m = tang\ \frac{1}{2}\ (g'' + g''')\ \dfrac{sen\ a\ sen\ (45 - \beta)}{cos\ \beta\ sen\ (45 - a)} \\[2ex] \begin{aligned} a &= m - g \\ a' &= m - g' \\ a'' &= m - g'' \\ a''' &= m - g''' \end{aligned} \end{cases}$$

Como se ve las fórmulas (A) son bastante análogas á las (8) del anterior procedimiento y por lo tanto el análisis ya aquí se simplifica muchísimo; efectivamente el error $\triangle m$ que hubiera en m daría para los azimutes $a\ a'\ a''\ a'''$ otros $\triangle a$ $\triangle a'\ \triangle a''\ \triangle a'''$ y cuya relación que los ligaría sería:

$$\triangle m = \tfrac{1}{4}\ (\triangle a + \triangle a' + \triangle a'' + \triangle a''')$$

Siguiendo el mismo sistema que anteriormente para determinar los valores de los errores tendremos:

$$\triangle m = -\frac{1}{4\ cos\ \varphi\ sen\ z}$$

$$\left[\left(\frac{cos\ \delta\ \triangle \delta}{sen\ a} + \frac{cos\ \delta'\ \triangle \delta'}{sen\ a'}\right) + \left(\frac{cos\ \delta''\ \triangle \delta''}{sen\ a''} + \frac{cos\ \delta'''\ \triangle \delta'''}{sen\ a'''}\right)\right] =$$

$$-\frac{1}{4\ cos\ \varphi}\left[\left(\frac{\triangle \delta}{sen\ h} + \frac{\triangle \delta'}{sen\ h'}\right) + \left(\frac{\triangle \delta''}{sen\ h''} + \frac{\triangle \delta'''}{sen\ h'''}\right)\right]$$

Estudiando esta cantidad se desprenden las mismas condiciones que en el procedimiento anterior con la diferencia de que en el actual, es fácil observar que no se debe combinar una circumpolar con dos del primer vertical, pero en cambio

se pueden combinar dos estrellas cualesquiera á ambos lados
del meridiano con otras dos también cualesquiera y que te·
niendo respecto de dicho meridiano las mismas circunstancias,
difieran las dos primeras poco entre sí en sus declinaciones,
así como las dos últimas.

Esta conclusión respecto de combinar los astros da á este
procedimiento una gran superioridad práctica sobre el anterior, puesto que es más fácil realizarlo en cualquier momento.

En cuanto á la parte práctica la manera de operar es enteramente lo mismo que el del anterior capítulo y por la tanto
sólo me queda por indicar que me faltan los datos prácticos
para comprobarlo, pero habiendo sido deducido en vista del
anterior no me parece aventurado el darle publicidad aunque
sea en estas circunstancias y sobre todo hecha esta última observación.

CAPÍTULO 3?

DETERMINACIÓN SIMULTÁNEA DEL AZIMUT

Y DE LA HORA.

Puede suceder que al observar el azimut por cualquiera de los procedimientos anteriores se anoten las horas cronométricas en cuyo caso y como consecuencia inmediata se deduce la determinación de la hora en función del primer elemento mencionado.

Efectivamente tomando dos estrellas de los pares anteriores y llamando h y h' los ángulos horarios, para los astros cuyos azimutes son a y a' se tiene:

$$sen\ a = \frac{sen\ h\ cos\ \delta}{sen\ z}; \quad sen\ a' = \frac{sen\ h'\ cos\ \delta'}{sen\ z} \ \dots(1)$$

de las que se deduce:

$$\frac{sen\ h}{sen\ h'} = \frac{sen\ a\ cos\ \delta'}{sen\ a'\ cos\ \delta}$$

y esta última expresión se transforma fácilmente en:

$$\frac{tang\ \frac{1}{2}\ (h+h')}{tang\ \frac{1}{2}\ (h-h')} = \frac{sen\ a\ cos\ \delta' + sen\ a'\ cos\ \delta}{sen\ a\ cos\ \delta' - sen\ a'\ cos\ \delta}$$

Introduciendo un ángulo subsidiario ψ determinado por la relación

$$tang\ (\psi - 45) = \frac{sen\ a'\ cos\ \delta}{sen\ a\ cos\ \delta'}$$

se encontrará sencillamente

$$\frac{tang\ \frac{1}{2}\ (h+h')}{tang\ \frac{1}{2}\ (h-h')} = \frac{1+tang\ (\psi-45)}{1-tang\ (\psi-45)} = tang\ \psi \qquad (A)$$

Por otra parte si designamos por t y t' ; $\triangle t$ y $\triangle t'$ las horas cronométricas y sus correcciones respectivas á las horas sidereas T y T' de la zenital igual, se sabe que se tiene:

$$\left. \begin{array}{l} T = t + \triangle t \\ T' = t' + \triangle t' \end{array} \right\} \text{y} \quad \begin{array}{l} h = T - a = t + \triangle t - a \\ h' = T' - a' = t' + \triangle t' - a' \end{array}$$

Llamando 0 y $\bar{n}$ la semisuma y diferencia de los ángulos horarios, tendremos:

$$0 = \tfrac{1}{2}\ (h+h') =$$
$$\tfrac{1}{2}\ (t+t') + \tfrac{1}{2}\ (\triangle t + \triangle t') - \tfrac{1}{2}\ (a+a')\ldots\ldots (a)$$

$$\bar{n} = \tfrac{1}{2}\ (h-h') =$$
$$\tfrac{1}{2}\ (t-t') + \tfrac{1}{2}\ (\triangle t - \triangle t') + \tfrac{1}{2}\ (a'-a)\ldots\ldots (b)$$

La expresión (A) se trasformará en:

$$tang\ 0 = tang\ \psi\ tang\ \bar{n}$$

De la relación (a) se encuentra $\tfrac{1}{2}\ (\triangle t + \triangle t')$ ó lo que es lo mismo la corrección del cronómetro en el instante $\tfrac{1}{2}\ (t+t')$. Poniendo en orden las fórmulas por calcular se tiene:

$$\left. \begin{array}{l} \bar{n} = \tfrac{1}{2}\ (t-t') + \tfrac{1}{2}\ (\triangle t - \triangle t') + \tfrac{1}{2}\ (a'-a) \\[2mm] tang\ (\psi-45) = \dfrac{sen\ a'\ cos\ \delta}{sen\ a\ cos\ \delta'} \\[2mm] tang\ 0 = tang\ \psi\ tang\ \bar{n} \\[2mm] \tfrac{1}{2}\ (\triangle t + \triangle t') = \tfrac{1}{2}\ (a'+a) + 0 - \tfrac{1}{2}\ (t+t') \end{array} \right\} (B)$$

Aunque en $\bar{n}$ entra el pequeño término $\frac{1}{2}$ ($\triangle t - \triangle t'$) se sabe que no hay inconveniente en suprimirlo en atención á que la duración de la observación es de muy poco tiempo, y en cuyo caso la magnitud de él es insignificante.

Examinemos las mejores condiciones que deben llenarse en la observación. Si suponemos un pequeño error en cada uno de los datos del problema es fácil ver que el error resultante $\triangle H$ sería evidentemente de la forma

$$\triangle H = \tfrac{1}{2} (\triangle h + \triangle h')$$

en el que los elementos $\triangle h$ y $\triangle h'$ podremos determinarlos diferenciando las expresiones (1); y así tendremos:

$$\triangle h = \frac{d\,h}{d\,z}\triangle z + \frac{d\,h}{d\,a}\triangle a + \frac{d\,h}{d\,\delta}\triangle \delta =$$

$$cos\ a\ sen\ h\ \triangle a + sen\ h\ tang\ \delta\ \triangle \delta$$

$$\triangle h' = \frac{d\,h'}{d\,z}\triangle z + \frac{d\,h'}{d\,a'}\triangle a' + \frac{d\,h'}{d\,\delta'}\triangle \delta' =$$

$$cos\ a'\ sen\ h'\ \triangle a' + sen\ h'\ tang\ \delta'\ \triangle \delta'$$

En estos últimos valores teóricamente el coeficiente dependiente de la distancia zenital es nulo, pero no siéndolo prácticamente él será considerado más adelante.

Por los mismos valores de $\triangle h$ y $\triangle h'$, se ve que ellos adquieren su menor valor posible:

1º A mayor azimut.

2º A menor declinación.

3º A menor ángulo horario.

Además se observará que dichos valores se aproximarán

á ser iguales y de signos contrarios si llenada la primera condición se eligen δ y δ' de manera que se aproximen á ser iguales. Por lo tanto con las circumpolares en los momentos de su
mayor elongación, puede aplicarse el procedimiento y aun se
satisfacen mejor las condiciones con las del primer vertical.

Como con estos astros es con los que se opera para determinar el azimut en los anteriores procedimientos, se ve que
es posible determinar simultáneamente la hora y el azimut.

El coeficiente diferencial por la distancia zenital siendo
de la forma:

$$\frac{d\,h}{d\,z} = sen\ a\ cot\ z \quad sen\ a'\ cot\ z = cot\ z\ (sen\ a - sen\ a')$$

él indica la conveniencia de que se observen las estrellas con
la mayor distancia zenital posible y en posiciones simétricas
á uno y otro lado del meridiano. Condiciones que se aproximan más á llenar los astros que se han ya mencionado y elegi-
dos en las condiciones que el análisis ha demostrado anteriormente; dicho coeficiente, como se observará, demuestra también la conveniencia de operar con cuidado prácticamente
para no alterar la verdadera zenital igual de los astros que se
observan.

Con el objeto de facilitar el conocimiento del tiempo sin
tener que esperar á que estén calculados los azimutes respectivos que entran en el valor de ψ y por lo tanto en las de 0
y $\frac{1}{2}$ ($\triangle t + \triangle t'$), conviene para formarse idea de los resultados antes de conocer los exactos, recurrir al uso del valor
bastante aproximativo de ψ calculado por la fórmula (C), lo
que se comprende no es indispensable, pero sí por precaución
es útil.

$$tang\ (\psi - 45) = \frac{sen\ h'}{sen\ h} = \frac{sen\ (t - a)}{sen\ (t' - a')}\ \dots (C)$$

y con este valor de ψ, se obtienen los otros elementos con las mismas expresiones y con un pequeño error, los cuales se corregirán y se obtendrán en definitiva, cuando se tengan los exactos; que será una vez calculados lss azimutes de a y a' pues una vez conocidos estos últimos, los valores correctos de ψ, 0 y $\frac{1}{2}$ ($\triangle t + \triangle t'$) serían dados por las mencionadas y respectivas expresiones (B).

En cuanto á la parte práctica el procedimiento no presenta dificultad alguna, pues se anotan las horas por el contador á la voz de Op. del observador, el que las va dando al paso de la estrella por los hilos; teniendo simplemente cuidado este último de dejar inmóvil todo movimiento vertical ó azimutal del instrumento, cuando el astro haya llegado al cruzamiento de los hilos centrales ó al respectivo cruzamiento que se haya elegido para la zenital igual.

Aplicando este procedimiento á las estrellas ε Lionis y μ Geminorum del capítulo primero; tomando para m, a y a' el promedio de los resultados obtenidos, tendremos:

$$
\begin{array}{rrrr}
 & \circ & ' & '' \\
m = & 260 & 24 & 05.12 \\
a = & 80 & 46 & 24.88- \\
a' = & 84 & 44 & 50.00
\end{array}
$$

Los valores de $\bar{n}$ $\frac{1}{2}$ ($a+a'$) y $\frac{1}{2}$ ($t+t'$) que entran en las expresiones (B) fueron calculados por el que suscribe y cuyos datos que constan en el tipo de cálculo respectivo de la Comisión Geográfico Exploradora son, á saber:

$$
\begin{array}{rrrr}
 & \circ & ' & '' \\
\bar{n} = - & 26 & 58 & 26.26 \\
\frac{1}{2}\,(a+a') = & 7^{\mathrm{h}} & 58^{\mathrm{m}} & 38.^{s}25 \\
\frac{1}{2}\,(t+t') = & 8^{\mathrm{h}} & 01^{\mathrm{m}} & 58.^{s}82
\end{array}
$$

El cálculo quedará entonces como sigue:

sen a' .... 9.9981723 +
cos δ .... + 9.9599611 +   *sen a* ....   9.9943447 —
_____
                 9.9580334 +   *cos δ'* .... + 9.9654173+
_____
                —9.9597613 —   ....   9 9597613—
_____

ang (ψ—45) .. 9.9983721—
_____

                 o   ′   ″
(ψ—45).. 44   53   33.42—
                 o
        +45
_____

           o   ′   ″
ψ   0   6   26.58+   *tang* ψ .... 7.2728144+
_____
                                 tang ñ .... +9.7066778—

0   0ʰ   0ᵐ   13.ˢ12— · *tang* 0 .... 6.9794922 —
_____

                                          o   ′   ″
½ (a+a')   +7ʰ 58ᵐ 38.ˢ25+   0   0   3   16.75
_____
            7ʰ   58   25.ˢ13+
½ (t+t')   —8ʰ   1ᵐ   58.ˢ82+
_____

½ (△t+△t')   0ʰ 3ᵐ 33.ˢ69—

El valor ½ (△ t + △ t') igual á 0ʰ 3ᵐ 33.ˢ72—fué el obtenido por el procedimiento de zenitales iguales de dos estrellas
aplicando las expresiones que para dicho método expone en
su tratado de Geodesia y Astronomía el Ingeniero D. Francisco Díaz Covarrubias. Por este último valor que como ya se

dijo consta en la Comisión Geográfico Exploradora, se verán, comparándolo con el obtenido en el procedimiento que se presenta, los resultados que son suceptibles de obtenerse con este último, no obstante que al aplicarse el método en referencia en el presente caso las estrellas elegidas así como la distancia zenital de observación, no llenaban á satisfacción las condiciones del análisis según se ha visto anteriormente.

ESTUDIO

SOBRE LA

ENSEÑANZA DEL DIBUJO

POR EL INGENIERO

MANUEL FRANCISCO ALVAREZ, M. S. A.

Al Sr. Lic. D. Justo Sierra,

Subsecretario de Instrucción Pública y decidido protector
de las Bellas Artes.

Dos conferencias sobre dibujo han tenido lugar reciente-
mente, á las que he asistido, y mi carácter de Director de la
Escuela N. de Artes y Oficios, casi me obliga á ocuparme de
este asunto. Como Arquitecto é Ingeniero Civil, discípulo de la
antigua Academia de Bellas Artes de San Carlos, no soy extraño á la materia, y como Delegado que fuí del Gobierno de
México en el primer Congreso de la Enseñanza del dibujo en
1900, he podido juzgar del estado de cuestión tan importante
y del modo de desarrollarla de la manera más conveniente en
· todas sus faces, inflamándome el deseo de dar á conocer en mi
país las resoluciones tomadas en aquel Congreso, pero circunstancias especiales me habían hecho no tratar del dibujo, como
ahora paso á hacerlo.

Unos conferencistas son dos hombres de ciencia, dos arquitectos, alumnos de la Escuela de Bellas Artes, que manifiestan claramente, que no son autores de ningún método de

enseñanza de dibujo, sino que simplemente tratan de implantar el método francés, siguiendo las lecciones de Mr. Pillet. [1]

El otro conferencista es un pintor, discípulo de la Escuela de Bellas Artes, el que sí manifiesta que tiene un método suyo propio y que no está conforme con el de Mr. Pillet.

Habla de líneas y de ángulos, de planos y superficies, de ecuaciones y de fórmulas, como necesarios para la enseñanza del dibujo.

Desde luego hay un punto común de la mayor importancia, que queda bien fijado y es que tanto los hombres de ciencia, los arquitectos, como el artista, el pintor, apoyan sus procedimientos en la ciencia, es decir, que el dibujo es científico, es una de tantas manifestaciones de la ciencia, y no se debe creer como antes que sólo los artistas pintores y escultores, por intuición pueden dibujar, sino que estando el dibujo basado en principios verdaderos de la ciencia, enseñando éstos, se enseña á dibujar, y de aquí, que se pueda ser maestro de dibujo por estos principios y de la manera más sencilla, pero para esto, es necesario seguir un método bien preciso y determinado.

Mr. Jorge Leygues, Ministro de Instrucción Pública y Bellas Artes de Francia, en su discurso inaugural del primer Congreso de Dibujo, decía, que no bastaba representar simplemente la naturaleza en su frialdad y rigidez científica, y que para representar la tierra, el cielo, el agua, los árboles y los objetos fabricados por el hombre, necesitaba el maestro de dibujo conocer á fondo su arte ó su ciencia y que así como el compositor no podrá tener la pretensión de escribir sinfonias, ni aún simples melodías, si ignora lo que es la medida ó no tiene en cuenta la armonía, sin lo cual no podría tener el equilibrio ó el ritmo en sus composiciones; así también los ar-

---

(1) Mr. Julio Juan Pillet, Arquitecto, Inspector honorario de la Enseñanza del Dibujo y de los Museos, Profesor del Conservatorio de Artes y Oficios y de la Escuela Nacional de Bellas Artes, delegado del Gobierno francés en los Congresos de la Enseñanza del Dibujo.

quitectos, los médicos, los historiadores, los biógrafos, los antropologistas, que tienen constantemente que representar los objetos motivos de sus estudios, no pueden ignorar el arte del Dibujo.

El mismo Ministro recordaba una definición de las más bellas, decía, que se haya dado desde que existe el mundo, y es la que le daba el gran compositor Carlos Gounod al salir de una de sus representaciones "Romeo y Julieta," diciéndole: "Mi querido amigo, el Arte es la emoción convertida en saber; es el corazón convertido en cerebro." Y agregaba el Ministro, que se podrá tener emoción, pero que si no se tiene saber, jamás se llegará á ser artista: se podrá tener corazón, pero si no se tiene cerebro cultivado, no seréis, decía, sino un *artista mediano*, sino un *sabio mediano.*

De las varias cuestiones de que se ocupó el primer Congreso del Dibujo, todas determinadas de la manera más conveniente, resultado del conocimiento profundo de la materia y del estudio de personas de competencia universalmente reconocida, entre otras el citado profesor Pillet, se abordó la cuestión de método, presentando la Comisión, como asunto á discusión el programa del Ministerio de Instrucción Pública de Francia para las Escuelas Oficiales, que ha sido formado teniendo por base las ideas de Mr. Guillaume, [1] puestas en práctica y desarrolladas por más de veinticinco años, dando esta experiencia los resultados más satisfactorios, sin duda por ser aquellas *racionales y lógicas,* como es toda ciencia exacta, y por lo mismo Mr. Guillaume trata de establecer la unidad de método, la unidad de modelos y aún la unidad de profesores.

En el Congreso de Dibujo de 1900 al exponer el método Guillaume se quiso oír la opinión de la primera sesión y los aplausos prolongados contestaron á esta proposición, consti-

(1) Mr. Eugenio Guillaume, Escultor, miembro de la Academia francesa y de la Academia de Bellas Artes, director de la Escuela de Francia en Roma, director honorario de Bellas Artes, miembro honorario del primer Congreso de la Enseñanza de Dibujo.

tuyendo en realidad una aprobación unánime del método expuesto, y no podía ser de otra manera.

Los franceses queriendo saber todo lo que pasa en otros países interpelaron á los delegados extranjeros para que ilustraran con sus luces la discusión y presentaran los métodos seguidos en sus naciones.

M. Marcerou, delegado de Rusia, manifestó que esta nación no tenía programa determinado, y que comisionado por su Gobierno para este asunto, ha estudiado lo que pasa en varias naciones y ha encontrado que el programa francés es el más lógico, por lo cual puede asegurar que el método que adopte la Rusia será *la copia exacta* del método de Mr. Guillaume.

Mr. Sterian, arquitecto, delegado de la Rumanía, manifestó que el método que se sigue en su país es el de Mr. Guillaume, método que tuvo la dicha de estudiar en Francia como alumno de Mr. Pillet.

Agregaré también á este respecto lo que decía Miss Wheeler, delegado oficial de los Estados Unidos, en su informe sobre la enseñanza obligatoria del Dibujo, en sus conclusiones, expresándose así: "La Francia siempre ha recibido en su capital la juventud de todos los países y como americanos, hemos aprovechado bien la hospitalidad que á todos ofrece. Nuestras escuelas de pintura están dirigidas en general, por antiguos alumnos de la Escuela de Bellas Artes de Paris. Falta á la Francia ayudarnos en nuestras escuelas públicas y particulares, á desarrollar la instrucción artística de que vengo hablando."

Es, pues, conveniente é indispensable que nos ocupemos del método oficial francés, pero para esto es preciso fijarnos en que por *método* se debe entender el conjunto de principios que inspiran una enseñanza y que en el de Mr. Guillaume son los siguientes:

A.—El dibujo no depende exclusivamente del sentimiento, y

no debe adquirirse únicamente por ejercicios empíricos.

B. El dibujo es *uno;* no hay de muchas clases; el dibujo geométrico, el dibujo de arquitectura, el dibujo de ornato y de figura, constituyen maneras de ser de un sólo y mismo arte, y estos *modos,* aunque diferentes, tienen *principios comunes* y una sola y misma esencia.

C —El dibujo es ante todo, una ciencia que tiene su método, cuyos principios se encadenan rigurosamente y que en sus diversas aplicaciones da resultados de una indiscutible certeza.

D.—El conjunto de medios teniendo en dibujo, el carácter absoluto de certeza, es dado por la geometría. La geometria hace conocer las leyes de la representación geometral y las de la representación perspectiva; da también las del trazo de sombras y por esto esta ciencia contiene y constituye el dibujo todo completo.

E.—Los términos tales como proporciones, simetría, similitud, equilibrio, valores, movimiento, empleados en las artes, para significar las cualidades esenciales y superiores de las formas y sus relaciones, son tomados de la geometría, y esta ciencia no existe en el lenguaje del Arte sino porque está en la esencia de las cosas que forman su objeto.

F.—La enseñanza del dibujo, aun en sus principios, no debe limitarse á trazos del orden exacto. Los elementos del Dibujo que tiene por objeto lejano las Bellas Artes, deben unirse naturalmente al dibujo lineal y geométrico.

G.—Por la elección juiciosa de hermosos modelos es como se debe formar el gusto y desarrollar el sentimiento.

El conjunto de estos principios constituye el método que es común á los dos *modos* de dibujo, no difiriendo estos entre

sí sino por los *programas* y por su *pedagogía* que son como si
gue:

Programa del Ministerio de Instrucción Pública de Francia.

Dibujo plástico.

Llamado también: *Dibujo de imitación, dibujo á mano libre, dibujo á
vista.*

El *dibujo plástico* tiene por objeto
la representación gráfica de la *forma*
es decir, de lo que resulta de colocar
en presencia la materia y la luz, y no
se puede juzgar sino con los ojos.

Dibujo geométrico.

Llamado también: *Dibujo gráfico, dibujo lineal.*

El *dibujo geométrico* tiene por objeto la representación gráfica de la
figura, es decir, de lo que resulta de
las medidas que se pueden tomar sobre los objetos materiales.

PRIMERA PARTE.—*Estudio elemental de las figuras
de dos dimensiones.*

§ 1 Trazo y división de líneas rectas
en partes iguales.
Valuación de las relaciones de líneas rectas entre sí.

§ 2 Valuación y reproducción de
ángulos.

§ 3 Principios elementales del dibujo de ornato, circunferencias,
polígonos regulares, rosetones
de estrellas.

§ 1 Empleo de instrumentos para el
trazo de líneas rectas, circunferencias, polígonos, empleo de la
regla, del compás y del transpor-
tador.

§ 2 Ejecución con los instrumentos,
de dibujos geométricos en los
que no entran sino líneas rectas,
y reproducir motivos sencillos
de decoración de superficies planas: cuadriculados, parqués.
Lavado con tinta de China y
colores de algunos de estos dibujos.

§ 3 Ejecución con los instrumentos,
de dibujos geométricos en los
que entren líneas rectas y circunferencias. Lavados con tinta de China y colores de algunos de estos dibujos.

§ 4 Curvas regulares además de la circunferencia, como curvas elípticas, espirales, volutas, curvas tomadas del reino vegetal, tallos, hojas y flores.

§ 3 bis. Curvas usuales, como elípse, hipérbola, parábola, arco de canasta, espirales, volutas.
Para las niñas; aplicaciones á los bordados, encajes, tapices.

SEGUNDA PARTE.—*Estudio elemental de figuras de tres dimensiones.*

Dibujo plástico.

(Continuación).

§ 5 Primeras nociones sobre la representación de los objetos en sus verdaderas proporciones. *(Elementos del dibujo geometral)* y sobre la representación de estos objetos en sus proporciones aparentes. *(Elementos de perspectiva).*

§ 6 Representación general, con simple línea, y perspectiva con sombras, de los sólidos geométricos y de objetos usuales sencillos.

§ 7 Dibujo tomado de ornatos de relieve tomando sus elementos de las formas no vivas, tales como, molduras, dentículos, perlas, ovos.
Copia de yesos que representen ornatos planos de poco relieve: modelos llamados *Plano sobre plano.*

Dibujo geométrico.

(Continuación).

§ 4 Levantamiento con medidas y representación geometral con simple línea, á una escala determinada, de sólidos geométricos y objetos usuales sencillos: ensambles de carpintería, dovelas, muebles, etc.

§ 4 bis. Para las niñas: Modelos de Corte de vestidos.

§ 5 Nociones sobre las proyecciones: Línea recta, y superficies planas.

§ 6 Proyección de sólidos geométricos y objetos usuales sencillos. Movimiento de estos objetos y de estos sólidos paralelamente á los planos de proyección.

§ 7 Nociones elementales sobre el trazo de sombras usuales á 45° y sobre el lavado de superficies planas, poliédricas y curvas más sencillas.

TERCERA PARTE

Estudio elemental del ornato,
de Arquitectura,
cabeza humana y de animales.

§ 8 Dibujo tomado de ornatos de bajo relieve, escogiendo sus elementos de formas vivas, tales como hojas y flores ornamentales, palmetas y follajes.

§ 9 Dibujo tomado de fragmentos de Arquitectura, tales como pedestales, bases y fustes de columnas, antas y cornisas de diversos órdenes.

§ 10 Dibujo de la cabeza humana. Primeras nociones sobre la estructura general y sobre las proporciones de sus diferentes partes.

§ 11 Dibujo tomado de fragmentos de arquitectura, tales como: dados, capiteles, grifos y grifones, máscaras de teatros, jarrones, cabezas decorativas de animales.

Estudio elemental de Arquitectura y
de Mecánica.
A.—*Arquitectura y construcción.*

§ 8 Muros y molduras. Nociones generales sobre los órdenes de arquitectura.

§ 9 Conjunto y detalles del orden dórico. Construcción. Nociones de carpintería y ebanistería.

§ 10 Conjunto y detalles del orden jónico. Construcción. Nociones sobre las bóvedas y sobre techos.

§ 11 Conjunto y detalles del orden corintio. Construcción. Nociones sobre la construcción metálica y la cerrajería.

B.—*Mecánica.*

§ 8 bis. Órganos de unión. Remaches, chavetas, pernos; ensambles de láminas y planchas de hierro.

§ 9 bis. Árboles y sus soportes. Ejes, pivotes, soportes, sillas, consolas y chumaceras.

§ 10 bis. Transmisiones. Birolas, poleas, cables y cadenas, engranes.

§ 11 bis, Órganos especiales á los fluídos, Llaves, válvulas, bombas tubos. Aplicaciones de la teoría de las sombras y del lavado á la ejecución de arquitectura ó de mecánica, en los casos más sencillos.

CUARTA PARTE.—*Estudios complementarios.*

Dibujo plástico.

(Continuación).

§ 12 Conjunto y proporciones de la figura humana.

§ 13 Estudio y dibujo de las partes del cuerpo humano. Nociones elementales de anatomía, copia de extremidades y de detalles de la figura humana

§ 14 Dibujo tomado de fragmentos de arquitectura, figuras decorativas, cariátides, jarrones adornados con figuras, frisos adornados.

§ 15 Dibujo de la figura humana y de animales, tomado del yeso y del natural.

§ 16 Estudios de paisajes. Los alumnos se ejercitarán en dibujar del natural paisajes y edificios.—Modelado y composición.

Dibujo geométrico.

(Continuación).

§ 12 Perspectiva lineal.

§ 13 Complemento de la teoría de las sombras y del lavado. Superficies anulares, superficies helicoidales.

§ 14 Topografía.—Copia y reducción de cartas y planos topográficos.—Lavado de planos y cartas.

§ 15 Dibujo de edificios.—Levantamiento con medidas de un edificio y de los principales detalles de construcción.

§ 16 Dibujo de máquinas.—Representación con medidas de una máquina y de los principales detalles de construcción.

Para el desarrollo de este programa tanto en la parte plástica, á vista, á mano libre ó de imitación y la parte geométrica, hay que considerar los modelos que se deben emplear y dónde y cómo deben darse las lecciones.

Los modelos para los ejercicios gráficos son *motivos murales,* tomados de la geometría y del arte decorativo copiados á vista y mano libre, tanto geometralmente como en perspectiva; y en el curso de dibujo geométrico se ejecutarán matemáticamente con los instrumentos y aun se lavarán con color: todo esto tratándose de dos dimensiones; para tres, se hace lo mismo, no necesitando de muchos modelos con tal de que se sepa emplearlos bien. Así, por ejemplo, el profesor de dibujo plástico hace uso de un modelo mural de dos dimensiones; lo hace copiar geometralmente y después en perspectiva; de este mismo asunto hace un relieve, plano sobre plano, del que hace copiar solo las líneas primero, y después se sombrea y modela. Este nuevo modelo pasa al Dibujo geométrico como modelo moral, que lo copian los alumnos geometralmente con los instrumentos de dibujo y aun se lava con color; con él, se hace un estudio de perspectiva lineal de dos dimensiones: bajo la forma de plano sobre plano, se hace que se mida y dibuje, se determinan las sombras, se lava; y por último se hace un ejercicio de perspectiva lineal de tres dimensiones. Se ve, pues, el gran partido que se puede sacar, si no de todos las modelos sí de muchos que sirven como de *tema* para la enseñanza del dibujo. En el Dibujo geométrico pasa lo mismo para la Mecánica y la Arquitectura: los modelos son de preferencia de relieve; los alumnos los miden para dibujarlos en geometral y en perspectiva, siendo de gran utilidad los croquis para las explicaciones colectivas de tecnología.

En cuanto á locales y clases, Mr. Pillet opina porque los primeros siete párrafos del programa oficial pueden enseñarse en cualquier local de escuela primaria, necesitándose para los otros salas especiales, con luz apropiada, paredes pintadas de gris, sin ningún adorno y otras condiciones especiales.

Entrando en mayores detalles, cada grado de la enseñanza del dibujo es motivo de determinado estudio, de los que no es mi ánimo ocuparme aquí, como no es el de tratar de las otras cuestiones muy interesantes de que se ocupó el Congreso de Dibujo de 1900.

Pero ¿qué importancia se debe dar á esta enseñanza del dibujo, cuál es su objeto en la escuela primaria, qué relación puede tener con la enseñanza profesional y la de la Escuela de Artes y Oficios?

Precisar estos puntos, es el objeto de mi presente estudio, pues desgraciadamente, aún se sigue considerando el dibujo, por muchas personas, como ramo de adorno y á lo más necesario á los que se dedican á los estudios de artistas pintores y escultores, creyendo que la mira es formar á estos en la escuela primaria, sin comprender que como método educativo, siendo el dibujo de los ejercicios manuales el principal, sirve como estos para el desarrollo progresivo de las diversas facultades del niño facilitándole la enseñanza de la ciencia. Además, en la enseñanza del dibujo se emplean sólidos geométricos y objetos de bulto para los cuales se necesita del trabajo manual, que se practica en la escuela primaria y para éste se hace necesario el dibujo geométrico de las figuras, planos y superficies que los han de formar. Se ve pues, la relación tan íntima y tan necesaria entre el dibujo y los trabajos manuales. Ultimamente, la Escuela de Artes y Oficios remitió á la de Bellas Artes varias piezas de carpintería y herrería, de los ejercicios metódicos de los alumnos en los talleres, para que puedan servir de modelos en la enseñanza del dibujo.

Pero tal vez, por no exijirse la práctica del dibujo á los profesores de la escuela primaria, habiendo profesores especiales para esta asignatura, hace esto, que desgraciadamente se crea como por demás la enseñanza del dibujo buena á lo más para hacer *figuras;* como también se cree por demás la práctica de los trabajos manuales, los que no se consideran como método educativo, lamentando el desperdicio de materiales y que las escuelas primarias no produzcan ni una mesa, ni un estante, equivocando la escuela con el taller y el niño con el obrero, y desperdiciando tan útiles y ventajosos elementos de enseñanza para obtener el progreso y adelantos realizados por las naciones más cultas.

Vencer estas resistencias, realizar ese progreso, debe ser nuestra principal mira y al efecto recordaré lo que pasó en el Congreso que no cesaré de citar.

Uno de los más importantes votos aprobados fué sin duda, el relativo á la difusión de la enseñanza del dibujo y es el siguiente: "Hacer el dibujo obligatorio por todas partes y hacer porque entre en la educación é instrucción en el mismo rango que la moral y la gramática.

Fueron aprobados también los siguientes votos:

"1º Que es preciso mantener en la escuela de párvulos "el método intuitivo inaugurado por Froebel y Mme. Pape–Car-"pantier.

"2º Que los ejercicios de aplicación sean un encadena-"miento al estudio del dibujo, tal como debe ser enseñado en "la escuela elemental.

"3º Que en las escuelas primarias, estos ejercicios sean "continuados y sintéticos para servir de auxiliar á la enseñan-"za del dibujo á mano libre, dándole un carácter experimen-"tal y geométrico.

"4º Que se debe suprimir completamente en las escuelas "primarias públicas las *cuadrículas*, los *cuadernos–métodos*, cu-"yos ejercicios no conducen sino á una copia servil."

Otro voto importante como todos ellos dice: "Es preciso establecer un *paralelismo constante* entre el dibujo á vista y el dibujo geométrico."

No se debe olvidar, ni por un momento que la enseñanza gratuita que imparte el Gobierno en la escuela primaria es esencialmente democrática, está dedicada principalmente al pueblo, á la clase proletaria para quienes si bien es cierto, están abiertas las puertas de otras escuelas superiores en las que se enseñan todos los conocimientos humanos, también lo es, que no todas las personas pueden llegar hasta ellas, teniendo que vivir de sus propios brazos, ejerciendo un arte ú oficio, ó dedicándose al campo ó al comercio. ¿Y acaso á estos humildes ciudadanos no se les proporcionará conocimientos tan necesarios entre los que se cuenta el dibujo y los trabajos manuales?

El Congreso de la enseñanza del dibujo tocó este punto varias ocasiones y formuló el siguiente voto:

"El Congreso estimando que la enseñanza general del Di-"bujo es indispensable á todas las profesiones, contra opinión "muy extendida en contrario, declara que es necseario dar "ante todo al niño una buena enseñanza general.

"Emite también el voto que se establezcan modelos grá-"ficos documentados y modelos de relieve para que sirvan de "base á la enseñanza técnica en cada profesión." Pero es más preciso, más concluyente y viene más á mi ayuda el siguiente voto:

"El Congreso emite el voto, que en las escuelas primarias, "se enseñe el dibujo de manera que prepare á los alumnos á "la enseñanza técnica y á facilitar su paso á las escuelas pro-"fesionales."

Hé aquí porqué he hecho este estudio, buscando el contingente en las escuelas primarias para la de Artes y Oficios, tratando de que se prepare á los alumnos pobres y á los que abandonando añejas ideas, quieran dedicarse á la práctica de un arte ú oficio para que ingresen á aquella escuela y sobre todo para que se haga práctica y útil la enseñanza que imparte la escuela primaria, con objeto de adquirir en seguida la técnica industrial y con esta proporcionar el adelanto de nuestra industria y el bienestar del país.

Por este motivo, veo con gusto la campaña de trabajo y estudio que han emprendido dos jóvenes compañeros arquitectos y aun veo con mayor placer la protección que se les imparte, proporcionándoles los elementos la Escuela N. de Bellas Artes para dedicarse á sus estudios, obteniéndose ya los mejores resultados en la enseñanza del dibujo elemental en la escuela primaria.

México, Junio 6 de 1004.

(ANEXO)

LA ENSEÑANZA DEL DIBUJO

POR M. E. GUILLAUME [1]

(Artículo escrito en 1879, antes de la adopción de los nuevos métodos).

Siempre se está dispuesto á creer que el dibujo no depende sino del sentimiento y que la habilidad de dibujar se adquiere únicamente por ejercicios empíricos. Si tal fuera, la enseñanza del dibujo no tendría autoridad alguna porque no descansaría sobre ninguna base racional y no merecería ni aun existir en los establecimientos de instrucción pública: nada justificaría su presencia en los programas de estudios. En sus lecciones el profesor podría dar recetas, pero no apoyarse en principios: habría para el dibujo sistemas variables y no habría absolutamente método y unidad. Los principios positivos propios para asegurar su punto de partida y los medios de verificación de naturaleza para apreciar sus resultados faltarían igualmente. Quedaría en el dominio del poco más ó menos: su exactitud ó su imperfección, no tendrían otros jueces que nuestras sensaciones. El dibujante jamás llegaría á la certidumbre.

En el fondo hay siempre una gran confusión en las ideas sobre este asunto, y ni aun hay acuerdo sobre qué es el dibujo. Muchas personas piensan que lo hay de muchas clases y que son extraños unos de otros; tal parece que dibujo geométrico dibujo de arquitectura, dibujo de ornato y de figura son otros

---

(1) Con el mayor ahinco, reproduzco este trabajo que se publicó hace veinticinco años, que todo el mundo califica de admirable y que fué el origen del actual programa oficial francés; y no puedo menos que preguntar con Mr Pillet, si podrá haber alguien que después de leerlo vacile en declarar el método de Mr. Guillaume el único digno de ser adoptado universalmente, sin discusión alguna, como fruto de un gran pensador y de un gran artista. (M. F. A.)

tantos dibujos. La idea que estas diferentes maneras de dibujar constituyen solamente maneras de ser de uno y mismo arte, que estos modos, aunque diferentes, tienen principios comunes y una sola y misma esencia, esta idea no se ofrece generalmente al espíritu. En sociedad, no se piensa frecuentemente
en el dibnjo sino para considerarlo en sus aplicaciones á las
bellas artes. No se sabe, que es ante todo una ciencia que tiene
su método, cuyos principios se encadenan rigurosamente y que
en sus múltiples aplicaciones, da resultados de una indisputa-
ble certeza. Ahora bien, ninguna certeza debe ser descuidada
y llegar á ser vana, y si existe verdaderamente un conjunto
metódico de reglas por medio de las cuales se llega á ejecutar
con entera seguridad todos los trazos posibles, es evidente que
el conocimiento y la práctica de estas reglas deben formar la
base de la enseñanza del dibujo.

Este conjunto de medios teniendo el carácter absoluto de
la exactitud nos es dado por la geometría. En efecto, si consideramos el dibujo en él mismo, vemos que tiene por objeto
representar las cosas en su verdad ó en su apariencia. En el
primer caso, se trata de dar la figura de los objetos según sus
dimensiones y con sus medidas por delineaciones ejecutadas
en verdera magnitud ó reducidas proporcionalmente. Este es
el dibujo que emplean los arquitectos para sus planos, eleva-
ciones y cortes; el cual, con ellos, los ingenieros emplean para
el trazo de monteas que ofrecen con el mayor rigor el desarrollo de líneas que sería imposible obtener con el dibujo de sentimiento. Es en una palabra, el que se usa en todas las profesiones ú oficios plásticos para dirijir el trabajo del obrero. Es
en resumen, el medio gráfico por el cual el maestro de obras,
cualesquiera que sean, expresa sus concepciones, las trasmite
y las hace inteligibles á los que están encargados de ejecutar-
las. Este género de dibujo, que es llamado geometral, es la es-
critura propia de todas las artes y de todas las industrias de
la edificación, de todas las profesiones que se ejercen en el mun-

do de la forma. Por otra parte, si se trata de dar la apariencia de las cosas y de figurarlas tales como parecen ser en el espacio, la *perspectiva* interviene y permite obtener representaciones con una seguridad tal, que la semejanza, que es perfecta,
llega á ser una verdad matemática. Si á esto se agrega que la
geometria nos da también las leyes del trazo de las sombras y
que añade así al dominio de la forma de la que nos hace dueños, el dominio del efecto, se ve que esta ciencia contiene y
constituye el dibujo todo entero.

Entre el arte y la ciencia la unión no podria ser más inti-
ma. La geometría, enseñándonos que las superficies y los sólidos están limitados por líneas, nos da prácticamente la idea
más clara y más completa del dibujo, que reside en los contor
nos. Estos trazados sobre un plano de manera que representen los objetos que están en el espacio, constituyen el género
de dibujo que se aplica á la pintura. El estudio de los contornos cuyas relaciones llegan á ser tan numerosas y tan variadas,
como puntos de estación hay alrededor de un cuerpo, es la
aplicación del dibujo á la estatuaria, á la escultura, la arquitectura y ornato. Además, vemos, que no solamente la geometria reconoce la necesidad del contorno, sino que establece
perfectamente la naturaleza. La definición de la línea que sin
grueso aplicable, no es sino una abstracción figurada que expresa por una traza el lugar en donde las superficies y los sólidos concluyen, esta definición matemática nos da la verdadera
manera de entender los contornos. Se puede, pues, decir que
la ciencia contiene el principio exacto de todos los ramos del
dibujo y afirma la unidad del dibujo él mismo. Por otra parte,
todos los términos empleados en las artes para significar las
cualidades esenciales y superiores de las formas y sus relaciones están tomados de la geometría. Las expresiones de proporción, de simetría, de similitud, de equilibrio, son comunes
al arte y á la ciencia con toda su significación tan justa, tienen
tal propiedad que no se les podría sustituir otras equivalentes.

Ahora, las palabras proporcionan un orden de pruebas sacado de la fuerza irresistible con la que la lógica preside á la formación de las lenguas. La geometría no existe en el lenguaje del arte sino porque es la esencia de las cosas que forman su objeto.

Se nota, por otra parte, que la figura de los cuerpos celestes y de sus sistemas, y lo mismo que la forma de muchos cuerpos anorgánicos y la de todos los organizados manifiestan la intervención de una geometría suprema. La regularidad aparece en la creación como el signo de una intervención inteligente y como una condición esencial de la vida. Pero si la geometría preside á la conformación de los seres, si interviene como una causa y un signo expresivo de perfección, existe también en la constitución de los espíritus. Por el rigor de su método, por la necesidad que tenemos de ligar nuestras ideas, imponiéndoles reglas, límites y medida; por la necesidad imperiosa que sentimos de formar planos regulares y definidos, la geometría ocupa muy íntimamente la inteligencia humana, tan ávida en sus concepciones de orden formal y en la conciencia rigurosa que parece con frecuencia faltar en la producción de los hechos. ¿Cómo pueden no tener su lugar en el arte en donde el hombre, apoyándose en la naturaleza, rehace otra naturaleza según las necesidades de su espíritu y de la medida de su razón?

La regularidad, aunque parezca ella misma carecer de expresión, es sin embargo la condición indispensable de toda representación artística: pone límites en los cuales las formas creadas por el arte pueden, con su viva significación, y todo su movimiento, modificarse al infinito. No obstante, es preciso decirlo, mientras más se eleva uno en el orden de las obras de arte, más están veladas estas condiciones iniciales con su rigor. Así, á medida que la personalidad de un artista llega á ser más poderosa, las ideas exactas sobre las que insistimos parecen perder su carácter. Sin embargo, no cesan de ser necesarias

y fijándose bien en ellas, brillan en sus obras en la que la imaginación parece haberse dado mayor vuelo. Es pues, preciso,
concluir en que la intervención constante de las nociones exactas en el arte es la prueba de que son elementales y que deben servir de base á toda enseñanza del dibujo.

Estas miras no serían sin importancia aun no siendo sino
especulativas; pero son esencialmente prácticas y su justificación se encuentra también en la historia. La ciencia da los·
procedimientos técnicos de todas las artes: les proporciona á
la vez, como hemos dicho, las verdades que ella enseña siendo
de un orden universal, sus aplicaciones serán provechosas al
mayor número. Ahora, la enseñanza del dibujo tal como la entendemos, debe ser para todos, para los obreros como para las
personas de sociedad. Debe no hacer nacer hombres de genio,
lo que no es el objeto de ninguna educación, sino producir
auxiliares hábiles, prácticos, capaces y también buenos talen-
tos. Aún, elevando el punto de vista primero en el que nos
colocamos, se puede decir, que haciendo comenzar el estudio
del arte como el de una profesión exacta, es el mejor medio
de arreglar las capacidades. Si por eso se teme con frecuencia que se exalten en el obrero las aspiraciones á ser artista,
se combate también al mismo tiempo la vanidad del artista que
le haría rechazar, como colocándole al nivel del obrero, el conocimiento previo de los medios prácticos. Que se reflexione
bien en esto: en todo artista hábil debe haber un práctico con-
sumado y sólo con esta condición el artista será completo. Solamente los que saben pueden expresar: los sabios son los
dueños de la forma. La posesión del método geométrico y el
rigor de los medios reunidos á una imaginación poderosa ha
hecho esos genios que al mismo grado que Pascal pueden llamarse asombrosos: Miguel Angel y Leonardo, los más grandes
artistas, los mejores dibujantes de los tiempos modernos.

Así, pues, en último análisis, en la práctica como en la teoría, es preciso reconocer que la geometría es la base de la cien-

cia del dibujo. Esta expresión de ciencia del dibujo pertenece muy bien á nuestra lengua y su significación es absolutamente justa: nuestra época la ha despreciado, porque la idea que espresa se ha obscurecido. Si el dibujo es igualmente llamado arte, como tal es necesario también considerar que reposa en un conjunto de reglas positivas é invariables por medio de las cuales se obtiene la representación exacta de los objetos; no es tan solo un fenómeno puramente instintivo, que no dependiendo mas que del sentimiento, puede permitirnos producir la expresión y la vida haciendo á un lado la precisión. Sin duda alguna, el hombre posee el instinto gráfico, pero como hemos dicho, arregla el ejercicio conforme á las leyes y necesidades de la razón.

En el fondo, las diferentes formas bajo las que el dibujo se produce son inseparables: el dibujo es uno, lo que no quiere decir que su enseñanza aun desde el principio deba ser limitado á trabajos de un orden exactos. Los elementos del dibujo que tienen las bellas artes como objeto lejano se agregarán naturalmente al dibujo lineal y geométrico: este último puede y debe ser el más frecuentemente ejecutado á mano libre, sirviendo los instrumentos para comprobar el trabajo de los alumnos.

En estas condiciones vamos á dar á conocer cual sería, en nuestro pensamiento, la marcha que se deba seguir para la enseñanza metódica del dibujo: esta exposición tendrá el carácter esencialmente pedagógico.

Tres períodos pueden distinguirse en la enseñanza del dibujo . . . .

(Esta parte es enteramente pedagógica, de un gran interés para tratarse en particular y concluye como sigue).

El método que se acaba de exponer difiere esencialmente del sistema que prevalece hoy en nuestros establecimientos escolares (1879). Este consiste en hacer imitar con una fidelidad muchas veces servil, litografias, grabados, fotografías representando la figura humana en sus partes y en su conjunto y algunas veces en hacer dibujar copiando del bulto, pero de una manera empírica.

Por manera empírica, entendemos la que no está fundada en ningún conocimiento ni aplicación de reglas de la perspectiva y de la anatomía. En vano podría decirse, que grandes artistas que pertenecieron á escuelas antiguas procedieron independientemente de estos conocimientos que consideramos como fundamentales, y sin embargo han producido admirables obras. Sucede lo mismo con multitud de obras maestras de lenguaje que han sido producidas antes que la gramática hubiera sido reducida á un cuerpo de reglas y llegado á ser un arte ¿Se estaría autorizado á pretender, á causa de esto, que el estudio de la gramática es inútil y aun nocivo? ¿No debe ser el fundamento orgánico de toda enseñanza literaria? Ahora bien, el método con su carácter á la vez elemental y lógico constituye verdaderamente una gramática para el dibujo.

Es muy exacto, en efecto, decir que el dibujo tiene su gramática, pues es una lengua. Las ideas que expresa no podrían traducirse por palabras: de otra manera, no tendría razón de existir; el dominio del arte seria un dominio ficticio, pues el lenguaje bastaría para manifestar todo lo que contiene. Pero no sucede así, y ninguna combinación de palabras puede dar cuenta ni de una forma ni de la impresión que produce. Así, del mismo modo, que la elocuencia y la poesía como la más humilde prosa tienen necesidad de apoyarse y se apoyan en reglas invariables de una gramática única, así el arte en sus manifestaciones las más elevadas no puede pasarse de la base cierta de la geometría sobre que reposa igualmente el dibujo de los oficios. El dibujo expresa los conceptos más sublimes de los artistas: es el punto de partida y la última palabra de las obras del pintor, del escultor, del arquitecto; y al mismo tiempo, es un medio de comunicación y un instrumento práctico al uso del obrero–artista y del artesano. Si tiene su lengua práctica, tiene también en cierto modo su lenguaje para los negocios. Pero todo eso, no es sino un sólo y mismo lenguaje que reposa en principios y reglas formales que tienen un carácter gramatical.

En la práctica pedagógica, procurar principalmente que los alumnos imiten modelos gráficos representando la figura humana, es desconocer, á doble título, el objeto de la enseñanza del dibujo, porque es sustituir una de sus aplicaciones al estudio de sus principios y de sus elementos progresivos. Y desde luego, por la reproducción prolongada de grabados, litografías ó fotografías, se limita el trabajo del alumno á la ejecución de copias, y no se le enseña absolutamente las nociones, se le deja extraño á los ejercicios que le permitirían bien pronto figurar directamente y con precisión los objetos que se ofrecen á su vista. El género de imitación hoy día en uso puede ser un ejercicio preliminar propio para iniciar en las condiciones materiales del dibujo y en el procedimiento de delineación que le constituye; pero con frecuencia, los modelos escojidos no acusan este procedimiento y de allí que tiendan á dar una idea falsa de lo que debe ser el dibujo, y entonces solo se trata de un ejercicio de caligrafía. En resumen, este trabajo de copia no es sino una débil parte del dibujo: como interés, está limitado y su práctica es estéril.

Por otra parte, la idea de que sabiendo dibujar la figura ya se sabe dibujar todo, aunque muy general, no debe adoptarse sin examen. Sin duda, que el que sabe, con un verdadero conocimiento del orden natural y de las leyes del dibujo, representar la figura del hombre, por eso mismo estará en posesión de un método que le permitirá reproducir con toda seguridad un objeto cualquiera; pero todavía esto no sería sin un estudio previo y especial del objeto. Hablamos así, porque consideramos el dibujo de figura como el coronamiento de la enseñanza del dibujo. Pero la idea que consiste en hacer de aquel el principio y objeto único de la enseñanza aún prevalece, aunque no puede justificarse. Desde el punto de vista de las formas, el hombre, los animales, las plantas, los ornatos, los órdenes de arquitectura, la construcción en razón de los materiales diversos que reune, presentan otros tantos organismos diferentes: el conocimiento del organismo humano no basta ciertamente á dar la noción de los otros, sobre todo si se observa que en la enseñanza actual se pasa de toda base científica. En efecto, parece que los que profesan la opinión que tratamos de refutar proscriben generalmente, en la enseñanza del dibujo, la intervención de toda especie de ciencia bajo el pretesto de que el conocimiento de la anatomía y de la perspectiva, por ejemplo, traería el riesgo de comprometer la sinceridad del alumno y quitarle la candidez. Pero la candidez no es la ignorancia: y ¿cómo se puede pretender que la fidelidad, que la perfección del dibujo no se puede obtener que con la condición para el dibujante, de no conocer la naturaleza de su modelo y los medios técnicos que son propios para representarlo exactamente?

Si ahora, se pregunta uno, qué ventaja puede sacar un jóven del estudio del dibujo tal como existe actualmente, se puede decir que la ventaja es nula, y que además y en general no se cuida de ello. Evidentemente, estamos todavía con las ideas del siglo XVIII: el dibujo está considerado por las personas de sociedad como un arte de recreo: es un pasatiempo, y lo que de él agrada es que tiene un falso parecido del arte. Así, el verdadero dibujo no se enseña en los establecimientos universitarios. Es cierto que se le encuentra bien dado en algunas escuelas municipales ó particulares de París y de los departamentos, pero esto no basta. Sería necesario pensar en hacerlo obligatorio por todas partes. Toca al Gobierno sacarlo de su condición presente, en donde está trunco ó inútil para colocarlo sobre su base y hacerlo servir para la educación de la nación. Hay en el día, en todo el mundo civilizado deseo por el dibujo, como por la ciencia en la educación. Sin él, todo un orden de concepciones humanas se secan faltas de medio de expresión. Sin él, no hay obreros hábiles, ni buenos jefes de taller; no hay progreso ni mérito en las producciones de las industrias, las que son testimonios de una civilización. Es igualmente indispensable que en su parte primaria, la sola verdaderamente esencial, sirva de punto de partida obligatorio á los estudios de los jóvenes artistas, estudios que son demasiado especiales desde el principio.

Apoyémonos todavía en la necesidad de esta parte primaria gramatical, que hemos expuesto. Es muy cierto que la noción del dibujo está equivocada. Porque el dibujo sirve de modo de expresión á las bellas artes, se infiere que el arte es su objeto principal, por no decir el único, que el arte es el que debe tenerse en cuenta en su enseñanza. Su lado general y útil, los medios de precisión que toma de la ciencia y que sirven de apoyo necesario aun á las concepciones del artista, son desdeñados: antes de saber trazar una línea y reconocer su dirección se habla de expresión'moral: se sacrifica la exactitud al sentimiento. Se erige el gusto en regla suprema y se estima elevados los principios y ejercicios fundamentales sin los cuales más tarde, ni la inspiración, ni las formas podrán producirse con seguridad. Se exalta el ideal, se llena de teorías estéticas antes de haberse acostumbrado á la práctica y de haberse hecho dueño de las leyes que la rigen. En fin, se sueña en vocaciones de artistas que son la excepción, allí donde se debe dirijir á la masa y donde se ocupa de niños cuya inteligencia se abre progresivamente y los cuales, la mayoría, serán obreros. ¿No es ciertamente un peligro, llamar la iniciativa y la independencia del sentimiento, cuando no convendria sino ordenar y disciplinar las aptitudes? Por poco que el niño siga un curso de dibujo, es preciso que adquiera nociones ciertas y alguna práctica que le sirvan durante toda su vida. Esto está conforme á la moral y muy felizmente, y está

conforme con las enseñanzas graduadas de un método fundado en la razón.

Ciertamente, obedeciendo á la lógica, no se pretende des-
cuidar el gusto: este se puede cultivar por la elección de exce-
lentes modelos; por el pequeño museo que éstos están llamados á formar en la misma escuela ó en el centro del grupo es-
colar, es como se debe atraer el sentimiento. En el fondo, sin
embargo, el gusto no es invariable y es necesario contar en
mucho con el genio de la nación. Pero ante todo, es un deber
asegurar los principios y poner los medios prácticos al servicio de las inteligencias comunes y también á las capacidades
inspiradas si llegan á producirse. Estos principios y estos medios son los mismos, que se trate de la enseñanza primaria,
de la secundaria, de las escuelas profesionales ó industriales
ó de escuelas de bellas artes, pues el dibujo es uno; y para
el dibujo, no está ya uno autorizado para medir los primeros
elementos en vista de las profesiones ó según las condiciones
sociales, como no se está para la gramática, para las ciencias
ó para la moral. En esto también, la educación del hombre de
sociedad, del obrero y del artista reposa sobre una base idén-
tica y que debe ser común á todos.

UNE SCIENCE NOUVELLE

LA PLASMOLOGIE

ETAT ACTUEL; SON ROLE EN BIOLOGIE GÉNÉRALE; SON AVENIR

PAR LE PHARMACIEN GEORGES RENAUDET, M. S. A.

Ex–Préparateur de Chimie biologique,
Lauréat (1ers prix) de l'École de Médecine et de Pharmacie, Lauréat de
l'Académie internationale de Géographie Botanique, etc.

"Vers la Lumière. pour la Verité,
par la Science!" *G. R.*

Dans tous les temps, biologues et chimistes, savants et philosophes, chercheurs ignorés et non moins tenaces, ont utilisé le meilleur des ressources de leur esprit à essayer de résoudre le *problème de la vie.* Il faudrait bien des pages, un volumineux in–quarto peut–être, pour résumer ici des théories aussi contradictoires entre elles qui inégales dans leur déve-loppement; aussi inaptes, en définitive, à définir les causes qui nous préoccupent au premier chef et vers quoi devraient aboutir les recherches scientifiques les plus diverses en ap-parence [1] Mais trop imbus de *statique biologique* (Houssay), la plupart des savants "se sont limités à déterminer les condi-tions dans lesquelles se produisent les phénomènes de la ma-

---

[1] Le savant et modeste Prof. A. L. Herrera a tenté cet examen de haute critique dans ses *Nociones de Biología*, Mexico, 1903.--Nous espérons nous-même présenter une nouvelle "Edition française" de cet important travail.

tière vivante," établissant aussi ce qu' ils assurent être un
critérium de valeur spécifique de la matière organisée, la
"notion de *l' équilibre instable persistant*" [1]

Les résultats acquis sont assurément loin d' être négligea-
bles d'autant moins que les Écoles française et allemande
ont, sur ce terrain, fait des découvertes notables et ouvert un
large champ aux investigations nouvelles. Mais ils n'ont pas,
quoiqu'en disent les Auteurs qui se copient en se répétant,
l' importance capitale, primordiale, qu'on serait en droit
d'attendre de semblables études destinées, à tout prendre, à
fixer le point de départ de la *Biogénie!* Si l'on ajoute à cela
l'influence inévitable des théories d'Écoles et de leur propa-
gation par l'Enseignement officiel, on se rend facilement compte
que des notions dogmatiques—non suffisamment prouvées,
mais néanmoins acceptées: le *culte* des albuminoïdes, par
exemple!—aient pu se diffuser d'une façon extraordinaire et
absorber, *sans les élaborer toutefois,* les théories adverses moins
connues parce qu'elles sont moins bien placées sur le terrain
des luttes doctrinales. Ici, nous touchons du doigt la plaie, sans
craindre d'être démenti, de nombreux cas et l'expérience personnelle venant confirmer cette assertion.

Or, en matière de vraie science—et nous entendons par là
l'effort continu d'un esprit qui s'achemine vers la *Vérité,* qui
la rencontre enfin et la *vérifie*—on ne saurait concevoir des
données imprécises sur lesquelles tout un système d'idées
s'édifie. La plupart des investigations biologiques, soumises
à la critique rigoureuse et sévère de cette remarque, nous les
montrent alors renfermées dans un cercle éminemment vicieux
d'où l'esprit sort abasourdi et jamais convaincu. Le dogme
tant respecté des albuminoïdes, réédité jusqu'à nos jours; la
conception des aldéhydes de Loew et Bokorny; l'hypothèse des
biogènes de Verworn; la "molécule géante" de Pflüger, avec

(2) C. Levaditi.—La Nutrition dans ses rapports avec l' immunité, Paris 1904.

son cyanogène; la "molécule protoplasmique" de l'École française moderne...., autant de théories, souvent ingénieuses, parfois commodes en leur déductions, mais qui ne résistent pas à un examen sérieux établi d'un point de vue général—à la fois statique et surtout cinématique et dynamique. [1]

Il nous sera permis, dans ce bref exposé, non pas de refaire les réflexions qui viennent tout naturellement au lecteur des hypothèses incriminées, mais de l'entretenir plutôt de réflexions et observations *inédites* à la suite des résultats remarquables obtenus par M. le Pr. A. L. Herrera. Nous laisserons aux esprits curieux de science, le soin de tirer belle conclusion qui leur plaira, définitive ou non, mais riche—à notre sens,— d'espérances et de généralisation. Nous avons suivi nous-même avec un intérêt croissant les expériences instituées par Herrera avec une technique très sûre et un sens d'observation fort délicat; depuis *huit ans* bientôt, les mêmes causalités ont donné lieu aux mêmes phénomènes et leur importance fondamentale nous force aujourd'hui à résumer, libre de toute préoccupation personnelle et affranchi de tout dogme, ce que nous comptons donner prochainement comme des faits acquis et *positifs*.

PRINCIPE ET DÉFINITIONS

La vie consiste uniquement dans l'activité du protoplasma. La *Biologie* est l'étude du protoplasma dans toutes ses manifestations et sous tous ses aspects possibles. La vie consiste dans l'activité *physico-chimique* d'un protoplasma ou émulsion spécialment constituée sous une condition fondamentale: *les courants osmotiques*. La science qui étudie les êtres est la *Plasmologie générale* ou science du protoplasma.

(1) F. Houssay.—Nature et Sciences naturelles, Paris 1903.
id. .—La Forme et la vie, Paris 1903.

Le corps le plus abondant dans la planète, le *silicium* (après l'oxygène) forme des structures organoïdes extraordinaires et contribue dans une large proportion à la constitution des mondes: c'est le *protoplasma du règne minéral*, et peut-être est-ce aussi la *base inorganique du protoplasma vivante!* [1]

Tout d'abord, nous devons dire que *toutes* les imitations du protoplasma exigent 2 réactifs différents: acides oléique, phosphorique, silicique, ferrocyanhydrique, palmitique, stéarique, tannique—et bases alcalines ou métalliques—ou gélatine, alcool, éther, acides forts—ou bien xylol et savon, sel et huile.

On n'a jamais rien pu former avec une substance unique! Le Créateur [2] aurait donc fait *deux* réactifs albuminoïdes: l'acide nucléïnique et la nucléine? Nous soumettons cette curieuse et passionnante question au Lecteur, sans préjuger de sa conviction intime ni de ses théories personnelles.

Quoiqu'il en soit, dans les émulsions considérées, on obtient toujours un ensemble formé de parcelles semi-solides entourées d'une membrane de précipitation: c'est absolu et inattaquable.

De plus, toutes les émulsions sont détruites par l'action des disolvants qui n'attaquent pas de la même manière la cellule vivante; les oléates, mousses de Bütschli, tannates ferrocyanures....sont dissociés par les acides forts et plus ou moins attaquées par les alcalis. *Seuls* (et nous voulons retenir ici toute la sagacité des Biologistes), les *silicates* résistent à tous les réactifs, exception faite des alcalis et de leurs sels: la chose est des plus faciles à vérifier et confirmée par les traités de chimie analytique. C'est alors un point important

---

(1) A. L. Herrera.—*Nociones de Biología.* Mexico, 1903.

    Idem   *Sur le role prédominant des substances minérales dans les phéno-*
ménes biologiques (Bull. Soc. mycol. de France, tome XIX, fasc. 3, 1903).

    G. Renaudet.—*L'imitation du protoplasma* (Socied. Cientif. "Ant. Alzate" 1904,
    Memorias, XIX, p. 347.)

(2) Nous sommes obligé de désigner par un mot une entité philosophique.

d'analogie avec les matières vivantes qui *doivent être étudiées,* selon les auteurs, *dans des milieux acides* (Henneguy) et non alcalins. Faut il en déduire que les silicates sont les seuls corps ressemblant de près à la matière vivante? Pourtant, von Schroen a vu que les cristaux de quartz (acide silicique libre et cristallisé) et les cristaux en général se forment comme les cellules; actuellement, le savant Pr. Benedikt, de Vienne, reprend ces observations trop longtemps oubliées et les confirme avec succès: la *vie* des cristaux explique déjà suffisamment le biomécanisme du développement des tissus. [1]

Qu'est ce à dire sinon que la Nature présente ici encore des *variations remarquables* d'un même *thème initial* et non pas un mécanisme exclusif et isolé dans la cellule vivante? L'investigateur le plus incrédule, le chercheur le plus rebelle aux concepts nouveaux, reste comme effrayé dans le doute.

La notion de *structure,* nécessaire, inéluctable pour la vie, semble devoir être *vitale* dans les corps les plus disparates.

Les expériences entreprises depuis huit ans par Herrera, assez faciles à répéter d'ailleurs et toujours comparables entre elles—ont été faites avec les réactifs les plus communs et lui ont démontré, comme nous en sommes personnellement convaincu—que les *silicates peuvent vivre,* doivent vivre même, si l'on en juge déjà par leur extraordinaire *polymorphisme!* Plus de 500 structures [2] de silicates ont été ainsi obtenues et on ne saurait dire qu'elles soient l'effet d'un pur hasard ou du chimiotactisme que ne manqueront pas d'invoquer les plumes agiles de la critique.

Il ne faut pas se dissimuler pourtant les difficultés et la science resterait de mauvais foi à ne pas envisager les phénomènes observés au cours de ses laborieuses étapes. Les si-

(1) Dr. Benedikt.—*Biomécanisme ou néovitalisme en médecine et en biologie,* 2 vol. in-18, traduct-française de E. Robert-Tissot, Paris 1904.—(V. aussi *Revue scientifique: La vie des cristaux,* Paris 1904). Après avoir observé l'origine "cellulaire" des cristaux, von Schroen déduit que les atomes ont vie; les expériences aident ici la métaphysique.

(2) L'étude de ces structures devait nous conduire tout naturellement à aborder le problème des relations de la Forme et de la Fonction, si généralement admis.

licates sont très difficiles à manier: une trop grande dilution, uu excès de matière employée donnent de simples précipités pulvérulents ou des structures durcies, parfois solubles dans le substratum (éther alcalinisé). Cultivés dans l'eau, ils subissent une espèce d'évolution grâce aux déchirures, dilatations, etc., de la masse. Avec l'éther et l'alcool et plusieurs corps organiques, la chose change d'aspect et l'on peut obtenir des *êtres inférieurs* durs ou solubles dans la potasse. Les expériences les plus délicates sont riches en observations accidentelles, mais nous ne croyons pas qu'on doive les infirmer pour cela, ni les incriminer outre mesure en se plaçant à ce seul point de vue.

C'est ainsi que le Pr. Herrera a pu observer des formes amiboïdes, pourvues de vacuoles prenant inégalement le vert de méthyle, la déformation complète de bulles accidentelles, etc.... A notre avis, il doit y avoir là des secrets que la chimie n'a pas encore découverts, peut–être des phénomènes de synthèse, *non prouvés* jusqu'ici mais absolument possibles.

Un fait reste acquis et nous l'énonçons bien vite: De toutes les émulsions inorganiques possibles dans la Nature inorganique et dans les êtres, les *silicates* peuvent et doivent être placés *en première ligne;* de là à conclure qu'ils sont la base fondamentale de structure du protoplasma vivant, il n'y a qu'un pas—et nous le franchissons bien volontiers, en attendant les preuves meilleurs des contradicteurs informés dont l'appréciation est loin de nous être indifférente.

En tout état de cause, les autres réactifs sont artificiels, organiques ou vénéneux ou forment des émulsions *solubles* dans le milieu marin, base de la vie. [1] Incidemment, nous remarquerons que le "plankton" constitue une masse énorme de matière vivante, fraction très importante de la totalité de la substance organisée répandue à la surface du globe; car en

(1) René Quinton.—*L'Eau de mer..,... le milieu salin originel, comme milieu vital des cellules, etc.* Paris 1903.

se plaçant à un point de vue très général, on doit admettre
que l'importance d'une forme biotique est en raison inverse
de la masse de l'individu. (Les êtres de grande taille jouent
un rôle relativement faible dans l'emsemble des phénomènes
biologiques et géologiques, les petits au contraire, un rôle considérable). Or, selon de nombreux auteurs, et notamment J.
Thoulet [1] on connait au moins 200 variétés (!) de silicates
constituant les dépôts marins et susceptibles par conséquent,
à notre sens, de fournir la substance structurale des formes
biotiques que nous rappelons ici.

La formation des structures de silicates est très compli-
quée en soi. Etant donné le poids inévitable de la lamelle
couvre-objet, les contacts entre les substances en jeu sont
plus parfaits; et les vésicules de membrane silicatée se crèvent
par un point, donnant lieu à la formation de flagellums divers
qui s'avancent par une progression plus ou moins rapide. On
vérifie une réaction à l'intérieur du globule et l'on s'aperçoit,
dès le 2me jour, de la formation de *spores.* [2] Evidemment, ces
structures sont dues à ce que la goutte très minime de réactifs
(sels, chlorure d'aluminium) s'entoure de membranes osmotiques provoquant des variations de densité dans les liquides
intérieurs. Le noyau du cristal devient celui de la pseudo-
cellule. En définitive, on est en présence d'une émulsion assez
analogue aux savons de Bütschli, mais plus différenciée grâce
à la présence de sels étrangers, d'épaississements, de durcis-
sements .. etc.

En dernière analyse—et c'est ce qui nous parait ressortir
de ces diverses considérations—on est amené à constater que
l'acide silicique, et probablement ses sels gélatineux, *absorbent*
toutes sortes de corps, en *changeant* de consistance, de manière

(1) J. Toulet.—*Les dépôts sous-marins* (*Rev. Scientif.*—Paris, 23 Juillet 1892).

(2) Cette sporulation, très caractéristique, est reproduite pas des microphotogra-
phies ainsi qu'un très grand nombre de structures remarquables par leur ressemblance
avec la matière organisée; nous n'apportons pas seulement ici des idées, mais des *faits*
d'expérience fixés par les appareils d'optique les plus sensibles.

à former des "alcoogels," des "éthérogels," des "cellulogels,"
etc.... — et l'on peut concevoir des cellules de plus en plus
saturées de corps absorbés *par osmose* et conservant toujours
leur *armature ou charpente silicatée initiale!*

L'expérience montre aisément qu' *une* partie de silice pour
100 d'eau donne encore une gélatine.

Au surplus, l'analyse seule est impuissante à résoudre la
question qui nous intéresse.. [1] l'acide silicique se trouve partout suivant Schultz, Herrera, nous même et bien d'autres
auteurs.

Les émulsions considérées par nous, suivant la théorie
biomécanique de Herrera, formeraient sans nul doute des
corps colloïdes, se moulant en quelque sorte dans les alvéoles
de l' émulsion. (Si complexe qu' elle puisse être, on peut s'ima-
giner cependant leur *évolution:* les travaux de Wakker et
Werminski nous ont appris que les grains d'aleurone ne sont
autre chose que des vacuoles desséchées, fait curieux réalisé
ensuite expérimentalement par le dernier auteur; on conçoit
de la même manière l'apparition des cristalloïdes et des glo-
boïdes, dans des conditions déterminées; on s' explique enfin
les recherches de Courchet sur les chromoleucites dont la
propriété la plus intéressante est de pouvoir cristalliser arti-
ficiellement, en laissant évaporer des dissolutions de pigments
colorés faites dans des conditions convenables.... Qui sait où
s' arrêtera notre généralisation?)

Voilà aussi expliquée la formation des albumines associées
aux silicates, se rénovant sans cesse, mais constituant seulement des *mélanges* d'atomes et non des *combinaisons* exactement
définies. L'organisme est le milieu idéal de la transformation

---

(1) On nous opposera vainement les résultats ordinaires fournis par l'analyse des
cendres. Or, dans les cendres, les corps se trouvent condensés, réduits à leur plus petit
volume, mais non gélatineux. On ne saurait rien préjuger des proportions contenues dans
les cendres: là encore, le chimiste ou le biologue pécheraient par excès de méthode
statique et nous savons qu'elle est insuffisante à vouloir expliquer les processus vitaux.

et de la conservation de l'énergie [1] où la cellule, en définitive, n'absorbe que la quantité exacte de matériaux inorganiques dont elle a besoin pour son édification ou son maintien d'équilibre [2] mais non le foyer des théories de l'École, comme est la cellule de protéïnes labiles [3] brûlant toujours sans laisser trace de leur combustion! Nous reviendrons sur cette question des albumines considérées comme des mélanges et non des combinaisons; les incertitudes de la chimie analytique moderne faciliteront singulièrement notre tâche tout en apportant un nouveau jour à notre hypothèse.

Dès à présent, une science nouvelle nous paraît devoir ne pas être méconnue: c'est la *Plasmologie*, nous dirions même la *Plasmogénie* si le mot ne semblait pas trop fort. *L'activité physico-chimique* du protoplasma est la condition *sine qua non* de la vie; ce protoplasma n'est lui même qu'un *silicate colloïdal* obéissant à la loi générale de *l'osmose*, qui seule peut et doit expliquer l'evolution de la cellule vivante et des organismes animés.

Montournais (Vendée) France, 1er. Juillet 1904.

---

(1) On ne peut parler de l'organisme vivant sans faire intervenir cet important principe, vérifié d'une manière frappante et correspondant bien aux prévisions théoriques (v. *W. O. Atwater, Connecticut Storrs Sta. Rpt.* 1903, pp. 103-122.)

(2) V *J. M. Taylor, Pop. Sc. Mo.,* 64 (1904), Nº 4, pp. 343-350.

(3) *La substance structurale X* doit pénétrer partout, accompagnant intimement tous les corps et parties organisées: cellulose, myosine, etc...... Voilà ce que ne saurait assurément faire la protéine!

ESTUDIO QUIMICO DEL PROCEDIMIENTO METALURGICO

CONOCIDO

CON LOS NOMBRES DE

AMALGAMACION MEXICANA

Ó

BENEFICIO DE PATIO

Por el Ingeniero de Minas

JUAN D. VILLARELLO, M. S. A.

SEGUNDA PARTE [1]

TEORÍA QUÍMICA DEL BENEFICIO DE PATIO.

> "La Azoguería en cuanto arte, llegó
> casi desde sus principios al punto de per-
> fección á que pudo llegar: desde este
> punto ha de comenzar la ciencia: mas
> para que ella pueda hacer progresos es
> necesario que primero de la luz necesa-
> ria á los hechos que han de servir de
> base."
>
> *Joseph Garces y Eguia*

Al comenzar esta parte de mi estudio deseaba colocar en primer lugar las teorías propuestas por sabios distinguidos, y con justicia afamados químicos; pero necesito seguir otro orden, porque siendo muchas y muy diferentes las teorías propuestas hasta ahora, si camino sin guía en el estudio de todas éstas, no podré decir al fin con M. Cᵏ Roswag: "au leuteur à choisir," [2] pues mi estudio resultaría confuso; y para evitar esto creo conveniente indicar primero, en toda esta segunda

(1) Véase la Primera Parte, t. 19 de estas *Memorias.*
(2) Encyclopédie chimique publiée sous la direction de M. Fremy. Paris. Tomo V. 2ª Parte. 1885, p. 297.

parte de mi escrito, los razonamientos que me han conducido á una teoría química; y después, sirviendo de base estos razonamientos estudiaré y discutiré, en la tercera parte, las teorías propuestas para explicar los fenómenos químicos de los cuales depende el Beneficio de Patio; y así podrá el lector colocar con facilidad cada teoría en el lugar que le corresponda, según su verdadero valor científico.

En la primera parte de este escrito indiqué cuáles son los minerales apropiados para este beneficio, y cuáles son también los agentes químicos empleados en él, minerales y reactivos que en resumen son los siguientes:

Minerales apropiados para el
Beneficio de Patio.

Argentita—$Ag_2 S$

Pyrargirita—$Ag_3 Sb S_3$

Polybasita—$Ag_5 Sb S_6$

Stephanita—$Ag_5 Sb S_4$

Miargyrita—$Ag Sb S_2$

Proustita—$Ag_3 As S_3$

Cerargyrita—$Ag Cl$

REACTIVOS EMPLEADOS EN EL BENEFICIO DE PATIO.

Agentes principales.

Sal (principio activo cloruro de sodio)—$Na Cl$

Sulfato de cobre. . . . . , ... —$Cu S O_4$

Mercurio. . . . . —Hg

Correctivos de la calentura.

Cal. . . . .$Ca O.$

Ceniza (principio activo carbonato de sosa) $Na_2 CO_3$

Cobre precipitado . . . . Cu

Thiosulfato de sosa . . . . $Na_2 S_2 O_3$

Indicados ya los minerales y los reactivos, estudiaré primero el beneficio de la argentita; y después me ocuparé del de las otras especies minerales argentíferas, así como de las reacciones accidentales, y de los detalles y accidentes del Beneficio de Patio.

Para el estudio termoquímico de las reacciones adoptaré como unidad de medida la gran caloría de M. Berthelot, [1] ó sea la cantidad de calor necesaria para llevar un kilogramo de agua de cero á más un grado centígrado, de tal suerte que: al combinarse 2 gramos de hidrógeno con 16 gramos de oxígeno, para formar 18 gramos de agua (H_2O), se desprenden 69 calorías kilogramo-grado.

SECCIÓN I.

BENEFICIO DE PATIO DE LA ARGENTITA.

Reacciones químicas verificadas en el ensalmorar.

"*Ensalmorar*" [2] es agregar sal y sulfato de cobre á la torta que se quiere beneficiar. La cantidad de sal que se usa varía entre el $2\frac{1}{2}$ y el 5 por ciento del peso del mineral; de sulfato de cobre se emplea de $2\frac{1}{2}$ á $3\frac{1}{2}$ kilos por tonelada de mineral, y la humedad de este último es aproximadamente el 33 por ciento, cuando la lama tiene la consistencia conveniente para el mejor éxito de este sistema metalúrgico.

Tomando un promedio de los datos anteriores puede decirse que: en 10 toneladas de mineral, cuya ley de plata sea $1.^{08}$ kilos por tonelada, se encontrarán: 375 kilos de sal marina y $27.^5$ kilos de sulfato de cobre, disueltos en 3,300 kilos de agua; y por lo mismo, esta solución contendrá: $11.^{36}$ de sal, y $0.^{83}$ de sulfato en 100 partes de agua.

Los pesos atómicos que adoptaré para este estudio son los siguientes, de la tabla de Stas. [3] tomando como base $0=16$

(1) M. Berthelot. Essai de Mécanique chimique fondée sur la Termochimie. Paris, 1879. Tomo I, p. 321.

(2) La explicación de estos términos se encuentra en la Primera Parte de este Estudio.

(3) D. Tommasi. Traité théorique et pratique d'électrochimie. Paris, 1889, pags. 79 y 80.

gramos, datos que son casi iguales á los de Mr. Teodoro
Wiliam Richards. [1]

Sodio—Na=23.05   Cloro—Cl=35 45   Azufre—S =32.06
Cobre—Cu=63.33 Plata—Ag=107.93 Mercurio—Hg=200.1
Oxígeno—0 =16   Hidrógeno—H=1.

y por lo tanto, los pesos moleculares de la argentita, y de los
reactivos empleados en este beneficio, son:

CLORURO DE SODIO.

$$Na = \quad 23.05$$
$$Cl = \quad 35.45$$
$$\overline{\qquad}$$
$$NaCl = \quad 58.50$$

SULFATO DE COBRE
(cristalizado)

$$Cu \quad = \quad 63.33$$
$$S \quad = \quad 32.06$$
$$40 \quad = \quad 64.00$$
$$10H \quad = \quad 10.00$$
$$50 \quad = \quad 80.00$$
$$\overline{\qquad}$$
$$CuSO_45H_2O \; = \; 249.39$$

ARGENTITA.

$$2Ag \; = \; 215.86$$
$$S \; = \; 32.06$$
$$\overline{\qquad}$$
$$Ag_2S \; = \; 247.92$$

AGUA

$$2H \; = \; 2$$
$$0 \; = \; 16$$
$$\overline{\qquad}$$
$$H_2O \; = \; 18$$

(1) Proceed. of the Amer. Academy of arts and science. Tomo 36, p. 544 (1901).

Dividiendo el peso en gramos de los compuestos contenidos en las diez toneladas de mineral, cuyo beneficio voy á estudiar, entre sus respectivos pesos moleculares se obtiene el número de moléculas de cada uno, ó sean los coeficientes de las fórmulas que me servirán para representar las reacciones. De cloruro de sodio hay 375000 gramos, cantidad que dividida entre 58.50 da 6410; y por lo mismo, la fórmula de la sal marina empleada es: 6410 $NaCl$. De sulfato de cobre hay 27500 gramos, cantidad que dividida entre 249^{39} da 110; y por lo tanto, la fórmula del sulfato empleado es: 110 $CuSO_4 5H_2O$. Supuesta la existencia de 10^8 kilos de plata, habrá en las diez toneladas de mineral, 12400 gramos de argentita, cantidad que dividida entre 247.92 da 50, y la fórmula del sulfuro de plata contenido será: 50 Ag_2S. Por último, hay en la torta 3300000 gramos de agua que divididos entre 18 dan 183330, y la fórmula del agua empleada es: 183330 H_2O; pero como este es un exceso de agua para las reacciones, dividiré esta fórmula en dos partes, designando por Aq á 182670 H_2O; y por lo tanto, 183330 H_2O = 660 H_2O + Aq.

De acuerdo con las anteriores indicaciones, en las diez toneladas de mineral por beneficiar, y al ensalmorar la "torta" se encontrarán los siguientes compuestos:

Reactivos $\begin{cases} 375 \text{ kilos de sal marina} = 6410\ NaCl \\ 27.5 \text{ kilos de sulfato de cobre} = 110\ CuSO_4 5H_2O \end{cases}$

disueltos en 3300 íd. de agua.......... = 660 H_2O + Aq.

Mineral de plata— 12.$\frac{40}{3}$ kilos de Argentita = 50 Ag_2S

Matrices $\begin{cases} \text{cuarzo} \ldots\ldots\ldots\ldots\ldots\ldots = a\ SiO_2 \ ^{(1)} \\ \text{calcita} \ldots\ldots\ldots\ldots\ldots = b\ CaCO_3 \\ \text{arcilla} \ldots\ldots\ldots\ldots\ldots = c\ H_8 Al_4 Si_5 O_{20} \\ \text{óxido de fierro hidratado.} = d\ H_6 Fe_4 O_9 \end{cases}$

Minerales acompañantes. $\begin{cases} \text{Galena} = e\ PbS \\ \text{Blenda} = f\ ZnS \\ \text{Pyrita} = g\ FeS_2 \end{cases}$

(1) a. b. c. d. e. f. g. son coeficientes desconocidos en este caso.

Para estudiar las reacciones químicas que tienen lugar en el *"ensalmorar"* consideraré: primero, los agentes químicos solos; y después, la acción que ejercen estos reactivos sobre el mineral argentífero, sobre la matriz y sobre los minerales acompañantes.

Reacciones entre los reactivos empleados al ensalmorar.

Al obrar el cloruro de sodio disuelto sobre el sulfato de cobre también disuelto se forma bicloruro de cobre y sulfato de sosa, [1] como lo indica la siguiente expresión:

(1) $6410 \, NaCl + 110 \, CuSO_4 5 \, H_2O + 660 \, H_2O + Aq =$
$110 \, CuCl_2 H_2O + 110 \, Na_2 SO_4 10 \, H_2O + 6190 \, NaCl + Aq$

Esta reacción es exotérmica y desprende $+44$ calorías, conforme al siguiente cálculo:

ESTADO INICIAL.

6410 $(Na+Cl) = 6410 \, NaCl$ disuelto, desprende:	$6410 \times 96.2 =$	616642
110 $(Cu+S+40)) = 110 \, CuSO_4$,,	,,	$110 \times 196.6 =$	21626
550 $(2H+O) = 550 \, H_2O$ líquida ,,	$550 \times 69.0 =$	37950
660 $(2H+O) = 660 \, H_2O$,, ,,	$660 \times 69.0 =$	45540

$$\text{Suma} = 721758$$

ESTADO FINAL.

110 $(Cu+2Cl) = 110 \, CuCl_2$ disuelto, desprende;	$110 \times 62.6 =$	6886
110 $(2H+O) = 110 \, H_2O$ líquida ,,	$110 \times 69.0 =$	7590
110 $(2Na+S+40) = 110 \, Na_2 SO_4$ disuelto, ,,	$110 \times 326.8 =$	35948
1100 $(2H+O) = 1100 \, H_2O$ líquida, ,,	$1100 \times 69.0 =$	75900
6190 $(Na+Cl) = 6190 \, NaCl$ disuelto, ,,	$6190 \times 96.2 =$	595478

$$\text{Suma} = 721802$$

DIFERENCIA:

Estado final — Estado inicial $= 721802 - 721758 = +44$ calorías.

[1] Véase Bousingault. Ann. de Chim. et de Phys 51. p. 354 (1832).

Esta reacción química además de ser exotérmica es necesaria, porque se verifica á la temperatura ordinaria, sin la intervención de ningún trabajo preliminar ó energía extraña que la provoque, y por último, no es invertible.

Como dije en la primera parte de este escrito, al *"ensalmorar"* una *"torta"* se reparte la sal y el sulfato con la mayor uniformidad posible, y se *"repasa"* en seguida para que estos compuestos se disuelvan y se mezclen perfectamente con la lama. Este trabajo físico inicial permite la formación de un sistema químico homogeneo, encontrándose disueltos los compuestos que deben obrar entre sí; y como los que resultan de la reacción (1) son también solubles en el agua no cesará el contacto recíproco, la mezcla íntima entre los primeros cuerpos, y la reacción comenzará al disolverse la sal y el sulfato de cobre y continuará casi hasta concluirse sin el auxilio de ninguna energía extraña. En efecto, las moléculas de los cuerpos en disolución son parcialmente disociadas en "iones," y las moléculas del disolvente son parcialmente asociadas en moléculas múltiples; [1] y de acuerdo con estas teorías modernas [2] de la disolución dice Berthelot [3] que: las sales metálicas disueltas no deben considerarse como una simple mezcla de la agua con la sal sólida, sino que se produce cierto equilibrio entre estos dos cuerpos, y resulta un sistema complexo conteniendo á la vez: sal neutra y agua por una parte; y cierta cantidad de ácido libre y una sal básica ú óxido libre por otra parte. Si á esta disolución se agrega una sal alcalina cuyo ácido sea más débil que el de la sal metálica se transtornará el equilibrio que existía entre el ácido libre y la sal básica ú óxido libre por una parte, y el agua y la sal neutra por la otra; el

(1) J. J. Van Laar.—Archives du Musée Teyler 2ª serie. Tomo 6, p. 1.

(2) Edgar F. Morris.—Memoirs and Proceedings of the Manchester Literary & Philosophical Society. Memoir 16 (1900).

Crum Brorom. Proceedings of the Royal Society of Edinburgh. XXI, p. 57.

(3) L. c. Tomo II, pags. 713 y 725.

ácido fuerte desaparecerá porque se unirá á la base alcalina
de preferencia al ácido débil, el que se unirá al óxido metálico;
el equilibrio perturbado por la saturación del ácido fuerte se
restablecerá al descomponerse una nueva porción de la sal
metálica, con formación de una nueva pequeña cantidad de
ácido libre, el cual obrará sobre la sal alcalina, y esta acción
se repetirá hasta que la reacción sea completa ó casi completa.

En el caso de que me ocupo, al disolverse el sulfato de
cobre existirán en equilibrio en la solución: el sulfato neutro
no disociado, y el agua por una parte; y una pequeña cantidad
de ácido sulfúrico libre y de sal básica, de composición variable con la concentración, por otra parte. Al disolverse el cloruro de sodio se disociará parcialmente en los dos "iones" $\overset{+}{Na}$
y $\overline{Cl}$, los cuales se encontrarán juntos con una cierta cantidad
de cloruro de sodio disuelto pero no disociado, dependiendo
las proporciones relativas de la parte disociada y la no disociada de la concentración de la solución, [1] pues la temperatura no influye de manera apreciable en las disociaciones. [2]
Ahora bien, al mezclarse las dos soluciones anteriores, el ácido
sulfúrico libre desaparecerá al combinarse con la sosa para
formar sulfato de sosa, y el cloro se unirá al óxido de cobre
para formar bicloruro de cobre. La saturación del ácido sulfúrico libre y del cloro perturba el equilibrio que existía en la
disolución, y una nueva cantidad de sulfato de cobre y de cloruro de sodio se disociará, formando nueva cantidad de ácido
sulfúrico libre y de cloro, y la misma acción se repetirá y continuará hasta la metamórfosis total del sulfato de cobre en
sulfato de sosa.

(1) Louis Kahlemberg. Bulletin of the University of Wisconsin. Science. Serie 1,
Tomo 2, p. 6 (1897-1901).

(2) Harry C. Jones y James M. Douglas. Amer. Che. Journ. XXVI, p. 453 [1901].

La transformación anterior puede representarse aproximadamente, y de la manera más sencilla, como sigue:

$$
\text{(A)} \quad
\begin{array}{l}
x\ CuSO_4 \ \rightleftarrows \ Cu\ (x-1)\ CuSO_4 \quad + SO_4 \\
\qquad\qquad\qquad + \qquad\qquad\qquad\quad + \\
2\ x\ NaCl \ \rightleftarrows \ Cl_2 + (x-2)\ NaCl \ + Na_2 \\
\end{array}
$$

$$
CuCl_2 \qquad\qquad\qquad Na_2SO_4
$$

Esta reacción química es, como dice Berthelot, [1] la consecuencia de la formación del sulfato de sosa, el cual es más
estable que ningún otro en presencia del agua, y desprende
al mismo tiempo más calor al formarse que el desarrollado en
la combinación del compuesto alcalino antagonista.

En vista de todo lo anterior puedo decir que: la reacción
química entre el cloruro de sodio y el sulfato de cobre es exotérmica, no invertible, necesaria, y se verifica por completo
ó casi completamente cuando se encuentran en disolución los
referidos compuestos; y como según la reacción (1) el cloruro
de sodio empleado en el Beneficio de Patio es mucho más que
suficiente para descomponer á todo el sulfato de cobre, poco
después del "*ensalmoro*" no existirá en la "*torta*" el sulfato de
cobre, y se encontrarán en disolución solamente: el exceso
de cloruro de sodio; el bicloruro de cobre; y el sulfato de sosa,
compuestos los últimos formados de la manera ya indicada.

Acción de los agentes químicos agregados en el ensalmorar
ó producidos en esta operación
sobre el mineral de plata y su matriz.

Son cuatro los agentes químicos que podrían obrar sobre
el mineral de plata en esta operación del beneficio: los com-

(1) L. o. Tomo II, pag. 726.

puestos agregados á la torta en el *"ensalmorar,"* el sulfato de cobre y el cloruro de sodio; y los compuestos formados por la reacción (1) ya estudiada, el sulfato de sosa y el bicloruro de cobre.

El sulfato de cobre y el sulfato de sosa no tienen acción sensible sobre los minerales de plata, conclusión á la cual he llegado después de muchos experimentos que tuvieron por objeto estudiar en diversas condiciones, la acción que pudieran ejercer los referidos sulfatos sobre los minerales argentíferos. A la misma conclusión llegó el Sr. Percy [1] al estudiar la acción del sulfato de sosa, pues dice que: un experimento hecho en su laboratorio por H. Louis indicó que: el sulfato de sosa no tiene acción sobre el sulfuro de plata aun cuando se caliente con él.

El cloruro de sodio y el bicloruro de cobre atacan aunque con mucha lentitud al sulfuro de plata, y debo estudiar en detalle esta acción lenta para poder concluir cuál es el efecto que produce durante el *"ensalmorar."*

Los notables químicos Malaguti y Durocher practicaron gran número de experimentos con objeto de estudiar los fenómenos químicos de los cuales depende el Beneficio de Patio, y de estos experimentos debo mencionar desde luego los siguientes, para fundar la opinión que voy á emitir relativa al efecto que producen el cloruro de sodio y el bicloruro de cobre sobre el sulfuro de plata, en la operación del *"ensalmorar."*

Dicen los Sres. Malaguti y Durocher: [2] 100 g^s de cloruro de sodio puro se disolvieron en 300 g^s de agua destilada, y se agregaron 0.94 g^s de sulfuro de plata; se filtró la disolución después de 18 días de contacto, y se hizo pasar en ella una corriente de ácido sulfhídrico hasta saturación, obteniendo por la acción de este ácido un precipitado que se depositó fá-

(1) John Percy. Metallurgy. London 1880. 1ª Parte, p. 39.

(2) Malaguti y J. Durocher. Recherches sur l'association de l'argent aux minéraux métalliques. Annales des mines. 1850. 4ª Serie. Tomo XVII, pag. 95.

cilmente, y cuyo peso fué 0.006 g^s. El sulfuro de plata se transformó parcialmente en cloruro, y éste se disolvió en la sal. Este experimento indica claramente la lentitud de la reacción, que es invertible, y que sólo se efectuó en 6 miligramos de los 940 de sulfuro de plata; y por lo mismo, en 18 días de contacto sólo se cloruró el 0.63 por ciento de la plata contenida en el sulfuro. El Sr. Percy, como resultado de un experimento dice que: por la acción del cloruro de sodio sobre el sulfuro de plata en presencia del aire y de la agua no se forma cloruro de plata, "no chloride of silver had been formed." [1]

Para comprobar la lentitud de la reacción entre el bicloruro de cobre y el sulfuro de plata los Sres. Malaguti y Durocher procedieron de la siguiente manera: mezclaron 0.110 g^s de sulfuro de plata con 10 g^s de óxido de fierro, que eligieron como matriz, trataron esta mezcla por soluciones de bicloruro de cobre; y para comparación, trataron por estas soluciones el sulfuro de plata sólo. Los resultados obtenidos fueron los siguientes, después de dos meses de contacto y en presencia del aire: vestigios, hasta el 21 por ciento de la plata contenida en el sulfuro se cloruró cuando el sulfuro de plata estaba mezclado con la matriz; y cuando este sulfuro estaba solo se cloruró: del 21 al 65 por ciento de la plata contenida en él. [2]

Los siguientes datos pertenecen á los mismos químicos Malaguti y Durocher, y se refieren á la acción del bicloruro de cobre sobre el sulfoarseniuro y sulfoantimoniuro de plata. [3]

[1] Percy. L. c. p. 74.
[2] Malaguti y Durocher. L. c. p. 543.
[3] Malaguti y Durocher. L. c. p. 555.

	En meses.	Tratados por 30 c. c. de disolución conteniendo. 0.30 gs de bicloruro de cobre.		
		Sin otra sal.	Con adición de 0.272 gs. de sal marina.	Con adición de 5 gs. de sulfato de cobre y 25 gs. de sal marina.
de 0. gs 140 de sulfoarseniuro de plata se cloruró de la plata contenida en él.	3	10 %	,,	,,
De 0.gs166 de sulfoantimoniuro se cloruró.	2	51 %	47 %	47 %

En vista de estos resultados dicen los Sres. Malaguti y Durocher [1] que: aun en presencia de la sal marina la cloruración del sulfuro de plata por el bicloruro de cobre es muy lenta, y es más lenta todavía la del sulfoarseniuro y sulfoantimoniuro de plata por la acción del mismo agente clorurante.

Para estudiar la acción del bicloruro de cobre sobre los minerales argentíferos procedí yo en gran escala: ensalmorando *"tortas"* que se repasaban diariamente sin *"incorporarlas"* en seis días; pasado este tiempo se agregaba el mercurio correspondiente, y pude convencerme por la *"tentadura"* y el ensaye de residuos de que casi nada de plata se clorura por la acción del cloruro de sodio y del bicloruro de cobre al obrar sobre el mineral argentífero durante seis días.

Experimentando Sonneschmidt [2] el *"beneficio del curtir,"* que consiste en: "preparar los minerales primero con sal y magistral, y no echarles el azogue hasta que la pinta platera se halla dispuesta de poder unirse de una vez con aquel. metal," llegó á la siguiente conclusión: "que no obstante la preparación hecha con sal y magistral no podía salir la plata, á menos que después de agregar el azogue no se le agregase también de nuevo una porción de magistral."

(1) L. c. p. 624 y 625.
(2) Sonneschmidt. Tratado de Amalgamación en México. México, 1804, pags. 118 y 119.

Experimentos como los anteriores, y aun agregando fierro que redujera al cloruro de plata formado por la acción de los cloruros de sodio y de cobre, condujeron al Sr. V. Fernández á la misma conclusión anterior. En efecto, dice [1] este autor: "encargué, en distintas épocas, á dos beneficiadores amigos míos, de distintas *"haciendas"*, que de un mismo *"cajete"* de sus respectivas oficinas sacase cada uno dos pequeñas *"tortas"* y pusiesen, según su costumbre, á cada torta la misma cantidad de sal y *"magistral"* (ó sulfato de cobre), y en todo las tratasen de la misma manera, esto es, las diesen el mismo número de *"repasos,"* la misma pastosidad, etc., etc., exceptuando solamente el que á una no le pondrían azogue.... de las dos tortas que cada uno manejaba, una, la que contenía azogue, servía á mis amigos para saber cuando estaban rendidas, y á mí me servía este resultado para saber que las otras contenían ya toda la plata al estado de cloruro......Ahora bien, hecho así, en dos épocas diferentes, en dos haciendas distintas, y por dos personas que ni sabían tener el mismo encargo va á verse que tuvieron el mismo resultado....se puso fierro, se repasaron las tortas para facilitar el contacto del fierro con el cloruro de plata, y cuando se creyó que ésta estaría libre, se añadió el azogue, se repasó de nuevo para producir la pella, en seguida se hizo una *"tentadura,"* y no contuvo sino pizcas de plata.... *la plata no se había clorurado."*

Los experimentos anteriores me parecen suficientes para probar la lentitud de la acción del cloruro de sodio y del bicloruro de cobre sobre el sulfuro de plata; y teniendo en cuenta además que el incorporo se hace el mismo día del ensalmorar, ó cuando más uno ó dos días después, puede decirse que: los agentes químicos agregados á la torta en el ensalmorar, y los producidos por reacción química entre los anteriores, no

---

(1) V. Fernández. Periódico "La Naturaleza." México. Tomo IV. 1877-79 [Apéndice] p. 10.

tienen acción sensible sobre los minerales argentíferos durante esta operación del Beneficio de Patio.

Los agentes químicos que se encuentran en la torta durante el ensalmorar no atacan al cuarzo ni á las arcillas; pero en cambio, obran sobre la calcita cuando este mineral forma parte de la matriz. En efecto, el sulfato de cobre y el bicloruro de cobre atacan al carbonato de cal formando un carbonato de cobre, insoluble en el agua salada, y sulfato de cal ó cloruro de calcio. Esta reacción obliga á emplear mayor cantidad de sulfato de cobre de la que se necesita para el beneficio del mineral argentífero.

Los minerales que acompañan comunmente á los de plata, como la pyrita, la blenda y la galena, ejercen una acción química sobre el bicloruro de cobre, pero esta acción es sumamente lenta. En efecto, dicen los Sres. Malaguti y Durocher, que: la blenda atacada por el bicloruro de cobre entra en disolución después de ocho meses; y la acción del mismo bicloruro sobre la galena y la pyrita es muy lenta. [1]

Como resumen de lo anterior puedo decir que: durante el ensalmorar sólo se verifican en el Beneficio de Patio las siguientes reacciones químicas: El cloruro de sodio y el sulfato de cobre forman bicloruro de cobre y sulfato de sosa, como lo indica la reacción (1). Cuando el mineral tiene calcita, entre la matriz, este carbonato descompone al sulfato y cloruro de cobre con formación de un carbonato de cobre insoluble, y sulfato de cal ó cloruro de calcio, ocasionando la presencia de

(1) Malaguti y Durocher. L. c. pags. 250 y 251.

está matriz mayor gasto de sulfato de cobre en el Beneficio de Patio.

Reacciones químicas verificadas desde el incorporo hasta rendir la torta.

En el "*incorporo*" se agrega mercurio á la torta en proporción de 3 á 4 kilos por cada kilo de plata contenido en la referida torta. Aceptando para el caso que estudio una cantidad intermedia, ó sea 34 kilos de mercurio por los 10.8 kilos de plata contenidos en las diez toneladas de mineral en beneficio; y dividiendo 34000 gramos entre 200.1, peso atómico del mercurio, el símbolo será: $\dfrac{34000}{200.1}$ Hg = 170 Hg; y por lo tanto,

en las diez toneladas de mineral por beneficiar, se encontrarán al hacer el incorporo los siguientes compuestos:

Agentes químicos
$$\begin{cases} 362.1 \text{ kilos de sal marina} = 619.0 \text{ Na Cl.} \\ 16.7 \text{ íd. de bicloruro de cobre} = 110 \text{ Cu Cl}_2 \text{ H}_2\text{O} \\ 35.4 \text{ íd. de sulfato de sosa} = 110 \text{ Na}_2\text{SO}_4 10 \text{ H}_2\text{O} \\ 34 \text{ íd. de mercurio} = 170 \text{ Hg.} \end{cases}$$
disueltos en 3288.3 íd. de agua = Aq.

Mineral de plata: 12.4 kilos de argentita $= 50$ Ag$_2$S

Estudiaré ahora la acción química de los anteriores agentes entre sí; y después, su acción sobre el mineral argentifero.

Reacciones entre los agentes químicos que se encuentran en el Beneficio de Patio después del incorporo.

El cloruro de sodio y el sulfato de sosa lo mismo que el sulfato de cobre no ejercen ninguna acción química sobre el mercurio, según lo he comprobado por varios experimentos. A esta misma conclusión llegó Sonneschmidt [1] experi-

[1] Sonneschmidt. L. c. pag. 167.

mentando la acción del magistral sobre el mercurio. En vista de lo anterior solo tendré que estudiar la acción del bicloruro de cobre sobre el mercurio, en presencia del cloruro de sodio y del sulfato de sosa.

El bicloruro de cobre al obrar sobre el mercurio produce protocloruro de mercurio y protocloruro de cobre, [1] como lo indica la siguiente reacción.

$$(2)\ 110\,Cu\,Cl_2\,H_2O + 170\,Hg + Aq = 55\,Hg_2\,Cl_2 + 55\,Cu_2\,Cl_2 + $$
$$+ 110\,H_2O + 60\,Hg + Aq$$

reacción exotérmica que desarrolla $+ 1529$ calorias, como se ve por el siguiente cálculo:

ESTADO INICIAL.

110 $(Cu + 2\,Cl) = 110\,Cu\,Cl_2$ disuelto, desarrolla: $110 \times 62.6 = 6886$ c.
110 $(2\,H + O) = 110\,H_2O$ líquida   íd.   : $110 \times 69.0 = 7590$

$$Suma = 14476$$

ESTADO FINAL.

55 $(2\,Hg + 2\,Cl) = 55\,Hg_2\,Cl_2$ sólido, desarrolla: $55 \times 81.8 = 4499$ c.
55 $(2\,Cu + 2\,Cl) = 55\,Cu_2\,Cl_2$ íd.   íd.   : $55 \times 71.2 = 3916$
110 $(2\,H + O) = 110\,H_2O$ líquida,   íd.   : $110 \times 69.0 = 7590$

$$Suma = 16005$$

DIFERENCIA.

Estado final — Estado inicial $= 16005 - 14476 = + 1529$ calorias.

Esta reacción exotérmica y no invertible se produce al poner en contacto el mercurio con una solución de bicloruro de cobre, á la temperatura ordinaria, y sin la intervención de ninguna energía extraña ó trabajo preliminar que la provoque; por cuyos motivos es una reacción necesaria.

[1] Véase Boussingault Ann. de Chim et de Phys. LI p. 347.

No obstante ser esta reacción exotérmica, no invertible y necesaria puede no ser completa, pues para que llegue á su final es indispensable la intervención de un trabajo de orden puramente físico. En efecto, al formarse los protocloruros de mercurio y cobre, por la reacción que estoy estudiando, el mercurio se colora de aplomado y aun negro al cubrirse con una película adherente formada por los protocloruros mencionados, y con especialidad por el de mercurio, película que impide el contacto entre el bicloruro de cobre y el mercurio; y por lo tanto, la reacción se suspende mientras no interviene un trabajo físico (agitación ó frotamiento) que restablezca el contacto y reproduzca las condiciones de la acción primitiva. El sistema químico formado por los cuerpos que intervienen en esta reacción no es homogeneo, según la definición de Walter Nernst, [1] sino heterogéneo, puesto que se encuentran en él: dos líquidos insolubles entre sí, y dos cuerpos sólidos; siendo los dos primeros, el mercurio y la solución de bicloruro de cobre; y los dos segundos, los protocloruros de mercurio y de cobre; y por lo tanto, la acción química en este sistema obedece, según Berthelot, [2] á leyes muy distintas de las que rigen en los sistemas homogéneos, pues las proporciones relativas no ejercen su influencia de la misma manera, sino que interviene el "principio de las superficies de separación." [3]

Muchos autores se han ocupado de determinar la velocidad de las reacciones en los sistemas químicos heterogéneos, y entre otros James Bottomley, al estudiar la ecuación de la superficie instantánea engendrada por la disolución de un sólido, llega á las siguientes conclusiones considerando este asunto químicamente. La velocidad de disolución de un sólido es proporcional á la extensión de la superficie expuesta al di-

[1] Walter Nernst. Theoretical Chemistry.
[2] L. c. Tomo II, p. 97.
[3] Annales de Chimie et de Physique [1872] 4ª Serie. t. XXVI, pag. 408.

solvente, y es también una función del ácido no saturado; [1] pero para que esta conclusión sea verdadera es preciso suponer como dice el mismo autor: que el líquido esté en agitación, para que en todo tiempo pueda considerarse homogéneo; que las superficies sucesivamente expuestas á la acción del disolvente sean homogéneas, para que en todas las normales á esa superficie la acción sea igual; y por último, que la temperatura sea constante. Por lo tanto, la disolución requiere no solo la presencia de un agente capaz de formar un compuesto soluble con el sólido, sino la presencia también de algún medio que remueva continuamente el producto formado; y en caso que se forme un compuesto insoluble que cubra al sólido disminuye notablemente, dice Bottomley, [2] la velocidad de la disolución.

Los Sres. Spring y Van–Aubel expresan la velocidad de la disolución de una esfera, por la siguiente ecuación: [3]

$$V = K \, So \, (A - C)^{2/3} \, A^{1/3}$$

en la cual: V, es la velocidad de la solución; So, la superficie inicial de la esfera; A, la concentración inicial del ácido empleado; C, la cantidad de ácido consumido en la operación, y K, es una constante para una temperatura determinada, constante que Walter Nerust [4] llama coeficiente de la velocidad.

La fórmula anterior no puede aplicarse al ataque del glóbulo de mercurio por la disolución del bicloruro de cobre en las condiciones del Beneficio de Patio por varios motivos, siendo el principal que: los subcloruros que resultan de este ataque al adherirse á la superficie del glóbulo de mercurio lo cubren, é impiden su contacto con la solución de bicloruro de

[1] Memoirs and Proceedings of the Manchesser Literary & Philosopical Society [1889] 4ª Serie. Tomo II, pag. 170. James Bottomley.

[2] L. c. pag. 170.

[3] Spring y Van–Aubel, Memoirs and Proceedings of the Manchester Literary & Philosophical Society [1889] 4ª Serie. Tomo II, pag. 181.

[4] L. c. pag. 359.

cobre; y por esto, la acción química se interrumpe ó se retarda, pues la agitación y frotamiento producidos por el *"repaso"* ni son continuos ni son perfectos.

En vista de lo anterior puedo decir que: la acción química que ejerce el bicloruro de cobre sobre el mercurio en el *"incorporo"* de una torta en beneficio, y que está representada por la reacción (2), es exotérmica, no invertible y necesaria, pero intermitente; y que la velocidad de esta reacción se acelera: al aumentar la superficie de los glóbulos de mercurio, por el repaso fuerte y activo; al aumentar la concentración de la solución, ó sea el número de moléculas–gramo de bicloruro de cobre contenido en un litro de solución; y al elevarse la temperatura, pues esta elevación acelera las reaciones tanto en los sistemas químicos homogéneos como en los heterogéneos. [1]

La reacción química anterior se verifica en las condiciones del Beneficio de Patio en presencia de dos compuestos en disolución: el cloruro de sodio y el sulfato de sosa; y es preciso estudiar ahora la influencia de estas dos substancias. El sulfato de sosa en las condiciones del Beneficio de Patio, y según varios experimentos que he hecho, no tienen acción sensible ni sobre el protocloruro de mercurio ni sobre el protocloruro de cobre; y por lo tanto, estudiaré solamente la acción del cloruro de sodio sobre los dos protocloruros mencionados.

Según los químicos Miahle y Selmi [2] los cloruros alcalinos pueden transformar al protocloruro de mercurio en mercurio y bicloruro de mercurio. Wurtz [3] explica la descomposición anterior por la tendencia que tiene el bicloruro de mercurio á formar cloruros dobles, entre los cuales se encuentra

[1] Walter Nernst. L. c. p. 486.
[2] Journal Pharm. 26. 108 – Ann. Chym. et Phys [3] 5.177 [1842]
[3] Wurtz. Dictionnaire de Chimie.

el $HgCl_2 2NaCl$, compuesto que se descompone fácilmente al disolverse en el cloruro de sodio, y da $HgCl_2 NaCl$. [1] Por último, dice Bonsdorff [2] que evaporando una solución de $NaCl$ agitada con un exceso de $Hg_2 Cl_2$ se forma un polvo inalterable al aire, y soluble en $0.^{33}$ partes de agua á 15°C, formado por $(HgCl_2 NaCl) + 3H_2O$.

La descomposición anterior se produce también por la acción de la luz sobre el protocloruro de mercurio, el cual se vuelve amarillo y después gris, coloración debida á la descomposición parcial en bicloruro de mercurio y mercurio metálico. [3]

Esta descomposición es limitada por la acción inversa: la formación del protocloruro de mercurio por la acción del bicloruro de este metal sobre el mercurio metálico. La reacción es invertible por lo tanto, y de acuerdo con el uso introducido por van't Hoff puede representarse así:

$$(3)\ Hg_2 Cl_2 + NaCl \underset{\longleftarrow}{\overset{\longrightarrow}{}} Hg + HgCl_2 + NaCl$$

La descomposición del protocloruro de mercurio por el cloruro de sodio progresará hasta llegar después de cierto tiempo á un estado de equilibrio químico en el cual, la cantidad de protocloruro descompuesto sea igual á la cantidad regenerada por la reacción inversa en el mismo intervalo de tiempo; y por lo tanto, el equilibrio químico establecido en este sistema heterogéneo no es estático sino dinámico. [4]

La velocidad total de la reacción (3) será igual á la velocidad parcial de la reacción verificada de izquierda á derecha en la expresión (3), menos la velocidad parcial de la reacción inversa, ó sea la verificada de derecha á izquierda; y cuando

[1] Ann. der Chem. u Pharm. t. CIV p. 341.
[2] Wurtz. Dictionnaire de Chimie.
(3) Wurtz. Dictionnaire de Chimie.
[4] Walter Nernst. L. c. p. 487.

esta diferencia de velocidades sea igual á cero, la velocidad total será nula, y el sistema se encontrará entonces en equilibrío químico.

La elevación de la temperatura acelera notablemente las reacciones [1] y aumenta la velocidad con la cual los sistemas químicos tienden á su estado de equilibrio, [2] avanzando más la reacción en muchos casos, como en el presente, en el sentido en el cual hay absorción de calor, [3] es decir en la dirección de izquierda á derecha de la expresión (3).

La acción química de la cual me estoy ocupando, y que es conocida con el nombre de reacción Miahle, fué estudiada detalladamente por los Sres. W. Richards y H. Archibald [4] quienes dicen: que esta acción disminuye mucho con la dilución; que ni la luz ni el oxígeno son causas importantes para determinarla; que el aumento de temperatura ayuda mucho á esta descomposición; y que es una sal de mercurio al máximum la que se encuentra disuelta en la solución de cloruro de sodio, pues ni el bicromato ni el permanganato de potasa son decolorados por la referida solución, la cual precipita en blanco al tratarla por el protocloruro de estaño.

Dos interpretaciones distintas se han dado para explicar la reacción de que me ocupo. Según la opinión de algunos autores es debida á que el bicloruro de mercurio no disociable se combina con la parte no disociada del electrólito, cloruro de sodio, formando una sal doble indisociable, reacción que representa Berthelot de la siguiente manera, cuando se verifica por el ácido clorhídrico: $Hg_2 Cl_2 + n\, H\, Cl = Hg\, Cl_2\, n\, H\, Cl + Hg$
Es evidente dice este autor que $Hg_2 Cl_2 = Hg\, Cl$ (sólido) $+ Ag$ (líquido) absorve 19 calorias, y supone que la reacción se ve-

[1] Spring. Zeitsch. phys. Chem. 1888. 2. p. 13.
[2] Walter Nernst L. c. p. 568.
[3] Walter Nernst. L, c. p. 566.
[4] W. Richards y H. Archibald. Proceedings of the American Academy of Arts and Sciences. 37, p. 345 [1902].

rifica por la formación del clorhidrato de cloruro de mercurio, que desprenderá más de 19 calorias. [1] Según otros autores la reacción se verifica porque el bicloruro de mercurio se combina con el "ion" cloro, y forma un "ion" complexo.

Para resolver cual de las dos interpretaciones anteriores es la más aceptable, los Sres. Richards y Archibald [2] hicieron las medidas de conductibilidad electrolítica; pues si se acepta la primera explicación, ó sea la formación de una sal doble indisociable, la conductibilidad de la solución de cloruro de sodio debe disminuir considerablemente con la adición del bicloruro de mercurio. Estas medidas de conductibilidad ejecutadas por los referidos autores indicaron que no hay esa diminución notable con la adición del bicloruro de mercurio, sino que es insignificante. Este mismo resultado obtuvieron los Sres. Le Blanc y Noyes [3] operando con el ácido clorhídrico en vez del cloruro de sodio, y dicen que: la concentración del "ion" hidrógeno no disminuye con la adición del bicloruro de mercurio. Los experimentos anteriores indican que no es una sal doble la formada por la descomposición del protocloruro de mercurio por el cloruro de sodio, no es un cloromercurato como lo llama Wurtz, [4] sino que el bicloruro de mercurio se une al "ion" cloro y forma un compuesto altamente ionizado. Los Sres. Le Blanc y Noyes creen que en una solución diluída conteniendo un exceso de electrólito soluble el nuevo "ion" es bivalente, formado por la reacción $2\,Cl' + Hg\,Cl_2 = Hg\,Cl''_4$

La descomposición del protocloruro de mercurio por el ácido clorhídrico la representan los Sres. Richard y Archibald [5] de la siguiente manera:

[1] Berthelot. Bull. Soc. Ch [2] XXXV, p. 291 [1881].
[2] L. c. p. 355.
[3] Le Blanc y Noyes. Zeitschr. phys. Chem. 6. 389 [1890].
[4] Wurtz. Dictionnaire de Chimie.
[5] Richard y Archibald. L. c. pag. 356.

Amalgamación Mexicana.

$$x\,H\,Cl \rightleftharpoons x\,H + x\,Cl$$

$$+$$

(B)
$$Hg_2Cl_2 \rightleftharpoons HgCl_2 + Hg$$

$$HgCl \quad \text{mercurio líquido}$$
$$(2 + x)$$

y dicen los mismos autores: que la acción de los cloruros disueltos sobre el calomel no es catalítica sino que resulta del establecimiento de un equilibrio definido; y que la extensión de la reacción en soluciones no muy concentradas es aproximadamente una simple función del cuadrado de la concentración del "ion" cloro. [1]

Las medidas directas de la extensión de esta reacción las hicieron los Sres. Richard y Archibald [2] colocando un exceso de calomel químicamente puro en varios tubos de vidrio perfectamente limpios, y vertiendo en cada uno de estos sobre 50 c. c. de solución de cloruro de sodio puro. Después de 5 ó 6 horas de agitación á la temperatura de $25°C \pm 0.05°$, abrían uno de los tubos, filtraban la solución mercurial, precipitaban el mercurio con hidrógeno sulfurado, lavaban el precipitado con alcohol y sulfuro de carbono, repetían el lavado con alcohol, secaban el sulfuro de mercurio á $100°C$ y lo pesaban. Después de transcurrida otra hora destapaban otro tubo, y procedían como dije antes, encontrando que á las 7 ú 8 horas de agitación no se observaba ya ningún cambio, no aumentaba la cantidad de mercurio en la disolución; y por lo mismo, es evidente que: después de transcurrido este tiempo se establece un equilibrio químico, y la reacción no puede llamarse catalítica.

Los resultados obtenidos por los experimentos anteriores son los que constan en el cuadro adjunto:

[1] Richard y Archibald L. c. p. 361.
[2] Richard y Archibald. L. c. pags. 349-350.

Cloruro de mercurio encontrado en la solución de cloruro de sodio á la temperatura de 25°C.

Peso de la solución — Gramos	Volumen de la solución — c. c.	Peso del sulfuro de mercurio encontrado — Miligramos	Peso del bicloruro de mercurio en un litro de solución — Gramos	$c=$ Peso medio del bicloruro de mercurio en un litro de solución — Gramos	$C=$ Concentración de la solución de cloruro de sodio en Equivalentes-gramos	$1000\frac{c}{C}=$ Bicloruro de mercurio por cada molécula de cloruro de sodio en Miligramos
64.5 66.1	62.0 63.5	2.2 2.3	0.041 0.042	0.041	1.0	41.5
65.9 80.3	61.1 74.5	6.8 8.2	0.130 0.128	0.129	2.0	64.5
75.4 83.0	68.8 75.7	11.4 12.6	0.194 0.194	0.194	2.5	77.6
73.8 80.3	64.6 70.3	21.1 22.8	0.382 0.379	0.380	3.8	100.0
58.7 69.7	49.4 8. 8	27.2 32.5	0.642 0.644	0.643	5.0	128.0

En el Beneficio de Patio la concentración de la solución de cloruro de sodio expresada en equivalentes–gramos es aproximadamente igual á 2, pues en el caso de beneficio que estoy estudiando, para cuyo ejemplo he aceptado un promedio de las cantidades de sal y sulfato de cobre que se emplean en este beneficio, al incorporar hay en la torta: 362.1 kilos de cloruro de sodio disueltos en 3288.3 litros de agua; por lo mismo el número de equivalentes–gramos de cloruro de sodio en un litro de agua será:

$$\frac{362100^{\text{gr}}}{58.5} : 3288.3 : : x : 1 \quad x = 1.88$$

equivalente $NaCl =$

Para esta concentración, é interpolando en la tabla anterior, puede decirse que: en el Beneficio de Patio por cada litro de solución de cloruro de sodio habrá cuando más 118 milígramos de bicloruro de mercurio disuelto; y por lo tanto, en los 3288.3 litros del caso que estudio habrá aproximadamente: 388 gramos de bicloruro de mercurio ($1.4\ HgCl^2$), cantidad que para formarse según la reacción (3), requiere 674 gramos de protocloruro de mercurio ($1.4\ Hg^2Cl^2$).

La cantidad de bicloruro de mercurio disuelto no puede pasar en el Beneficio de Patio de 118 miligramos por litro, porque esta cantidad indica el límite de la extensión de la reacción (3) de izquierda á derecha á la temperatura y concentración ya indicados, y al llegar á este límite se establecerá el equilibrio químico ya estudiado. En cambio, si la temperatura se eleva aumentará la cantidad de bicloruro de mercurio en la solución, como se ve por los siguientes datos: calentando á 40 ó 50°C por varias horas 25 partes de protocloruro de mercurio con una solución de 100 partes de cloruro de sodio en 833 de agua, concentración que en equivalentes–gramos es igual á 2, se forman 0.33 partes de bicloruro de mercurio, es decir, 330 miligramos por cada litro de solución; pero si se hace hervir una parte de protocloruro de mercurio con una solución

de una parte de cloruro de sodio, y después de algún tiempo
se quita esta solución reemplazándola por una de cloruro de
sodio igual á la primera, se hace hervir de nuevo y se repiten
estas operaciones diez veces, todo el protocloruro de mercurio será descompuesto. [1]

Por los datos anteriores se comprende: que la descomposición del protocloruro de mercurio por el cloruro de sodio
progresa al aumentar la temperatura; y que eliminando de la
solución el bicloruro de mercurio á medida que se forme la descomposición avanza hasta llegar á ser completa, pues el equilibrio químico ya estudiado se transtorna al eliminarse por
cualquier motivo el bicloruro de mercurio, y una nueva can
tidad de protocloruro se descompondrá para restablecer el
equilibrio; y al eliminarse el nuevo bicloruro formado se repetirá la operación anterior, y seguirá hasta la descomposición
total del protocloruro de mercurio. En el Beneficio de Patio,
y por las razones que indicaré más adelante, la descomposición anterior, indicada por la reacción (3), tiende á ser completa.

Conocida ya la acción del cloruro de sodio sobre el protocloruro de mercurio, paso á estudiar la acción del mismo cloruro de sodio sobre el protocloruro de cobre.

El protocloruro de cobre se disuelve en la solución de cloruro de sodio como lo indican los siguientes datos: [2] La solución saturada de cloruro de sodio disuelve: 16.9 % á 90°C,
11.9 % á 40°, y 8.9 % de protocloruro de cobre á 11°C. Una
solución de 15 partes de cloruro de sodio en 100 de agua disuelve: 10.3 % á 90°, 6 % á 40° y 3.6 % á 14°C. Una solución
de 5 partes de cloruro de sodio en 100 de agua disuelve 2.6 %

[1] Arthur M. Comey, Dictionary of Chemical Solubilities inorganic. Londres [1896]
pag. 226.

[2] Arthur M. Comey. L. c. pag. 135.

á 90° y 1.1 % de protocloruro de cobre á 40°C. [1] En las condiciones del Beneficio de Patio puede aceptarse de los datos anteriores el relativo á la solución de cloruro de sodio al 15 %, y aceptando la temperatura de 14°C, se disolverá aproximadamente el 3.6 % de protocloruro de cobre; y por lo tanto, en el caso de beneficio que estoy estudiando se podrán disolver 86.9 kilos de protocloruro de cobre como lo indica el siguiente cálculo. Si 15 kilos de cloruro de sodio disueltos en 100 kilos de agua disuelven 3.6 kilos de protocloruro de cobre, los 362.1 kilos de sal contenidos en la torta en el incorporo y disueltos en 3288.3 kilos de agua disolverán aproximadamente: $15 : 3.6 : : 362.1 : x = 86.9$ kilos. Dividiendo estos 86900 gramos entre 197.56, peso molecular del protocloruro de cobre, se obtiene el número 440; y por lo tanto, la fórmula del protocloruro de cobre que puede disolverse en la solución de cloruro de sodio contenida en las 10 toneladas de mineral cuyo beneficio estudio será 440 Cu_2Cl_2; y como según la reaccción (2) solo se forman 55 Cu_2Cl_2, puede decirse que: todo el protocloruro de cobre que se forma en el Beneficio de Patio se disuelve en la solución de cloruro de sodio empleada en este sistema metalúrgico.

El bicloruro de cobre formado según la reacción (1) es descompuesto en parte, como dije antes, por la calcita, cuando este mineral se encuentra como matriz, y también es descompuesto por otros minerales, como la galena, con formación de sulfuro de cobre, [2] razón por la cual es preciso emplear mayor cantidad de sulfato de cobre cuando se benefician minerales argentíferos que contienen otros varios sulfuros metálicos. Por otra parte, el desgaste de los aparatos de molienda,

[1] Véase también Dr. Sterry Hunt. "A new Process for the Extraction of Copper from its Ores." Folleto.
[2] Malaguti y Durocher. L. c. p. 570 [nota] y 571. 627. 628.

$$6190\,NaCl + (110-a)\,CuCl_2\,H_2O + 170\,Hg = \left(\tfrac{110-a}{2}\right)Hg_2Cl_2 + \left(\tfrac{110-a}{2}\right)Cu_2Cl_2 + (110-a)\,H_2O + (60+a)\,Hg \longrightarrow$$

disuelto en NaCl

$$+$$

$$6190\,NaCl + \left(\tfrac{109-a}{2}\right)Hg_2Cl_2 + Hg \longrightarrow 6190\,NaCl + HgCl_2 + Hg$$

(disuelto)

cuando son estos de acero, introduce en las lamas cierta cantidad de fierro, metal que precipita al cobre del bicloruro de cobre: $Cu\,Cl_2 + Fe = Fe\,Cl_2 + Cu$.[1] La cantidad de bicloruro de cobre descompuesta por las reacciones anteriores varía mucho como se comprende con facilidad; y solamente una análisis cuantitativa, ó experimentos en cada caso, podrán indicar cual sea esa cantidad, que yo designaré por la letra x, y $\dfrac{x}{134.23} = a$ será el número de moléculas de bicloruro de cobre descompuesto por las reacciones referidas.

En vista de lo anterior, las reacciones químicas entre los agentes que se encuentran en el Beneficio de Patio después del incorporo, pueden representarse aproximadamente de la manera que se ve al margen:

⁎

En resumen: por la acción química del bicloruro de cobre sobre el mercurio se forman protocloruro de mercurio y protocloruro de cobre; el primero, en presencia de un exceso de sal marina, y por una reacción invertible en equilibrio químico, se descompone en mercurio metálico y bicloruro de mercurio que queda disuelto, sin exceder la cantidad de este último en las condiciones normales del Beneficio

[1] Véanse reacciones [24] y [R].

de Patio de 118 milígramos por cada litro de solución de cloruro de sodio; y el protocloruro de cobre se disuelve en la solución de cloruro de sodio sin atacar al bicloruro de mercurio. Por último, el sulfato de sosa no interviene en ninguna reacción química de este sistema metalúrgico.

Reacciones entre el sulfuro de plata y los agentes químicos que se encuentran en el Beneficio de Patio después del incorporo.

Después del *"incorporo"* son tres los agentes químicos que pueden obrar sobre el mineral argentífero: el protocloruro de mercurio, el protocloruro de cobre y el mercurio, agentes químicos que se encuentran en presencia de un exceso de cloruro de sodio. Me ocuparé por separado de la acción de cada uno de estos protocloruros sobre el sulfuro de plata, en presencia del cloruro de sodio y del mercurio.

El protocloruro de mercurio, como dije ya, se descompone por la acción del cloruro de sodio disuelto, en bicloruro de mercurio y mercurio metálico.

(Reacción (3)): $Hg_2Cl_2 + NaCl \rightleftharpoons HgCl_2 + Hg + NaCl$

Ahora bien, el bicloruro de mercurio ataca fácilmente al sulfuro de plata, y forma: cloruro de plata y sulfuro de mercurio.

(4) $HgCl_2 + Ag_2S = 2\,AgCl + HgS$

Esta reacción es exotérmica y desarrolla + **15.6** calorias, como se ve por el siguiente cálculo:

ESTADO INICIAL:

$(Hg + 2Cl) = HgCl_2$ disuelto, desprende: 59.6

$(2Ag + S) = Ag_2S$ sólido,   íd.   3.0

Suma $= +$ 62.6

ESTADO FINAL:

$2 (Ag + Cl) = 2 Ag Cl$ sólido, desprende: $2 \times 29.2 =$ 58.4

$(Hg + S) = Hg S$ íd.   íd.   19.8

Suma $= +$ 78.2

DIFERENCIA:

Estado final — Estado inicial $= 78.2 - 62.6 = +15.6$ calorias.

Esta reacción se verifica á la temperatura ordinaria, á la cual operé en muchos experimentos que he ejecutado de la siguiente manera. Coloqué en un vaso sulfuro de plata natural ó artificial y una solución de bicloruro de mercurio químicamente puro; después de algunas horas de contacto filtré el contenido del vaso; lavé con agua el residuo que quedó en el filtro, y lo traté después por amoníaco. En esta solución amoniacal encontré el cloruro de plata, el cual se precipitó al tratar la solución por el ácido azótico, después de haber expulsado por ebullición la mayor parte del amoníaco. El residuo que quedó en el filtro después del lavado con amoníaco lo analicé, siguiendo el método indicado por los Sres. Malaguti y Durocher, [1] con objeto de ver si existía en este residuo alguna cantidad de plata metálica. Con este objeto, traté el residuo por ácido azótico, diluido en ocho partes de agua, y calenté suavemente durante quince minutos sin observar ningún desprendimiento gaseoso; dejé enfriar, filtré, y evaporé la solución para que se desprendiera la mayor parte del ácido azótico; traté luego el líquido por unas gotas de clorhídrico, y no se formó ningún precipitado ni después de transcurrido mucho tiempo. En el residuo del tratamiento por el ácido azótico diluído encontré: sulfuro de plata, que aun no había sido atacado por el bicloruro de mercurio, y que se disolvió con sepa-

[1] L. c. pag. 545 [nota].

ración de azufre en el ácido azótico concentrado; y sulfuro de mercurio negro que quedó insoluble en el ácido anterior, pero que se disolvió en ácido clorhídrico agregando algunos crista·les de clorato de potasa, solución ésta en la cual comprobé la presencia del mercurio tratándola por el protocloruro de es·taño.

Resultados iguales á los anteriores he obtenido varias ve·ces al tratar el sulfuro de plata natural ó artificial por el pro·tocloruro de mercurio puro, en presencia del cloruro de sodio en solución; y lo cual se explica fácilmente, puesto que este cloruro descompone al protocloruro de mercurio con forma·ción de bicloruro del mismo metal (reacción (3)).

La reacción (4) no es invertible, al menos en las condicio·nes del Beneficio de Patio, pues los experimentos de los Sres. Maluguti y Durocher [1] indican que no se descompone el clo·ruro de plata disuelto en amoníaco ó thiosulfato de sosa ni por el sulfuro de mercurio natural, ni por el vermellón subli·mado, ni por el cinabrio artificial sublimado, resultados que he podido comprobar por varios experimentos, y empleando también la disolución de cloruro de plata en el cloruro de so·dio. Por lo tanto, siendo la reacción (4) exotérmica, no inver·tible, y verificándose á la temperatura ordinaria, sin la inter·vención de ninguna energía extraña que la provoque, puede decirse que: es una reacción necesaria.

No obstante ser la reacción (4) exotérmica, no invertible y necesaria, es intermitente, pues el cloruro de plata al for·marse impide el contacto perfecto entre el bicloruro de mer·curio y el sulfuro de plata; y para que la reacción continue es necesaria la intervención de un trabajo físico que restablezca este contacto. y con él las condiciones de la acción primitiva. Según esto. y por las mismas razones que indiqué al estudiar la reacción (2), solo puedo decir que la velocidad de la acción

[1] L. c. pag. 278.

química que estoy estudiando aumentará: con la frecuencia y perfección del "*repaso*," con la finura de la molienda, pues con esta mayor subdivisión del sulfuro de plata aumentará la superficie de contacto; y por último, con la elevación de la temperatura y con la concentración del bicloruro de mercurio, aunque ésta solo puede llegar á ser en el Beneficio de Patio de 118 miligramos por litro, ó sea, cuatro diezmilésimos de la solución normal, molécula–gramo, de bicloruro de mercurio.

La reacción (4) se verifica en el Beneficio de Patio en presencia de un exceso de cloruro de sodio y de mercurio, y en presencia también del protocloruro de cobre disuelto en el cloruro de sodio; y hay necesidad de estudiar la acción química de estas substancias sobre el cloruro de plata y el sulfuro de mercurio producidos por la reacción (4).

* * *

La solución de cloruro de sodio disuelve al cloruro de plata como lo indican los siguientes datos. [1]

Cloruro de sodio Gramos	Disuelto en agua C. C.	A la temperatura de °C	Disuelve cloruro de plata Miligramos
100	280	15	485
100	620	15	15
100	280	109	2170
100	620	104	774

La solubilidad del cloruro de plata en la solución del cloruro de sodio aumenta notablemente con la elevación de temperatura, y disminuye con rapidez al diluirse la solución del cloruro de sodio.

(1) Arthur M. Comey. L. c. pag. 371-373,

En las condiciones del Beneficio de Patio, tanto por la concentración de la solución del cloruro de sodio, como por la temperatura, puede aceptarse el primer dato del cuadro anterior como aproximado, y por lo tanto, si 100 gramos de cloruro de sodio en esas condiciones, pueden disolver 485 miligramos de cloruro de plata, 362100 gramos de cloruro de sodio contenidos después del incorporo en las diez toneladas de mineral, cuyo beneficio estudio, disolverán:....
100 : 0.^{gs}485 : : 362100 : x = 1756 gramos de cloruro de plata, cuya fórmula será $\dfrac{1756}{143.38}$ Ag Cl = 12 Ag Cl.

El cloruro de sodio no ejerce ninguna acción química sobre el sulfuro de mercurio en las condiciones del Beneficio de Patio.

⁎

El mercurio descompone al cloruro de plata disuelto en la solución de cloruro de sodio formándose protocloruro de mercurio; y la plata que queda libre, se amalgama con el exceso de mercurio.

(5) $2\,Ag\,Cl + 2\,Hg = Hg_2Cl_2 + 2\,Ag$

Esta reacción es exotérmica y desprende + 23.4 calorias como lo indica el siguiente cálculo.

ESTADO INICIAL.

$2\,(Ag + Cl)$ = 2 Ag Cl sólido, desarrolla: $2 \times 29.2 = 58.4$

ESTADO FINAL.

$(2\,Hg + 2\,Cl)$ = Hg$_2$Cl$_2$ sólido, desarrolla: 81.8

DIFERENCIA.

Estado final — Estado inicial = 81.8 − 58.4 = 23.4 calorias.

Esta reacción química exotérmica y que se verifica á la

temperatura ordinaria es muy lenta, como se comprende por
los siguientes datos. [1] Manteniendo en agitación durante 50
horas mezclas formadas por: $0.^{gs}130$ de cloruro de plata ($=$
$=0.^{gs}100$ de plata metálica) disuelto en 150 c. c. de agua salada y 20^{gs} de mercurio, se amalgama el 46.1 % de la plata contenida en el cloruro de este metal. Empleando la mitad de la
cantidad de cloruro de plata antes indicada se amalgama solo
el 7.5 % de la plata contenida; y reduciendo el cloruro de plata
por el mercurio sin la intervención del cloruro de sodio, sino
variando la cantidad de mercurio, solo se amalgama del 1.4
al 21.8 % de la plata contenida, después de 3) horas de rotación á 25 vueltas por minuto. Según Fischer, [2] el cloruro de
plata en presencia del agua se reduce por el mercurio, pero
espacio y de una manera imperfecta.

Conocida ya la acción muy lenta que ejerce el mercurio
sobre el cloruro de plata estudiaré ahora la acción del protocloruro de cobre sobre el cloruro de plata, en presencia del
cloruro de sodio y del mercurio.

Los Sres. Malaguti y Durocher [3] dicen que: el protocloruro de cobre reduce facilmente y á la temperatura ordinaria
al cloruro de plata, con formación de subcloruro de plata y
bicloruro de cobre. Los mismos señores dicen que: haciendo
obrar dos soluciones hechas por separado de cloruro de plata
y de protocloruro de cobre no se ha encontrado el subcloruro
de plata; pero poniendo en contacto con cloruro de plata en
polvo una disolución de protocloruro de cobre en sal marina,
cualquiera que sea el grado de su concentración, se encuentra al cabo de varios días la prueba de la formación del sub-

(1) Malaguti y Durocher. L. c. pag. 510 y 497.

(2) Fischer Das Verhältniss der Chemiseh. Verwandtschaft zur galvanisch Elek-
tricität p. 116 y 119 (1830).

(3) L. c. p. 513.

cloruro de plata. [1] Por otra parte, dice el Sr. Percy[2] que: cuando se mezclan en proporciones convenientes las soluciones amoniacales de protocloruro de cobre y de cloruro de plata se precipita inmediatamente toda la plata al estado metálico, con formación de bicloruro de cobre. El resultado es el mismo continúa diciendo el Sr. Percy cuando solo uno de los cloruros está disuelto en amoníaco, ó cuando se mezcla la solución amoniacal de uno de los cloruros con el otro cloruro disuelto en cloruro de sodio; pero si los dos cloruros están disueltos en soluciones de cloruro de sodio y se mezclan las soluciones, la acción es tan pequeña, dice Karsten, [3] como si tuviera lugar en presencia del agua solamente.

Para poder concluir cual es la acción que ejerce el protocloruro de cobre sobre el cloruro de plata en las condiciones del Beneficio de Patio, es decir, en presencia de un exceso de mercurio y de una solución de cloruro de sodio, doble de la normal, debo estudiar en detalle esta reacción y también las autorizadas opiniones que acabo de indicar.

El protocloruro de cobre, en determinadas condiciones, descompone al cloruro de plata formándose bicloruro de cobre y quedando la plata en libertad.

$$(6) \qquad Cu_2Cl_2 + 2\,AgCl \underset{\longrightarrow}{\overset{\longleftarrow}{\rule{0pt}{0pt}}} 2CuCl_2 + 2\,Ag$$

Esta reacción invertible y sujeta á las leyes del equilibrio químico es semejante á la precipitación del cobre metálico por la acción del protocloruro de fierro en solución acuosa sobre el bicloruro de cobre, reacción ésta invertible también, y perfectamente estudiada por H. C. Biddle.[4]

La reacción (6) al verificarse de izquierda á derecha es endotérmica y absorve 4.4 calorias, como se ve por el siguiente cálculo.

(1) Malaguti y Durocher. L. c. p. 515.
(2) L. c. pag. 90.
[3] Karsten. Archiv, 2 serie, 25, p. 183 y Percy L. c. pag. 91.
[4] H. C. Biddle. Amer. Chem. Jour. XXVI.p. 379 [1901].

ESTADO INICIAL.

$(2\,Cu + 2\,Cl) = Cu_2Cl_2$ sólido, desarrolla: 71 2

$2\,(Ag + Cl) = 2\,Ag\,Cl$ sólido, desarrolla: 2×29.2 58.4

Suma $=$ 129.6

ESTADO FINAL.

$2\,(Cu + 2\,Cl) = 2\,Cu\,Cl_2$ disuelto, desarrolla: 125.2

DIFERENCIA.

Estado final — Estado inicial $= 125.2 - 129.6 = -4.4$ calorias.

Al verificarse la reacción (6) de derecha á izquierda será exotérmica y desprenderá $+ 4.4$ calorías.

La velocidad de la reacción (6) al verificarse de izquierda á derecha será: $v = k.\,a.\,b.$ [1] en la cual a es la concentración del protocloruro de cobre disuelto, b es la concentración de la solución de cloruro de plata, y k es el coeficiente de la velocidad, ó sea una constante para la temperatura á la cual se verifica la descomposición. La velocidad de la reacción al verificarse de derecha á izquierda será: $v' = k.'\,c.\,d.$ en la cual, c es la concentración del bicloruro de cobre, y d la masa activa de la plata metálica. Al establecerse el equilibrio quimico, es decir, cuando el cambio de izquierda á derecha es compensado por el cambio de derecha á izquierda, las velocidades anteriores serán iguales y la velocidad total de la reacción será igual á cero, es decir: $V = v - v' = k.\,a.\,b. - k'\,c.\,d. = 0$; y la velocidad con la cual tenderá la descomposición del cloruro de plata para alcanzar este equilibrio puede representarse en cualquier momento por la ecuación: $\dot V = ka.\,b. - k'\,c.\,d.$

La ecuación de este equilibrio químico es la siguiente:

(7) $C = \dfrac{k}{k'} = \dfrac{c\,d}{a\,b}$, en la cual, C es el coeficiente de equi-

(I) Nernst. L. c. pag. 359.

librio según la designación de Nernst. [1] Según esta ecuación la precipitación de la plata será favorecida por el aumento de la concentración del protocloruro de cobre a y del cloruro de plata b, y por la diminución de la concentración del bicloruro de cobre c; por lo tanto, la dirección en la cual se verificará la reacción invertible (6) dependerá de las concentraciones relativas de los cloruros que en ella intervienen, conclusión ésta igual á la obtenida por Biddle, después de estudiar la reducción del bicloruro de cobre por el protocloruro de fierro, y que expresa en los siguientes términos: "The precipitation of metallic copper by solutions of ferrous salts is a reversible action, whose direction in any case is determined by the relative concentration of the ferrous, ferric and copper ions." [2]

En vista de lo anterior puedo decir que: si en la solución existe una cantidad apreciable de bicloruro de cobre, ó no se descompone inmediatamente el que se forma según la reacción (6), la plata no se precipitará, porque este metal es fácilmente clorurado por el bicloruro de cobre en solución; pero si en la solución existe poco bicloruro de cobre, es decir, que sea muy poco concentrada, y esta concentración no aumenta por la reacción (6), la plata se precipitará con una velocidad tanto mayor cuanto mayor sea la concentración del protocloruro de cobre.

Conocido lo anterior es ya muy fácil explicar los resultados obtenidos en los experimentos que mencioné antes. En efecto, si el protocloruro de cobre y el cloruro de plata se encuentran en contacto solamente y en presencia del agua, ó están disueltos en cloruro de sodio, la precipitación de la plata será nula ó insignificante como dice Karsten, porque en este caso la reacción (6) al verificarse de izquierda á derecha tiende á aumentar la concentración del bicloruro de cobre, el cual no se descompone ni por la acción del agua ni por la del clo-

(1) Nernst. L. c. pag. 365.
(2) Biddle. L. c. pag. 380.

ruro de sodio; y por lo tanto, según las conclusiones anterio-. res, la descomposición del cloruro de plata no se verificará aun cuando permanezca mezclado con el protocloruro de cobre por tiempo indefinido, ni aun elevando la temperatura. [1] Si el cloruro de plata y el protocloruro de cobre están disueltos en amoníaco y se mezclan las dos soluciones, ó si uno de estos cloruros está disuelto en amoníaco y el otro en cloruro de sodio y se mezclan estas soluciones; ó por último, si uno está solido y el otro cloruro disuelto en amoníaco, la precipitación de la plata será inmediata y completa, como dice Percy; y esto se explica fácilmente porque en todos estos casos se encuentra el amoníaco en la solución, y al producirse el bicloruro de cobre conforme á la reacción (6) verificada de izquierda á derecha será descompuesto este bicloruro por el amoníaco con formación de una sal básica de cobre, [2] que no ataca á la plata metálica; y por lo mismo, no aumentará la concentración del bicloruro de cobre, y la reacción (6) tenderá sin límite hacia la precipitación completa de la plata contenida en el cloruro de este metal si el amoníaco está en exceso.

Las observaciones de los Sres. Malaguti y Durocher relativas á la reacción (6) se explican fácilmente; y en cambio, las razones que indican estos señores para fundar la formación del subcloruro de plata están muy lejos de ser concluyentes, como dice Percy al referirse á ellas: "evidence which appears to me to be far from conclusive." [3] En efecto, dicen estos señores que el experimento se ejecuta así: se colocan en un frasco protocloruro de cobre, cloruro de plata y agua; después de algunos minutos se decanta el agua; se trata el residuo por amoníaco; se lava con solución amoniacal hasta que filtre ésta incolora; y finalmente se lava con agua pura. Por este tratamiento se obtiene un residuo de plata metálica

(1) Véase Percy. L. c. p. 91.
(2) Wurtz. Dictionnaire de chimie.
(3) Percy. L. c. pag. 91.

finamente dividida. Esta fina división de la plata obtenida es lo que hace creer á estos señores que el cloruro de plata se reduce á subcloruro, pues dicen que: no hay otro motivo para que la plata quede tan subdividida, y tal como resulta por la precipitación de una solución. Esta razón como se ve es muy deficiente para fundar la formación del subcloruro de plata; y más aún, cuando en realidad en el experimento así ejecutado la plata se precipita de una solución, En efecto, entre tanto se encontraron en contacto el cloruro de plata y el protocloruro de cobre en presencia solamente del agua ó de la solución de cloruro de sodio no hubo ninguna reducción, por los motivos ya indicados; pero al tratar el residuo por amoníaco, se disolvieron los dos cloruros, y de esta solución se precipitó inmediatamente la plata metálica por estar el amoníaco presente, descomponiendo al bicloruro de cobre. Se ve por esto que no es exacta la conclusión de los Sres. Malaguti y Durocher que expresan diciendo: si se pone cloruro de plata en polvo en una disolución de protocloruro de cobre en sal marina se encuentra al cabo de varios días la prueba de la formación del subcloruro de plata, pues no se verifica ninguna reacción sino hasta que se hace intervenir el amoniaco, lavando con éste el residuo formado por el cloruro de plata y el protocloruro de cobre que queda adherido.

Explicados ya satisfactoriamente, según creo, los diversos resultados de los experimentos hechos por los autores que mencioné antes debo estudiar ahora el asunto principal, cual es: si en las condiciones del Beneficio de Patio se verifica la reducción del cloruro de plata por el protocloruro de cobre.

En las condiciones normales del Beneficio de Patio el protocloruro de cobre reduce al cloruro de plata de la misma manera que se verifica esta reacción cuando los cloruros mencionados están disueltos en el amoniaco. En efecto, en el Beneficio de Patio los dos cloruros están disueltos en la solución de cloruro de sodio, y el mercurio que se encuentra en

exceso desempeña el mismo papel que el amoniaco; pues al
verificarse la reacción (6) de izquierda á derecha el bicloruro
de cobre que se forma en descompuesto inmediatamente por
el mercurio, y conforme á la reacción (2) se formará protocloruro de mercurio y protocloruro de cobre; por lo mismo, no
disminuirá la concentración del protocloruro de cobre, y no aumentará la concentración del bicloruro de este metal. El equilibrio indicado por la reacción (6) será transtornado al descomponerse el bicloruro de cobre y una nueva cantidad de
cloruro de plata será reducida, acciones que continuarán repitiéndose hasta la completa precipitación de la plata contenida en el cloruro de este metal.

La reacción (6), en presencia del mercurio en exceso, como
se verifica en el Beneficio de Patio, puede representarse por
la siguiente expresión:

$$(D) \quad \begin{array}{c} Cu_2Cl_2 + 2\,AgCl \underset{\longrightarrow}{\overset{\longleftarrow}{}} 2\,CuCl_2 + 2\,Ag \\ + \\ Cu_2Cl_2 + Hg_2Cl_2 = 2\,Hg \end{array}$$

Como se ve, el mercurio en exceso es el agente que permite la reducción anterior del cloruro de plata, y la plata precipitada se unirá al exceso de mercurio para formar una
amalgama. Esta conclusión ha sido comprobada entre otros
experimentos por los de Sonneschmidt, quien dice: no puede
reducir al cloruro de plata "el azogue por sí sólo, ni aun acompañado de magistral, ni aun la sal solo con el azogue; pero se
reduce con facilidad después de agregar sal y magistral," [1] es
decir, cuando se forma el protocloruro de cobre.

El protocloruro de mercurio formado por las reacciones
(D) será descompuesto por el cloruro de sodio, conforme á la
reacción (3), y se regenerará el bicloruro de mercurio, el
cual atacará á otra porción del sulfuro de plata según la reacción (4).

_____

(1) Sonneschmidt. L. c. pag. 204 y también pags. 197 y 198.

Las reacciones (D) serán intermitentes cuando el mercurio se cubra con una película de protocloruro de mercurio; pues no existiendo entonces contacto directo entre este metal y la solución, las reacciones referidas se interrumpieran mientras no intervenga un trabajo físico que al limpiar el mercurio restablesca las condiciones de la acción primitiva. En el Beneficio de Patio, cuando una torta se *"calienta,"* es decir, que la producción del protocloruro de mercurio es en exceso y no puede ser descompuesto desde luego este protocloruro por la acción del cloruro de sodio, el mercurio se cubre con una película gris; y por lo tanto, cuando la torta esté caliente se interrumpirán las reacciones (D), serán intermitentes, mientras no se corrija este accidente.

La plata precipitada según las reacciones (D) no impedirá la presencia del bicloruro de mercurio en el Beneficio de Patio, cuando la torta no esté caliente y exista en ella el protocloruro de cobre; es decir, cuando la torta esté en buen beneficio. En efecto, la plata metálica lo mismo que el cobre es atacada por la solución de bicloruro de mercurio con formación de protocloruro de mercurio y cloruro de plata; [1] pero si la solución contiene cloruro de sodio [2] ó ácido clorhídrico, el protocloruro de mercurio se descompone en bicloruro y mercurio metálico, reacciones que pueden representarse así:

$$(8) - 2\,HgCl_2 + 2\,Ag = Hg_2Cl_2 + 2\,AgCl$$
$$(E) \hspace{4cm} +$$
$$Hg + HgCl_2 \; \underset{\longrightarrow}{\overset{\longleftarrow}{}} \; NaCl$$

y según esto, si la plata está en exceso las reacciones anteriores continuarán hasta que el mercurio se precipite casi por completo. Pero en presencia del protocloruro de cobre disuelto en el cloruro de sodio, y del mercurio cuya superficie esté

---

(1) El estudio térmico de esta reacción fué hecho por el Sr. Ing. Carlos F. de Landero. Examen termoquímico de algunas reacciones relativas á la formación del cloruro de plata (1889).

(2) Richard y H. Archibald. L. c. pag. 354.

limpia para que el contacto sea directo entre este metal y la
solución, el cloruro de plata formado por las reacciones (E) se
descompone según las reacciones (D), se regenera el protocloruro de mercurio, al que descompone el cloruro de sodio
con formación de bicloruro de mercurio; y por lo mismo, se encontrarán en un equilibrio químico la plata metálica y el bicloruro de mercurio cuando el beneficio esté en condiciones normales. Las reacciones anteriores pueden representarse así:

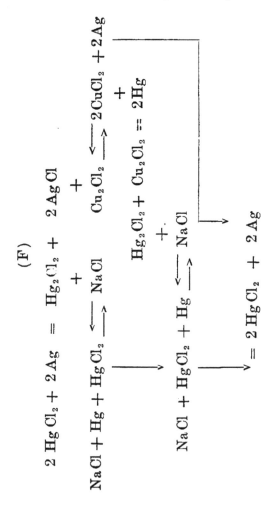

***

Como el sulfato de sosa y el bicloruro de mercurio no tienen acción química sobre el cloruro de plata [1] ni sobre el sulfuro de mercurio, he concluido el estudio de la acción del bicloruro de mercurio sobre el sulfuro de plata en presencia del cloruro de sodio, del protocloruro de cobre y del mercurio, acción que puede representarse en resumen, como sigue:

$$(G)$$

$$Hg\,Cl_2$$
$$+$$
$$Ag_2S \;=\; 2\,Ag\,Cl \;+\; (Hg\,S)$$
$$+$$
$$Cu_2\,Cl_2 \;\underset{\longrightarrow}{\overset{\longleftarrow}{}}\; 2\,Cu\,Cl_2 + (2Ag)$$
$$\uparrow \qquad\qquad +$$
$$Cu_2\,Cl_2 + Hg_2Cl_2 = 2\,Hg$$
$$+$$
$$Na\,Cl \;\underset{\longrightarrow}{\overset{\longleftarrow}{}}\; Hg + Na\,Cl + Hg\,Cl_2$$

Como se ve por la expresión anterior: la molécula de bicloruro de mercurio que atacó á una molécula de argentita es regenerada al final de las reacciones; la molécula de protocloruro de cobre necesaria para la descomposicion de dos moléculas de cloruro de plata también se regenera por la siguiente reacción; y por lo tanto: el sistema vuelve á sus condiciones primitivas; y las reacciones representadas por la expresion (G) seguirán repitiéndose mientras exista sulfuro de plata en la torta, y siempre que ésta no se caliente. Por las reacciones (G) se ve que: por cada dos moléculas de plata puestas en libertad (215.86 gramos de plata) se transforma en sulfuro una molécula de mercurio (200.10 gramos de mercurio); y por lo

(1) Arthur M. Comey. L. c. pag. 373.

mismo, puede decirse que; por estas reacciones, el *"consumi-do"* de mercurio en peso es aproximadamente igual á la plata amalgamada.

Estudiada ya la accion del protocloruro de mercurio sobre el sulfuro de plata, en las condiciones del Beneficio de Patio, paso á estudiar la accion del protocloruro de cobre sobre el mismo sulfuro de plata.

El protocloruro de cobre al obrar sobre el sulfuro de plata produce distintos compuestos según las condiciones en las cuales se verifica la accion química. Muchos autores se han ocupado de esta reacción, pero sus resultados están en completo desacuerdo, y como es una de las más importantes en el Beneficio de Patio necesito estudiarla en detalle hasta llegar á una conclusion fundada.

El protocloruro de cobre disuelto en la solucion de cloruro de sodio se altera fácilmente y pasa á ser una sal de cobre al máximum, alteracion que producen entre otros cuerpos; el cloro; ó el azufre, en presencia del amoníaco. Al combinarse con el cloro el protocloruro de cobre se convierte fácilmente en bicloruro del mismo metal, accion química de la cual depende como dije antes la reduccion del cloruro de plata á plata métalica en presencia del amoníaco ó del mercurio en exceso. En presencia del azufre el protocloruro de cobre en solucion amoniacal se transforma en bicloruro de cobre, que descompone el amoníaco y se forma protosulfuro de cobre.

$$(9.) \quad Cu_2Cl_2 + S \; \underset{\longleftarrow}{\longrightarrow} \; CuS + CuCl_2$$

Esta reacción al verificarse de izquierda á derecha es exotérmica y desarrolla $+ 1.6$ calorías, como se ve por el siguiente cálculo:

ESTADO INICIAL.

$(2\,Cu + 2\,Cl) = Cu_2\,Cl_2$ sólido, dessarrolla: 71.2

ESTADO FINAL.

$(Cu + S) = CuS$ sólido, desarrolla: 10.2
$(Cu + 2\,Cl) = Cu\,Cl_2$ disuelto,   íd.   62.6

Suma $= 72.8$

DIFERENCIA.

Estado inicial — Estado final $= 72.8 - 71.2 = +1.6$ calorías.

Esta reacción exotérmica invertible se verifica á la temperatura ordinaria y es muy sensible á la vista, pues el color amarillo del azufre pasa rápidamente al negro del sulfuro de cobre cuando el amoniaco está presente. Para estudiar esta reacción preparé protocloruro de cobre puro, siguiendo el método de Rosenfeldt, [1] disolví este protocloruro en amoníaco hasta saturación, y agregué azufre puro, el cual enegreció desde luego, y la solución se coloró en azul; filtré, lavé el precipitado con solución amoniacal; y traté éste con una solución de cianuro de potasio, el cual disolvió al sulfuro de cobre que acababa de precipitarse. Por este último tratamiento desapareció la coloración negra, y el azufre quedó con su característico color. La solución del sulfuro de cobre en el cianuro de potasio la traté por ácido clorhídrico y, al descomponerse el cianuro de potasio, se depositó un polvo negro, el cual después de lavado se disolvió en ácido nítrico, y esta última solución dió las reacciones características del cobre y del ácido sulfúrico.

(1) Ber. Berl Chem. **XII**, 954 (1879) y Amer. Journ. of Science and Arts 3ª **XVIII**. 67 (1879).

Como se ve por lo anterior, el protocloruro de cobre puede transformarse en bicloruro; ya sea tomando cloro, como
sucede cuando reduce al cloruro de plata; ó bien, cediendo
cobre al azufre, como acabo de decir, ó cediéndolo al oxígeno
como diré más adelante al estudiar la formación del oxicloruro de cobre.

La reacción (9) es invertible, porque el bicloruro de cobre ataca rápidamente al sulfuro del mismo metal con formación de protocloruro de cobre y azufre [1]

$$(10) \quad Cu\,Cl_2 + CuS \;\underset{\longrightarrow}{\overset{\longleftarrow}{}}\; S + Cu_2Cl_2$$

En esta reacción química está fundado un procedimiento
electrometalúrgico para la extracción del cobre. [2]

A la reacción (9) puede aplicarse el mismo estudio que
hice antes de la reacción (6), y puede decirse que: se verificará de izquierda á derecha cuando el bicloruro de cobre que
se forma pueda descomponerse inmediatamente; como sucede
én presencia del amoníaco ó del mercurio en exceso; pues de
lo contrario, el bicloruro de cobre obraría sobre el sulfuro
de cobre, y la reacción se verificaría entonces de derecha á izquierda de la reacción (9), ó de izquierda á derecha de la
(10).

El sulfuro de cobre formado según la reacción (9) es
atacado rápidamente por el bicloruro de mercurio, con formación de sulfuro de mercurio y bicloruro de cobre.

$$(11) \quad HgCl_2 + CuS = HgS + CuCl_2$$

reacción exotérmica que desarrolla + 12.6 calorías, como se
ve por el siguiente cálculo:

[1] F. Sterry Hunt Amer. Journ. Scienc and Arts 2ª XLIX. 157 (1870).

[1] Höpfner. Zeitschrift für angewandte Chemie p. 100 (1891) y C. Sehnabel méta-
lurgie. 231.

ESTADO INICIAL:

$(Hg + 2\,Cl) = Hg\,Cl_2$ disuelto, desarrolla: 59.6
$(Cu + S) = Cu\,S$ sólido,   íd.   10.2

$$\text{Suma } 69.8$$

ESTADO FINAL:

$(Hg + S) = Hg\,S$ sólido, desarrolla: 19.8
$(Cu + 2\,Cl) = Cu\,Cl_2$ disuelto,   íd.   62.6

$$\text{Suma } 82.4$$

DIFERENCIA:

Estado final — Estado inicial $= 82{,}4 - 69.8 = +12.6$ calorías.

Cuando la reacción (11) se verifique en presencia de un exceso de mercurio y de cloruro de sodio, el bicloruro de cobre formado atacará al mercurio y se formará protocloruro de cobre y protocloruro de mercurio, el cual será descompuesto por el cloruro de sodio reacción (3) regenerándose el bicloruro de mercurio. Estas reacciones pueden representarse como sigue:

(H)

$$2\,Hg\,Cl_2 + n\,Cu\,S = 2\,Hg\,S + 2\,Cu\,Cl_2 + (n-2)\,Cu\,S$$
$$+$$
$$Cu_2Cl_2 + Hg_2Cl_2 = 2\,Hg$$
$$+$$
$$Na\,Cl \; \underset{\longrightarrow}{\longleftarrow} \; Na\,Cl + Hg + Hg\,Cl_2$$

La molécula de bicloruro de mercurio así regenerada atacará á otra molécula de sulfuro de cobre, y las reacciones anteriores continuarán hasta la transformación casi completa del sulfuro de cobre.

El protocloruro de cobre disuelto en cloruro de sodio puede descomponer al sulfuro de mercurio con formación de sulfuro de cobre, quedando el mercurio en libertad, mas para que esta reacción se verifique así es precisa la presencia de alguna substancia que descomponga al bicloruro de mercurio, porque de lo contrario este bicloruro obraría sobre el sulfuro de cobre conforme á la reacción (11) y el sulfuro de mercurio no sería descompuesto por el protocloruro de cobre. Para que esta descomposición se verifique es preciso hacerla en presencia del cobre ó de una liga de cobre y zinc, como se hace en el procedimiento hidrometalúrgico para el tratamiento del cinabrio, propuesto por F. P. Sieverking [1] en 1876. En estas condiciones se verificarán las siguientes reacciones, como se ve en la página del frente.

En las condiciones normales del Beneficio de Patio no existe cobre metálico, y no pudiendo reducirse el bicloruro de mercurio por este motivo, la reacción (11) será la que se verifique.

Estudiadas ya las reacciones anteriores muy interesantes para el presente caso, puedo decir que: en presencia de un exceso de mercurio y de solución de cloruro de sodio, el protocloruro de cobre al atacar al sulfuro de plata se transforma en bicloruro de cobre con formación de sulfuro de este metal, quedando la plata en libertad; el bicloruro de cobre así formado ataca al mercurio con formación de protocloruro de cobre y protocloruro de mercurio (reacción (2)); este protocloruro de mercurio se descompone en presencia del cloruro de sodio en mercurio y bicloruro de mercurio (reacción 3)): y

(1) Wagner y Gautier, Chimie industrielle. Paris, Tomo I, p. 195 (1878) Véase también Schnabel. Métallurgie.

$$(\mathrm{I})$$

$$2Cu_2Cl_2 + 2HgS = \left\{ \begin{array}{l} 2CuS \\ + 2CuCl_2 \\ + 2Hg \\ + 2Cu \\ + NaCl \end{array} \right\} + \left\{ 2Cu + NaCl \right\} = \left. \begin{array}{l} 2CuS \\ + Cu_2Cl_2 \\ + Hg_2Cl_2 \\ + 2Cu \end{array} \right\} + NaCl$$

$$\left. \begin{array}{l} 2CuS + Cu_2Cl_2 \end{array} \right\} + \left\{ \begin{array}{l} NaCl + HgCl_2 + Hg \\ + \\ 2Cu \end{array} \right.$$

$$Cu_2Cl_2 + Hg \; \xleftarrow{\;} \; NaCl + HgCl_2 + Hg \qquad = \; 2Cu$$

es decir:

$$Cu_2Cl_2 + Hg \left. \right\} + \left\{ 2CuS + Cu_2Cl_2 + Hg + NaCl \right.$$

$$(12) \quad NaCl + 2Cu + 2Cu_2Cl_2 + 2HgS = 2CuS + 2Cu_2Cl_2 + 2Hg + NaCl$$

este último ataca al protosulfuro de cobre antes formado, produciéndose sulfuro de mercurio y protocloruro de cobre (reacciones (H)). Estas reacciones pueden representarse así.

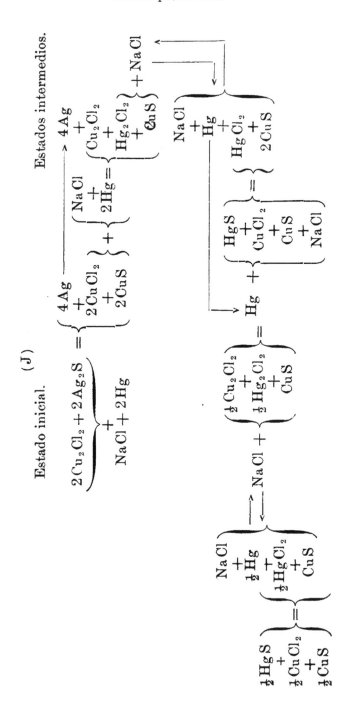

Estado inicial.   (J)   Estados intermedios.

El bicloruro de cobre seguirá atacando al mercurio, continuará formándose protocloruro de cobre y protocloruro de mercurio, se descompondrá éste por el cloruro de sodio con formación de bicloruro de mercurio que atacará al sulfuro de cobre, y estas reacciones se repetirán hasta que se transforme casi por completo el sulfuro de cobre en sulfuro de mercurio. Resumiendo, las reacciones (J) pueden representarse así:

(K)

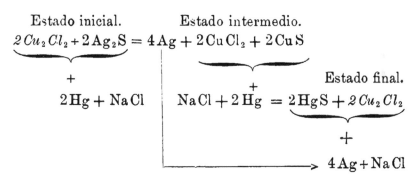

reacción exotérmica que desarrolla $+$ 33.6 calorías como se ve por el siguiente cálculo:

ESTADO INICIAL.

$2 (2\,Cu + 2\,Cl) = 2\,Cu_2\,Cl_2$ sólido, desarrolla: $2 \times 71.2 = 142.4$
$2 (2\,Ag + S) = 2\,Ag_2S$ íd.,   íd. $2 \times 3.0 = 6.0$

Suma $= 148.4$

ESTADO FINAL.

$2 (Hg + S) = 2\,HgS$ sólido, desarrolla: $2 \times 19.8 = 39.6$
$2 (2\,Cu + 2\,Cl) = 2\,Cu_2\,Cl_2$ íd.   íd. $2 \times 71.2 = 142.4$

Suma $= 182.0$

DIFERENCIA.

Estado final—Estado inicial $= 182.0 - 148.4 = +33.6$ calorías.

Se ve por las reacciones (K) que: por cada cuatro moléculas de plata extraída (431.72 gramos de plata) se transforman
en sulfuro dos moléculas de mercurio (400.20 gramos de mercurio); y por lo tanto, puede decirse que: por esta reacción,
el *"consumido"* es aproximadamente igual al peso de la plata
amalgamada.

Creo muy interesante estudiar desde luego las opiniones
de varios autores acerca de la acción química entre el protocloruro de cobre y el sulfuro de plata, reservando la discusión
de algunas otras para la tercera parte de este estudio.

El Sr. Percy dice que: cuando se somete el sulfuro de plata á la acción del protocloruro de cobre, á la temperatura ordinaria, y en presencia del cloruro de sodio, del agua y del
aire, se forma cloruro de plata, oxicloruro de cobre y el azufre queda en libertad. [1]

$$(13)\ Ag_2S + 2Cu_2Cl^2 + 3O + 3H_2O = 2AgCl + CuCl_2 3CuO 3H_2O + S$$

El experimento para el estudio de esta reacción fué hecho
en el laboratorio del Dr. Percy de la siguiente manera. [2] Se
mezcló el sulfuro de plata con el protocloruro de cobre y el
cloruro de sodio en solución, en presencia del aire después de
algún tiempo el líquido tenía un color verdoso, color que no
presentaba al comenzar el experimento, y habia también un
depósito de color verde. Se filtró el líquido, el cual contenía
una pequeña cantidad de ácido sulfúrico; el residuo se lavó
con agua, y luego se secó, 10 gramos de esta substancia insoluble y seca se trataron por ácido azótico diluído, el cual disolvió la mayor parte; se filtró la solución y se trató por azotato de plata para precipitar el cloro combinado con el cobre;
y el residuo insoluble en el ácido azótico, después de lavarlo y
secarlo se calcinó poco á poco entretanto se quemaba el azufre. El residuo calcinado, formado por cloruro de plata, se

(1) Percy L. c. pag.8 4.
(2) Id. L. c. págs. 74, 76, 77, 78.

humedeció con una mezcla de ácido azótico y clorhídrico y se calentó en seguida. Por los datos obtenidos con esta análisis cuantitativa se dedujo la fórmula química del depósito verde formado por la acción del protocloruro de cobre sobre el sulfuro de plata, en presencia del cloruro de sodio y del aire, fórmula que es la siguiente:

$$\text{`` } 2\,(\mathrm{CuCl_2\,3\,CuO\,3\,H_2O}) + 2\,\mathrm{AgCl} + \mathrm{S} \text{ '' }^{(1)}$$

Sin la intervención del aire la acción química del protocloruro de cobre sobre el sulfuro de plata, en presencia de una solución concentrada de cloruro de sodio, no produce cloruro de plata dice el Dr. Percy: "not a trace of chloride of silver was formed," [2] de lo cual concluye el mismo autor que: el oxígeno del aire desempeña un papel esencial en la reacción: "atmospheric oxygen it may therefore be inferred plays an essential part in the reaction." [3] El experimento que condujo al Dr. Percy á la conclusión anterior fué el siguiente: mezcló sulfuro de plata con protocloruro de cobre y una solución concentrada de cloruro de sodio, en un frasco perfectamente tapado; después de mucho tiempo trató por amoníaco el precipitado que se encontraba en el frasco. La mayor parte de este precipitado se disolvió en el amoníaco formando una solución de color azul; el residuo que quedó era negro, y al calentarlo suavemente desprendía el olor que emite el azufre cuando se calienta. Tratando este residuo por el ácido azótico diluido el color obscuro desapareció y solo una pequeña parte se disolvió; esta solución tenía un color azul y contenía plata, siendo el residuo insoluble en el azótico: azufre, de color amarillo claro. [4] De esto concluyó el Dr. Percy que el residuo estaba formado por azufre libre mezclado con una pequeña cantidad

(1) Percy. L. c. pag. 78.
(2) Id. L. c. pag. 76.
(3) Id. L. c. pag. 76.
(4) Id. L. c. pag. 77.

de sulfuro de plata, y sin la menor apariencia de contener alguna plata metálica. [1]

Los resultados obtenidos por el Dr. Percy parecen á primera vista contrarios á las reacciones (K) ya estudiadas, pero solo son su comprobación como paso á indicarlo.

Según las reacciones (K) el protocloruro de cobre en presencia del cloruro de sodio ataca al sulfuro de plata con formación de bicloruro y sulfuro de cobre, quedando la plata en libertad. Estado intermedio:

$$(14)\ Cu_2Cl_2 + Ag_2S = 2Ag + CuCl_2 + CuS;$$

pero si no está presente alguna substancia que como el amoníaco ó el mercurio en exceso transforme al bicloruro de cobre, tan pronto como se forme, en un compuesto que no tenga acción química sobre la plata ni sobre el protosulfuro de cobre, entonces: el bicloruro de este metal obrará sobre el sulfuro de cobre para formar protocloruro de este metal dejando al azufre en libertad, como lo indica la reacción (10) ya estudiada; y el mismo bicloruro de cobre atacará también á la plata metálica formándose protocloruro de cobre y "fotocloruro" de plata, denominación esta última propuesta por M. Carey Lea. [2] Esta última reacción puede representarse así:

$$(15)\ 2CuCl_2 + 2Ag \underset{\longrightarrow}{\overset{\longleftarrow}{}} Cu_2Cl_2 + 2AgCl\ ^{[3]}$$

La reacción anterior es invertible como lo indiqué al estudiar la reacción (6), pero en el presente caso se verificará de izquierda á derecha de la fórmula (15); pues para que tu-

---

(1) Percy. L. c. pag. 77.

(2) M. Carey Lea. Amer. Journ. of science 3ª XXXIII, p. 352 (1887).

(3) Represento el "fotocloruro" de plata también por la fórmula $AgCl$, porque es un compuesto constituído por cloruro y subcloruro de plata formando una laca, según la expresión de Carey Lea (L. c. pag. 356), pero en la cual el subcloruro se encuentra solo en una proporción que varía entre el 1 y 7 p⚌ (M. Carey Lea. L. c. pag. 359) cuando el fotocloruro se produce por la acción del bicloruro de cobre sobre la plata metálica.

viera lugar de derecha á izquierda se necesitaría como lo indican las reacciones (D) ya estudiadas, que el bicloruro de cobre se pudiera transformar en un compuesto que no ataque á la plata, es decir, se necesitarían condiciones muy distintas á aquellas en que operó el Dr. Percy, pues en sus experimentos no estaba presente ninguna substancia que sin descomponer al protocloruro de cobre pudiera transformar al bicloruro de este metal en algún compuesto que no atacara ni al sulfuro de cobre ni á la plata metálica.

Según lo anterior, en el experimento del Dr. Percy cuando el aire no intervino, la acción química del protocloruro de cobre sobre el sulfuro de plata puede representarse aproximadamente como se ve en la página siguiente:

Como se ve por las reacciones (L), en las condiciones del experimento del Dr. Percy, sin la intervención del aire "without air," debió formarse cloruro de plata y sulfuro de cobre quedando libres una parte de la plata y del azufre; pero el Dr. Percy no encontró ni el cloruro de plata ni la plata metálica ni menciona al sulfuro de cobre, y esto me obliga á discutir el método de análisis que siguió este autor para reconocer el residuo formado en el experimento en cuestión. Comenzó el Dr. Percy por tratar el residuo con amoníaco fuerte: "the precipitate slowly dissolved for the most part in strong ammonia water, forming a solution of the colour of aqua cœlestis." [1] Ahora bien, por este solo tratamiento debió desaparecer el cloruro de plata, precipitándose la plata al estado metálico como lo indica la reacción (6) ya estudiada, reducción que es debida al protocloruro de cobre en presencia del amoníaco, compuesto de cobre que existía en el residuo analizado, y que al transformarse en sal al máximum coloró en azul á la solu-

(1) Percy. L. c. pag. 77.

Mem. Soc. Alzate. México.　　　　　　　　　　T. 21. (1904)—20.

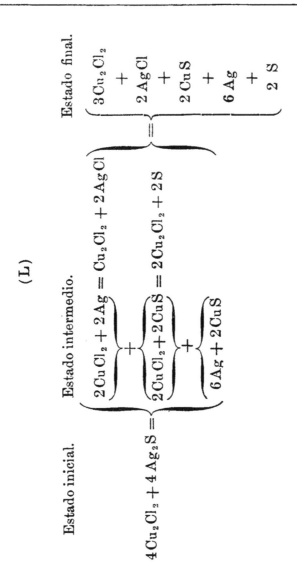

ción amoniacal. Esta reducción del cloruro de plata la estudié
ya, y por lo mismo, solo agregaré ahora las siguientes palabras del mismo Dr. Percy: "When ammoniacal aqueous solutions of dichloride of copper and chloride of silver are mixed
in suitable proportions, *the whole of the silver is immediately*

precipitated in the metallic state with the formation of chloride of copper. [1] El residuo insoluble en el amoníaco fué tratado por el ácido azótico diluído y la solución que resultó fué de color azul y contenía plata: "by digestion with dilute nitric acid the dark colour of the residue disappeared and only a small portion of it dissolved; *the solution had a bluish tint and contained silver.*" [2] Ahora bien, el sulfuro de cobre se disuelve en el ácido azótico diluido con separación de azafre; y por esto fué que desapareció por este tratamiento el color negro del precipitado y la solución tomó el color azul debido al azotato de cobre formado; por otra parte, la plata metálica se disuelve también en el ácido azótico diluído según los Sres. Malaguti y Durocher [3] y también según el Sr. Percy, [4] y por esto fué que la solución nitrica contenía plata.

Por los dos tratamientos á que fué sometido el precipitado que se formó al hacer obrar el protocloruro de cobre sobre el sulfuro de plata se descompuso primero el cloruro de este metal, precipitándose la plata al estado metálico, y por lo mismo no puede encontrarse ya el cloruro de plata; después el ácido azótico disolvió á la plata metálica y al sulfuro de cobre y por lo mismo solo pudo quedar como residuo el azufre libre que resulta de las reacciones (L). y también el que se separó al disolver el protosulfuro de cobre.

Le llamó la atención al autor de quien me ocupo el no haber encontrado en el residuo plata metálica, "there was not the faintest appearance of any metallic silver;" [5] y yo pregunto: si no encontró plata metálica ni cloruro de plata, "not a trace of chloride of silver was formed," [6] y en el residuo solo había una pequeña cantidad de sulfuro de plata, "the

(1) Percy. L. c. pag. 90.
(2) Id.   L. c. pag. 77.
(3) L. c. pag. 545 (nota).
(4) L. c. pag. 119.
(5) Percy. L. c. pag. 77.
(6) Id.   L. c. pag. 76.

residue consisted of free sulphur mixed with *a small proportion of snlphide of silver,*" [1] ¿qué le sucedió á la plata que estaba combinada con el azufre que quedó libre, como consecuencia de la acción química del protocloruro de cobre sobre el sulfuro de plata? La contestación es sencilla, pues esta plata fué la contenida en la solución azótica ya mencionada; pero, para que la plata llegara á encontrarse en esta solución nítrica debió primero reducirse el sulfuro de plata á plata metálica, porque ni el cloruro ni el sulfuro de plata son solubles en el ácido azótico diluido, según dice el mismo Dr. Percy: chloride of silver "is insoluble in dilute or strong nitric acid whether cold or hot;" [2] y el sulfuro de plata es insoluble en frío ó á baja temperatura en el ácido azótico diluido. [3]

Dice el Dr. Percy que el precipitado se disolvió lentamente en el amoníaco y la explicación de esto es fácil, puesto que: el "fotocloruro" de plata es más lentamente soluble en el amoniaco que el cloruro normal según dice M. Carey Lea: "When treated with ammonia it is far more slowly attacked than the normal. The ammonia dissolves the normal chloride only. The union between the two must therefore be broken up and this takes place slowly." [4]

Por las consideraciones que anteceden se comprende que: el experimento estudiado no es una prueba en contra de las reacciones (J) y (K), sino que habiéndose hecho este experimento en ausencia del mercurio, y aun cuando el estado inicial y el estado intermedio del sistema hayan sido iguales, el estado final tuvo que ser distinto como lo indican las reacciones (L). Además, si el Dr. Percy no encontró al estudiar el residuo los compuestos indicados en el estado final de las reacciones (L) fué debido tan solo á lo inadecuado del método de

(1) Percy. L. c. pag. 77.
(2)   Id.   L. c. pag. 61.
(3) Malaguti y Durocher. L. c. p. 545 [nota].
(4) M. Carey Lea. L. c. pag. 353.

análisis que se siguió, el cual motivó nuevas reacciones, y principalmente la reducción del cloruro de plata, antes de que se hubiera comprobado la existencia de este compuesto en el residuo que se analizaba.

El otro experimento que mencioné ya se hizo en el laboratorio del Dr. Percy en presencia del aire, y en estas condiciones el residuo analizado contenía oxicloruro de cobre, azufre libre y cloruro de plata en cantidad considerable "considerable quantity of chloride of silver. [1] En estas condiciones, ó sea en presencia del oxígeno del aire, el estado final de las reacciones (L) es solamente un segundo estado intermedio; pues el oxígeno del aire ataca tanto al protocloruro como al protosulfuro de cobre, y por lo mismo, deberá ser otro el estado final del sistema.

El protocloruro de cobre en presencia del oxígeno y del agua se transforma en oxicloruro de cobre, [2] acción química en la cual está fundado el procedimiento propuesto por Gentele para la preparación de la materia colorante conocida con el nombre de verde de Brême, y en cuya fabricación se emplea el referido oxicloruro. [3] Esta transformación del protocloruro en oxicloruro puede representarse de la siguiente manera:

$$(16)\ 3\,CuCl_2 + 3O + 3\,H_2O = CuCl_2\,3\,CuO,3\,H_2O + 2\,CuCl_2$$

reacción exotérmica que desarrolla + 79.4 calorías como se ve por el siguiente cálculo:

ESTADO INICIAL.

$$3\,(2\,Cu + 2\,Cl) = 3\,Cu_2Cl_2 \text{ sólido, desarrolla: } 3 \times 71.2 = 213.6$$
$$3\,(2\,H + O) \ = 3\,H_2O \quad \text{ sólida, } \quad \text{ íd. } \quad 3 \times 70.4 = 211.2$$

$$\text{Suma} = 424.8$$

(1) J. Percy. L. c. pag. 76.
(2) Wagner y Gautier. L. c. pag. 121. Tomo I.
(3) Id.   id.   L. c. Tomo I. pag. 121.

ESTADO FINAL.

$(Cu + 2Cl) = CuCl_2$	sólido,	desarrolla:	51.6
$3(Cu + O) = 3CuO$	id.	íd.	115.2
$3(2H+O) = 3H_2O$	íd.	íd.	211.2
$CuCl_2 + 3CuO + 3H_2O$	íd.	íd.	23.0

$CuCl_2\, 3CuO, 3H_2O$	íd.	íd.	401.0 $= 401.0$
$2(Cu + 2Cl) = 2CuCl_2$	íd.	íd.	$2 \times 51.6 = 103.2$

$$\text{Suma} = 504.2$$

DIFERENCIA.

Estado final — Estado inicial $= 504.2 - 424.8 = +79.4$

Esta reacción exotérmica y no invertible es necesaria, pues se verifica á la temperatura ambiente y sin la intervención de ninguna energía extraña ó trabajo preliminar que la provoque; y por esto dice Regnault que: el protocloruro de cobre se altera rápidamente al aire cambiándose en un polvo verde, que es una combinación de óxido y de bicloruro de cobre, motivo por el cual se emplea el referido protocloruro en las análisis eudiométricas.

Por otra parte, el protosulfuro de cobre se oxida con facilidad [1] por la acción del oxígeno del aire, transformándose en sulfato del mismo metal; y éste, en presencia del cloruro de sodio forma bicloruro de cobre (reacción (1)). Estas reacciones se pueden representar como sigue:

$$(M)$$

$$CuS + 4O = CuSO_4$$
$$+$$
$$2NaCl = Na_2SO_4 + CuCl_2$$

(1) Dr. F. Mohr. Traité d'analyse chimique [1875] 457. Véase también Wurtz. Dictionnaire de Chimie

Según lo anterior, en las condiciones de este experimento, ó sea en presencia del oxígeno del aire, las reacciones (L) pueden llegar al siguiente estado final:

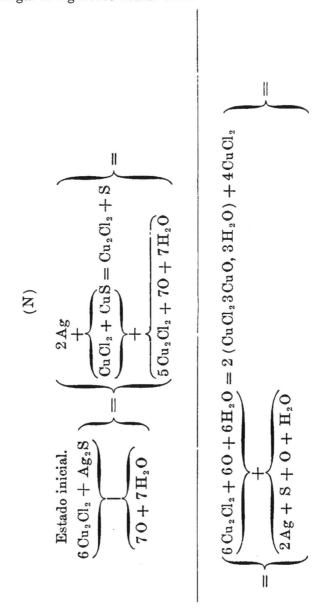

$$(N)$$

$$\overbrace{\underbrace{6\,Cu_2Cl_2 + Ag_2S}_{Estado\ inicial.} + \underbrace{7\,O + 7\,H_2O}} = \overbrace{2\,Ag + \overbrace{CuCl_2 + CuS = Cu_2Cl_2 + S} + \underbrace{5\,Cu_2Cl_2 + 7\,O + 7\,H_2O}}$$

$$\underbrace{6\,Cu_2Cl_2 + 6\,O + 6\,H_2O = 2\,(CuCl_2\,3\,CuO,\,3\,H_2O) + 4\,CuCl_2}$$

$$\underbrace{2\,Ag + S + O + H_2O}$$

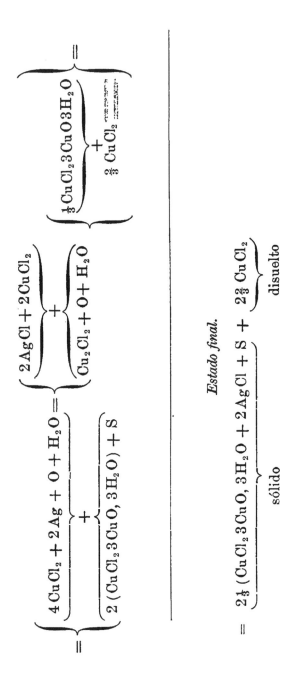

$$4\,CuCl_2 + 2\,Ag + O + H_2O = \overbrace{2\,AgCl + 2\,CuCl_2} + \overbrace{Cu_2Cl_2 + O + H_2O}$$

$$+$$

$$2\,(CuCl_2\,3CuO,\,3H_2O) + S = \overbrace{\tfrac{1}{3}\,CuCl_2\,3CuO\,3H_2O} + \tfrac{2}{3}\,CuCl_2$$

Estado final.

$$= \underbrace{2\tfrac{1}{3}\,(CuCl_2\,3CuO,\,3H_2O + 2\,AgCl + S}_{\text{sólido}} + \underbrace{2\tfrac{2}{3}\,CuCl_2}_{\text{disuelto}}$$

La composición de la parte sólida anterior es casi igual á
la del residuo de este experimento, analizado en el laboratorio del Dr. Percy, pues dice este autor "from these numbers
the following formula may be deduced: $2\,(CuCl_2\,3\,CuO\,3\,H_2O)+$
$+\,2\,AgCl + S$ [1]

Se ve por lo anterior que este otro experimento tampoco
es una prueba en contra de las reacciones (J) y (K), que no
son aplicables á este caso por haber hecho el experimento en
ausencia del mercurio; y que el resultado de la análisis cuantitativa del residuo es casi igual al indicado por el estado final
de las reacciones (N), que se diferencian de las (L) por la intervención del oxígeno en las primeras.

Los Sres. Malaguti y Durocher al ocuparse de la acción
química que estoy estudiando dicen lo siguiente. Cuando el
protocloruro de cobre ataca al sulfuro de plata, ya sea en caliente ó en frío, lo reduce al estado metálico con formación de
bicloruro y sulfuro de cobre. [2]

Estado inicial.   Estado final.

$$(17)\qquad Cu_2Cl_2 + Ag_2S = 2\,Ag + CuCl_2 + CuS$$

El estado final indicado por estos autores solo lo he considerado como un estado intermedio en las reacciones (J),
(K), (L) y (N), porque el bicloruro de cobre, si no es transformado en protocloruro por la acción del mercurio, ataca fácilmente al protosulfuro de cobre y á la plata metálica, como
dije antes al estudiar las reacciones (11) y (15), y estas acciones conducen al sistema químico á un estado final que no es
por lo tanto el indicado por los Sres. Malaguti y Durocher,
sino el representado en las reacciones (L) ó (N), según que
intervenga ó no el oxígeno del aire. Sin embargo de esto, los
químicos mencionados creen haber demostrado por un expe-

[1] J. Percy. L. c. p. 78.
[2] Malaguti y Durocher. L. c. pag. 545.

rimento que el final de la reacción es el indicado por ellos. El experimento fué el siguiente: introdujeron en un frasco, protocloruro de cobre, sulfuro de plata y agua; después de media hora trataron el residuo por el amoníaco, para disolver el protocloruro de cobre; y quedó insoluble una materia gris, que era una mezcla de plata metálica, sulfuro de cobre, y sulfuro de plata no atacado; esta materia gris la trataron por ácido azótico diluído para separar la plata metálica, y el sulfuro de cobre, del sulfuro de plata no atacado. [1] Por este experimento quedó comprobada la presencia en el residuo de: el protocloruro y sulfuro de cobre, así como de la plata metálica; y solo faltó encontrar el cloruro de plata y el azufre libre para que este experimento hubiera sido la mejor comprobación acerca de la exactitud del estado final indicado en las reacciones (L). Ahora bien, el cloruro de plata no se encontró por lo inadecuado del procedimiento seguido al analizar el residuo; pues comenzaron por disolver el protocloruro de cobre, contenido en este residuo, tratándolo por amoníaco, y este tratamiento ocasionó como he dicho varias veces, la reducción inmediata del cloruro de plata, y por lo mismo no pudo ser descubierta la presencia de este cloruro en el residuo que se analizaba. Respecto al azufre libre no dicen estos señores haber investigado su presencia en el residuo; pero sí fué encontrado por Percy como dije antes, en el experimento que ejecutó, semejante al de los Sres. Malaguti y Durocher.

Por las observaciones anteriores se comprende que: el experimento que acabo de estudiar es una prueba en favor de la exactitud de las reacciones (L); y que el estado final de la reacción propuesta por los Sres. Malaguti y Durochèr es solamente un estado intermedio del sistema químico cuyo final será el indicado en los procesos químicos (L) ó (N), según que el oxígeno esté ausente ó presente en la reacción.

(1) Malaguti y Durocher. L. c. p. 545.

Los mismos Sres. Malaguti y Durocher hicieron otro experimento en presencia del aire, y éste, así como el ya mencionado del Sr. Percy, es una prueba más de la exactitud del proceso químico indicado por las reacciones (N) [1]

Mucho después de la interesante publicación ya mencionada de los Sres. Malaguti y Durocher, otra serie de experimentos ejecutados por el inteligente metalurgista Laur [1] lo condujeron á la siguiente conclusión: no se forma cloruro de plata en la reacción del protocloruro de cobre sobre el sulfuro de plata *en presencia del mercurio,* sino que se separa la plata metálica con producción simultánea de protosulfuro y bicloruro de cobre: $Ag_2S + Cu_2Cl_2NaCl = 2Ag + CuS + CuCl_2NaCl$. Según los experimentos de este autor una solución de sulfato de cobre y sal marina *en presencia del mercurio* descompone al sulfuro de plata natural, y después de poco tiempo de contacto la plata se separa al estado metálico, al mismo tiempo que se forma sulfuro de cobre y protocloruro de mercurio; pero la descomposición *rápida* del sulfuro de plata cesa cuando se suprime el contacto entre este último y el mercurio. Stölzel [2] representa esta reacción así: $2Ag_2S + Cu_2Cl_2 + 2Hg = = 4Ag + 2CuS + Hg_2Cl_2$. Según esto, el proceso químico aceptado por Laur puede representarse como se ve en la página de la vuelta.

El estado final aceptado por Laur solo lo he considerado como un estado intermedio en las reacciones (J), porque el protocloruro de mercurio en presencia del cloruro de sodio se transforma en bicloruro de mercurio (reacción (3)), y este bicloruro en presencia de un exceso de mercurio ataca fácil-

[1] Véase Malaguti y Durocher. L. c. pag. 546.
[2] Annales des mines [6ª] XX. pags. 30 y siguientes [1871].
[3] Stölzel. Metalurgie y C. Schnabel. Métallurgie.

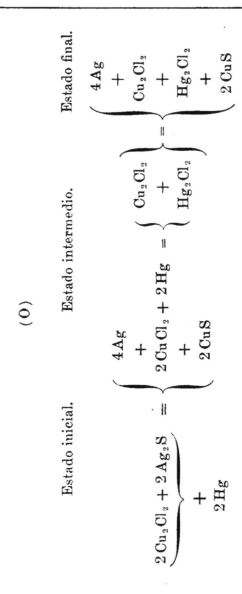

$$(2 \, Cu_2Cl_2 + 2 \, Ag_2S) + 2 \, Hg = \underbrace{4 \, Ag + 2 \, CuCl_2 + 2 \, CuS}_{} = \underbrace{4 \, Ag + (2 \, CuCl_2 + 2 \, Hg) + 2 \, CuS}_{} = \underbrace{4 \, Ag + Cu_2Cl_2 + Hg_2Cl_2 + 2 \, CuS}_{}$$

$$(O)$$

Estado inicial.   Estado intermedio.   Estado final.

mente al sulfuro de cobre con formación de sulfuro de mercurio y protocloruro de cobre (reacción (H)). Agregando estas reacciones al proceso químico aceptado por Laur resultará el que representan las reacciones (J) y (K), y por lo tanto, los experimentos de este autor son favorables al proceso químico que yo propongo, y representan las referidas reacciones (J) y (K).

Por último, los experimentos ejecutados por H. Collins lo condujeron á la siguiente conclusión: "On the much debated question as to the reactions in the patio betwen Cu_2Cl_2 and Ag_2S, the author's experiments [1] lead him to conclude that the equation originally [2] propounded by **Laur** viz $Ag_2S + Cu_2Cl_2 = CuS + CuCl_2 + 2Ag$ more nearly represents what actually happeus than any other. The bye–products of this reaction CuS and $CuCl_2$ undoubtedly react upon each other to some extent, as pointed sut by **Huntington** reforming Cu_2Cl_2 and liberanting free sulphur. " [3] Según esto, el proceso químico aceptado por Collins puede representarse así:

$$(P)$$

$$Cu_2Cl_2 + Ag_2S = \left\{ \begin{array}{c} \underbrace{CuCl_2 + CuS = Cu_2Cl_2 + S} \\ + \\ 2Ag \end{array} \right\} = \left\{ \begin{array}{c} Cu_2Cl_2 \\ + \\ 2Ag \\ + \\ S \end{array} \right.$$

Esta expresión es solamente una variante de la (L) ya estudiada, suponiendo con este autor que el bicloruro de cobre solo ataque al sulfuro del mismo metal y no á la plata metálica que también está presente; pero como en presencia del mercurio la acción anterior no se verifica (véase el estudio de

[1] Notes on the amalgamation of silver ores. H. Collins. Trans. Inst. Min. Met. VII. p. 229.

[2] Laur propuso esta reacción en 1871, y entre lo que he podido leer la encuentro propuesta desde 1850 por los Sres Malaguti y Durocher, como dije antes.

[3] Henry F. Collins Metallurgy Silver. 2ª Parte. pags. 52 y 53 [1900].

las reacciones (10) y (11), este proceso, muy aceptable como he dicho ya en las condiciones de los experimentos de los Sres. Percy, Malaguti, Durocher y Collins, no es aplicable en las condiciones del Beneficio de Patio; porque en este procedimiento metalúrgico las reacciones químicas se verifican en presencia de un exceso de mercurio, lo cual hace variar el proceso químico, y conduce á un estado final diferente del indicado por estos autores que han experimentado siempre en ausencia del referido metal.

Como conclusión del estudio anterior creo fundado decir que: las opiniones de los Sres. Percy, Malaguti, Durocher y Collins, no son aplicables al Beneficio de Patio, porque no tuvieron en cuenta la presencia del exceso de mercurio que se usa en este procedimiento metalúrgico; la respetable conclusión del Sr. Laur está incompleta, porque no tuvo en cuenta la acción del bicloruro de mercurio sobre el protosulfuro de cobre (reacciones (A)), ni la acción del cloruro de sodio sobre el protocloruro de mercurio (reacción (3)), reacción de Miahle perfectamente estudiada en 1902 por los Sres. W. Richards y X. Archibald; [1] ninguno de los experimentos ejecutados por los anteriores autores prueban nada en contra de las reacciones (J) y (K); ni tampoco encuentro objeciones de peso, en contra de estas reacciones, en las muchas publicaciones relativas al Beneficio de Patio, y de las cuales me ocuparé en la tercera parte de este estudio. En vista de esto puedo decir que: en las condiciones del Beneficio de Patio, en presencia de un exceso de mercurio y cloruro de sodio, el protocloruro de cobre ataca al sulfuro de plata según el proceso químico que propongo y que está representado por las reacciones (J) y (K). Estas reacciones se desarrollarán con mayor rapidez á medida que sea más concentrada la solución de cloruro de sodio, como dije al estudiar las reacciones (3)

[1] L. c. pag. 345.

y (C), y siempre que esté limpia la superficie del mercurio, es decir, que la "torta" no esté "caliente" sino en buen beneficio; el "consumido" será en peso 200.10 de mercurio por 215.86 de plata amalgamada; y el protocloruro de cobre será regenerado conforme á las reacciones (K), pero una parte será transformada en oxicloruro por la acción del oxígeno del aire de acuerdo con la reacción (16), oxicloruro de cobre que no ejerce acción química sobre el sulfuro de plata.

Estudiada ya la acción química del protocloruro de cobre sobre el sulfuro de plata, solo me falta considerar la acción directa del mercurio sobre el mismo sulfuro de plata.

———————

Según los Sres. Malaguti y Durocher el mercurio descompone al sulfuro, al sulfoarseniuro y al sulfoantimonito de plata, y después de largo tiempo de contacto se amalgama una pequeña cantidad de plata. [1]

La descomposición anterior puede representarse así:

$$(18) \qquad Ag_2S + Hg = HgS + 2Ag$$

reacción exotérmica que desarrolla $+ 16.8$ calorías, conforme al siguiente cálculo:

ESTADO INICIAL.

$(2Ag + S) = Ag_2S$ sólido, desarrolla: 3.0

ESTADO FINAL.

$(Hg + S) = HgS$ sólido, desarrolla: 19.8

DIFERENCIA.

Estado final—Estado inicial $= 19.8 - 3.0 = 16.8$ calorias.

[1] Malaguti y Durocher. L. c. pags. 255 y 256.

Esta reacción exotérmica y no invertible se verifica á la temperatura ordinaria, como dice Percy: "sulphide of silver is decomposed when triturated even at ordinary atmospheric temperatures with mercury; [1] pero la descomposición es muy lenta cuando se trata del sulfuro, y más aún la del sulfoarseniuro y sulfoantimonito de plata: "the action is slower than in the case of sulphide of silver. [2]

La lentitud de esta reacción fué conocida por Sonneschmidt, pues dice, refiriéndose al mercurio, que: "solo · por sí mismo no causaría el aditamento de este metal ningún efecto en el beneficio de patio. [3]

En cambio de lo anterior, el mercurio amalgama fácilmente á la plata metálica, puesta en libertad por las reacciones ya estudiadas; pues según los experimentos de los Sres. Malaguti y Durocher: en dos horas y media se amalgama el 94% de la plata precipitada que se pone en contacto con el mercurio. [4]

Resumen de la teoría química del Beneficio de Patio
de la argentita.

Reuniendo las reacciones (1), (C), (G) y (K), podrán representarse aproximadamente las reacciones químicas que se verifican en el Beneficio de Patio de las 10 toneladas de mineral cuyo beneficio he estudiado.

Como he dicho ya, no todas las reacciones se verifican con la misma velocidad ni adquieren la misma extensión en el Beneficio de Patio, y por lo mismo llamaré: reacciones principales las que alcanzan mayor extensión en las condiciones normales de este procedimiento matalúrgico; y secundarias, las que por su lentitud desempeñan un papel secundario en

[1] Percy. L. c. pag. 32.
[2] Id.   L. c. pag. 33 Véase también Malaguti y Durocher. L. c. pags. 256, 536, 531, 532, 533. 541.
[3] Sonneschmidt. L. c. p. 34.
[4] Malaguti y Durocher. L. c. pag. 561.

$H_2O + 6190\,NaCl + Aq$

$aCl + jFeCl_2 + jCu + aH_2O$

$(60 + a)\,Hg + (110-a)\,H_2O$

$NaCl$

$$2Ag + \underbrace{CuCl_2 + CuS}$$
$$+$$
$$\underbrace{NaCl + Hg} = \underbrace{(HgS) + Cu_2Cl_2}$$
$$+$$
$$\underbrace{NaCl + [2Ag]}$$

Resumen:

ɔ. La reacción seguirá repitiéndose hasta atacar

ɔ," por [2 Ag] amalgamada; ó sea: en peso, 200.10
ɔ" por 215.86 de plata amalgamada.

$g = [HgS] + [2Ag]$
ɪercurio *"cousumido"* por
plata amalgamada.

$CuCl_2$

Reacciones principales.

(1) $6410\ NaCl + 110\ CuSO_4 5H_2O + 660\ H_2O + Aq = 110\ CuCl_2H_2O + 110\ Na_2SO_4 10H_2O + 6190\ NaCl + Aq$

$a\ CuCl_2H_2O + b\ CaCO_3 + h\ Na_2CO_3 + jFe = (b + h)\ CuCO_3 + b\ CaCl_2 + 2hNaCl + jFeCl_2 + jCu + aH_2O$

(C) $6190\ NaCl + (110-a)\ CuCl_2H_2O + 170\ Hg = \left(\dfrac{110-a}{2}\right) Hg_2Cl_2 + \left(\dfrac{110-a}{2}\right) Cu_2Cl_2 + (60 + a)\ Hg + (110-a)\ H_2O$

$\underbrace{}_{\text{disuelto}} \longrightarrow \text{disuelto en NaCl}$

$6190\ NaCl + \left(\dfrac{109-a}{2}\right) Hg_2Cl_2 + HgCl_2 + Hg \underset{\text{disuelto}}{\overrightarrow{\quad}} 6190\ NaCl$

(G)
$$
\left.
\begin{array}{l}
HgCl_2 \\
+ \\
Ag_2S = 2AgCl + (HgS) \\
+ \\
Cu_2Cl_2 \overrightarrow{\quad} 2CuCl_2 + [2\,Ag] \\
+ \\
Cu_2Cl_2 + Hg_2Cl_2 = 2Hg \\
NaCl \overrightarrow{\quad} Hg + NaCl + HgCl_2
\end{array}
\right\}
$$

Resumen:

$HgCl_2$.. regenerado. La reacción se repetirá mientras halla el Ag_2S.
(HgS) "consumido" por [2 Ag] amalgamada; ó sea: en peso,
200.10 de mercurio "consumido" por 215.86 de plata amalgamada.

[K]
$$
\left.
\begin{array}{l}
Cu_2Cl_2 + Ag_2S = 2Ag + CuCl_2 + CuS \\
+ \\
Hg + NaCl \\
NaCl + Hg = (HgS) + Cu_2Cl_2 \\
NaCl + [2Ag]
\end{array}
\right\}
$$

Resumen:

Cu_2Cl_2... regenerado. La reacción seguirá repitiéndose hasta atacar
todo el Ag_2S
(HgS).. "consumido" por [2 Ag] amalgamada; ó sea: en peso, 200.10
de mercurio "consumido" por 215.86 de plata amalgamada.

Reacciones secundarias.

(5) $2AgCl + 2Hg = Hg_2Cl_2 + [2Ag]$
$+$
disuelto en NaCl
$HgCl_2 + Hg \overrightarrow{\quad} NaCl$

(15) $Ag_2S + Hg = [HgS] + [2Ag]$
(200.1) de mercurio "consumido" por
(216.86) de plata amalgamada.

este beneficio. En la tercera sección de esta segunda parte de mi escrito estuadiaré otra serie de reacciones que llamaré accidentales; pues, sin depender de ellas diréctamente la extracción de la plata, se verifican al corregir los accidentes del Beneficio de Patio. (Véase el cuadro adjunto).

Terminada la serie de reacciones (G) y (K), y como se regenera por éstas tanto la molécula de bicloruro de mercurio como la de protocloruro de cobre, comenzará otra serie de las mismas reacciones, y se repetirán éstas hasta descomponer las 50 moléculas de sulfuro de plata ($50 \, Ag_2 S$) que he supuesto contenidas en las **10** toneladas de mineral cuyo beneficio he estudiado.

*
* *

Reacciones durante los accidentes del Beneficio.

Cuando la "*torta*" se "*calienta*" el mercurio se cubre con una película formada principalmente por el protocloruro de mercurio; y aumenta notablemente la expresión $\left(\dfrac{109-a}{2}\right) Hg_2 Cl_2$ de las reacciones (C), expresión que es igual á cero cuando el beneficio está en su marcha normal, por las razones que indicaré adelante. Por otra parte, la película que cubre al mercurio interrumpe el contacto directo entre este metal y la solución, y por lo mismo, se interrumpirán las reacciones (5) y (18); y las (G) y (K) se transformarán en las siguientes, mientras la torta esté "*caliente*" y en "*reposo.*"

$$(G_1) \begin{cases} HgCl_2 \\ + \\ Ag_2S = 2AgCl + HgS \end{cases} \bigg| \; \overset{*}{(L)} \begin{cases} 4Cu_2Cl_2 \\ + \\ 4Ag_2S \end{cases} = \begin{cases} 3Cu_2Cl_2 \\ + \\ 2AgCl \\ + \\ 2CuS \\ + \\ 6Ag \\ + \\ 2S \end{cases}$$

[*] Reacciones [L] estudiadas antcriormente.

Cuando la *"torta"* esté *"fría,"* por no haber en ella ni $HgCl_2$ ni Cu_2Cl_2, solo se verificará la reacción (18); y también la (5), cuando haya quedado $AgCl$ sin reducir en un periodo anterior del beneficio; y sobre todo, cuando la *"frialdad"* aparezca poco después de haber estado *"caliente"* la torta, pues en este último estado es cuando se forma más $AgCl$ (reacciones (G_1) y (L)), que en estas condiciones no puede ser reducido por Cu_2Cl_2. [1]

* *
*

NaCl

La sal marina, por su principio activo cloruro de sodio, interviene en las siguientes reacciones: (1), (3), (5), (D), (12), (K); y estas reacciones serán más rápidas al aumentar la concentración de la solución de cloruro de sodio. Además, al concentrarse esta solución se descompondrá mayor cantidad de protocloruro de mercurio, como he dicho ya, y por lo mismo aumentará la extensión de la reacción (3), y de las (G) que dependen de ésta. Por otra parte, al aumentar la concentración del cloruro de sodio se podrá disolver mayor cantidad de protocloruro de cobre y de cloruro de plata, y aumentará por lo tanto la extensión de las reacciones (6), (K) y (5). Por último, como al aumentar la concentración del cloruro de sodio se puede descomponer mayor cantidad de Hg_2Cl_2 el *"consumido"* tenderá á disminuir, porque en vez de formarse Hg_2Cl_2 se formará solamente $HgCl_2$.

Por las razones anteriores, dije en la primera parte de este escrito que: el aumento en la cantidad de sal marina que se emplea en la actualidad en el Beneficio de Patio, comparada con la que se usaba antes, lo considero un perfeccionamiento notable introducido en este procedimiento metalúrgico.

[1] Véase estudio reacción (6).

$$Cu\,SO_4$$

Para que se verifiquen las reacciones indicadas en el resumen anterior se necesita que se forme fácil y rápidamente, cuando menos, una molécula de cada uno de los protocloruros de mercurio y de cobre; y para esto, no es suficiente en las condiciones del Beneficio de Patio la presencia de las dos moléculas de bicloruro de cobre que indica la siguiente ecuación:

$$2\,Cu\,Cl_2 + 2\,Hg = Hg_2\,Cl_2 + Cu_2\,Cl_2$$

porque esta reacción como dije al estudiar la (2) se interrumpe por falta de contacto directo entre la solución de bicloruro de cobre y el mercurio, al cubrirse los glóbulos de este metal con la película formada principalmente por el protocloruro de mercurio; y es necesaria para que la reacción continue la intervención de un trabajo físico auxiliar, agitación ó frotamiento, que restablesca este contacto y reproduzca las condiciones de la acción primitiva; por lo tanto, para que la formación de los protocloruros se verifique fácil y rápidamente en las condiciones del Beneficio de Patio, ó sea con agitación ó frotamiento interrumpidos é imperfectos como son los "*repasos*," es preciso aumentar la concentración del bicloruro para activar la reacción como he dicho ya; es decir, hay necesidad de emplear más de dos moléculas de bicloruro de cobre disueltas en 3288.3 kilos de agua.

Las interesantes reacciones (6) y (K) dependen de la acción química que ejerce el bicloruro de cobre sobre el mercurio; pero á su vez, la velocidad de esta reacción depende: de la frecuencia del "*repaso*," que por el frotamiento que produce limpia la superficie de los glóbulos de mercurio; y del aumento en la concentración del bicloruro de cobre. [1] Ahora bien,

[1] Véase estudio de la reacción [2].

el "repaso" de las tortas no es continuo, y mientras estas quedan en *"reposo"* las acciones químicas que dependen de la presencia del mercurio, como son la (2), la (6) y las (K), no pueden verificarse sino por movimientos producidos por capilaridad, los cuales permiten que las sales disueltas y á una pequeña distancia de cada glóbulo de mercurio lleguen á ponerse en contacto con este metal; pero como la *"lama"* en beneficio es relativamente consistente, los movimientos producidos por la capilaridad alcanzan poca extensión; y por lo mismo, las acciones químicas en las cuales interviene el mercurio no pueden verificarse, cuando la torta está en *"reposo,"* sino á una pequeña distancia alrededor de cada glóbulo de ese metal: "tant qu'on laisse la tourte en repos les actions chimiques dues à la présence du mercure ne peuvent s'exercer qu'autour de chaque globule et à une faible distance." [1] Según esto, si las soluciones son muy diluidas serán muy lentas las reacciones en que interviene el mercurio cuando las tortas estén en reposo, y se activarán estas reacciones aumentando la concentración de la solución; pero si este aumento es muy notable, al poner en movimiento las tortas se formará mucho protocloruro de mercurio, se *"calentará"* la torta, y aumentará el *"consumido"* de mercurio, por las razones que voy á indicar.

Al aumentar la concentración de la solución de bicloruro de cobre se acelera como dije ya la reacción (2), y se acelera aún más cuando el *"repaso"* es activo y frecuente, por cuyos motivos se forma con rapidez mucho protocloruro de mercurio. Ahora bien, como dije antes, por cada litro de solución de cloruro de sodio, con la concentración usada en el Beneficio de Patio, solo pueden descomponerse aproximadamente 205 miligramos de protocloruro de mercurio, con formación de 118 miligramos de bicloruro del mismo metal que quedan disueltos. Al irse formando el bicloruro de mercurio, según

[1] Roswag. L. c. pag. 299.

la reacción (3), irá atacando al sulfuro de plata, según la reacción (4); y al formarse sulfuro de mercurio, el equilibrio químico de la reacción (3) será transtornado por haber desaparecido el bicloruro de mercurio, y una nueva cantidad de protocloruro de este metal se descompondrá, razón por la cual al ocuparme de la reacción (3) dije, que: en el Beneficio de Patio esta descomposición tendía á ser completa. Sin embargo, no es ilimitada esta descomposición; porque si la favorece la reacción (4), en cambio, las reacciones (D) regeneran al protocloruro de mercurio antes descompuesto, y éste se descompondrá de nuevo según la misma reacción (3), pero solamente cuando en la solución de cloruro de sodio no estén disueltos ya los 118 miligramos de bicloruro de mercurio por litro, pues este es el límite superior que puede disolverse en el cloruro de sodio, en las condiciones del Beneficio de Patio. [1] Como según las reacciones (G) el bicloruro de mercurio se regenera, no podrán descomponerse según las reacciones (3) más de 205 miligramos de protocloruro de mercurio por cada litro de solución de cloruro de sodio; ó sean en total: 694 gramos $(1.4\ Hg_2Cl_2)$ en el beneficio de las 10 toneladas que he estudiado. Para que no se forme más de $1.4\ Hg_2Cl_2$, en el ejemplo que he estudiado, se necesita que la expresión $\left(\dfrac{109-a}{2}\right) Hg_2Cl_2$ de las reacciones (C) sea igual á cero. Se conseguiría esto si a fuera igual á 109, es decir, que solo se empleara la cantidad de bicloruro de cobre estrictamente necesaria para producir una molécula de Hg_2Cl_3; pero entonces, sería muy diluida la solución del bicloruro de cobre, y casi nulas las reacciones cuando las tortas estuvieran en "*reposo;*" para evitar esto, y que la expresión anterior sea casi igual á cero, se aumenta la concentración del bicloruro de cobre, y con los *repasos* se regulariza la velocidad de la reacción (2), de tal suerte, que: no

[1] Véase estudio reacción [3].

se forme mayor cantidad de Hg_2Cl_2 que la que pueda descomponer por completo la solución de cloruro de sodio; ni sean tan interrumpidos los *"repasos"* que la misma reacción camine con extraordinaria lentitud; y así, cuando la *"tentadura"* indique no se ha formado exceso de Hg_2Cl_2 se podrá *"repasar"* la *"torta"* con actividad, aunque siempre con método, para no activar mucho la reacción (2); pero si ésta camina con mayor velocidad de la debida se suspenderá el repaso para normalizarla de nuevo. Cuando la concentración del bicloruro de cobre excede de la conveniente, según lo que he dicho antes, ya sea porque se emplee mayor cantidad de sulfato de cobre de la necesaria, ó bien porque se haya evaporado ó congelado el agua de la torta, ó porque el repaso haya sido muy activo, se aumentará la velocidad de la reacción (2), se calentará la torta, y entonces la expresión $\left[\dfrac{109-a}{2}\right] Hg_2Cl_2$ alcanzará un valor notable; es decir, se formará mayor cantidad de protocloruro de mercurio del que puede descomponer el cloruro de sodio, y por lo mismo, todo este protocloruro así formado significará un aumento del *"consumido"* de mercurio. Llegado este último caso, y para normalizar la velocidad de la reacción (2), no bastará muchas veces interrumpir el *"repaso,"* sino que habrá necesidad de disminuir la concentración del bicloruro de cobre, ya sea: agregando agua, *"regando la torta;"* ó si esto no pudiere hacerse, por no disminuir también la consistencia de la lama, ó bien porque la velocidad de la reacción (2) fuera excesiva, la calentura muy alta, entonces se agregará algún correctivo de los que me ocuparé después, para que esta substancia descomponga una parte de bicloruro de cobre, y al disminuir así la concentración de este compuesto se regularice de nuevo la velocidad de la reacción (2).

Por la exposición anterior se comprende: por una parte, la necesidad de emplear en el Beneficio de Patio mayor cantidad de sulfato de cobre de la que seria extrictamente nece-

saria para extraer la plata de su sulfuro; y por otra, la dificultad de calcular teóricamente la cantidad de sulfato de cobre
que deba emplearse. En efecto, además de que una parte del
bicloruro de cobre es descompuesta por la caliza de la matriz,
por el carbonato alcalino de la sal, y por el fierro que proviene
del desgaste de los aparatos de molienda; la solución de bicloruro debe tener cierta concentración que permita, mediante
los *"repasos"* solamente, regularizar la velocidad de la reacción
(2), velocidad que debe variar de acuerdo con las de las reacciones (4) y (J); y estas últimas dependen: de la naturaleza
del mineral argentífero, pues no todos se atacan con igual facilidad; y dependen también de la matriz, pues no todas permiten igual vizcosidad [1] de la *"torta,"* y los *"repasos"* no producen por lo tanto igual efecto. Según esto, y puesto que las
reacciones químicas en el Beneficio de Patio no dependen solamente de las proporciones relativas de los agentes químicos,
y de la concentración de las soluciones de estos últimos, sino
también de los trabajos físicos necesarios para restablecer el
contacto entre los agentes químicos disueltos y el sulfuro de
plata, es muy difícil la determinación teórica de la cantidad
de sulfato de cobre que deba emplearse para el mejor éxito de
este sistema metalúrgico; y por lo mismo, deben aceptarse
mejor, las indicaciones experimentales, los datos [2] proporcionados por la buena práctica de este procedimiento. Por este
motivo dice el Sr. Fernández [3] que: "el beneficio no usa los equivalentes de la química sino los suyos, propios á esta metalurgia."

Para evitar los inconvenientes indicados en los párrafos
anteriores, y con el deseo de evitar también el *"consumido"* de
mercurio, varios autores desde Bowring [4] hasta Kröncke [5]

---

[1] Véase Malaguti y Durocher. L. c. pags. 502, 532, 537.
[2] Véase en la Primera Parte de este estudio el párrafo "ensalmorar."
[3] V. Fernández. L. c. pag. 13.
[4] Juan Bowring. Aplicación de la química y de la electricidad al beneficio de los
metales de plata.
[5] Véase E. Cumenge y E. Fuchs. Encyclopédie chimique.

han propuesto, unos para el Beneficio de Patio y otros para
cuando la Amalgamación se hace en toneles, substituir el uso
del sulfato de cobre por el del protocloruro de este metal previamente preparado; pero esta modificación, en el caso del Beneficio de Patio, no ha evitado ninguno de los inconvenientes
ya mencionados. En efecto, empleando el sulfato de cobre en
este procedimiento, el bicloruro de cobre que se forma según
la reacción (1) se disuelve y se reparte con uniformidad en la
torta; y por lo mismo, el protocloruro de cobre producido según la reacción (2) se formará en la superficie de cada uno de
los globulitos de mercurio repartidos en la *"torta;"* es decir,
que al formarse quedará también repartido con relativa uniformidad en toda la masa de la *"torta,"* lo cual no se consigue
facilmente cuando se trata de mezclar un poco de este protocloruro, sólido y previamente preparado, con una gran masa
de mineral. Esto último obliga á emplear mucha mayor cantidad de protocloruro de cobre de la que seria estrictamente
necesaria; y además, se facilita la oxidación de este compuesto de cobre al estarlo repartiendo en la torta. Ahora bien, según la reacción (16), el protocloruro de cobre al oxidarse se
transforma en oxicloruro, pero á la vez se forma también bicloruro de cobre; además, según las reacciones (K), al atacar
el protocloruro de cobre al sulfuro de plata se forma también
bicloruro de cobre; luego, aun cuando se emplee protocloruro
de cobre previamente preparado, en vez de sulfato de cobre,
se formará siempre bicloruro de cobre y se verificará en todo
caso la reacción (2) que trataba de evitarse; y por lo mismo,
todas las indicadas en este resumen. Según la extensión que
adquieran las reacciones (16) y (K) al usar el protocloruro de
cobre, y según la velocidad que alcancen estas mismas reacciones, la concentración del bicloruro de cobre formado podrá
ser la conveniente, ó podrá ser excesiva; y por lo tanto, el beneficio podrá seguir su marcha normal, ó se *"calentarán las
tortas;"* y por lo mismo, no cambiando en nada las condicio-

nes generales del Beneficio de Patio, con el uso del protocloruro de cobre previamente preparado, ni se evitará el "*consumido*" de mercurio, ni se evitará tampoco el que las tortas se "*calienten.*" Esta conclusión ha sido comprobada prácticamente repetidas veces, y yo he tenido oportunidad de presenciar muchos de estos experimentos. En el beneficio por toneles de Kröncke los resultados son distintos; pero esto es debido á la presencia del zinc, de cuya acción química me ocuparé más adelante, y á la menor oxidación del protocloruro de cobre en los toneles.

*_**

Hg

El mercurio desempeña un papel interesantísimo en el Beneficio de Patio, como se comprende por todo lo que llevo dicho. En efecto: interviene en la reacción (2), para formar los protocloruros de mercurio y cobre, que son los agentes quimicos que atacan á los sulfuros argentíferos; reduce según la reacción (5) (secundaria) al cloruro de plata formado según la reacción (4); determina la reacción (6), ó sea, la reducción del cloruro de plata por el protocloruro de cobre, reacción que en las condiciones del Beneficio de Patio no tendría lugar sin la presencia del mercurio; determina las reacciones (H), ó sea el ataque del sulfuro de cobre por el bicloruro de mercurio; interviene en las reacciones (J) y (K), evitando que se clorure la plata, la cual se precipita al estado metálico; interviene en la reacción (18) (secundaria) descomponiendo directamente á los sulfuros de plata; y por último, amalgama á la plata puesta en libertad por las reacciones (6), (5), (K) y (18). Como se ve, no solamente sirve para amalgamar la plata, sino que determina varias reacciones, é interviene en todas las principales acciones químicas de las cuales depende la extracción de la plata por este sistema metalúrgico. Este interesan-

tísimo papel que desempeña el mercurio en el Beneficio de
Patio lo expresa el Sr. D. Trinidad García, con las siguientes
palabras: "hasta ahora se ha atribuido al mercurio un papel
muy secundario en el beneficio, porque se ha creido que solo
servía para recojer la plata pura y amalgamarse con ella; pero
la verdad es que tiene una energía muy grande. [1]

Supuesto que el mercurio interviene en las principales
reacciones de este beneficio, y teniendo en cuenta por otra
parte, que la velocidad de las reacciones en que interviene,
además de ser una función de la concentración de las soluciones, es proporcional á la extensión de las superficies de separación, [2] pareceria conveniente emplear un notabilísimo exceso de este metal para activar el beneficio. Sin embargo, este
notable exceso, al acelerar demasiado la reacción (2), origina-
ría los inconvenientes que he indicado antes; es decir, la "calentura" de las tortas y el mayor "consumido" de mercurio, por
los motivos ya indicados. Pero por otra parte, he dicho varias
veces que: para que estas reacciones se verifiquen como es
debido, debe estar el mercurio en exceso, porque estas reacciones están sujetas al "principio de las superficies de separación;" [3] y además, como la agitación de las tortas por medio
del "repaso" es intermitente é imperfecta, es preciso que los
globulitos de mercurio se encuentren repartidos en toda la
"torta," para que en toda ella, y aun cuando esté en "reposo,"
se verifiquen las reacciones mencionadas; y por último, es
preciso emplear un exceso de mercurio, para que este metal
recoja y amalgame á la plata puesta en libertad. Por lo tanto,
puede concluirse que: es preciso emplear el mercurio en exceso en el Beneficio de Patio; pero este exceso tiene un límite
superior, fijado por la condición de que: no debe activar este

[1] Trinidad García. Teoría del beneficio de amalgamación por patio. México
[1888] pag. 27. (Memoria leída en la Sociedad de Geografía y Estadística).
[2] Véase estudio de la reacción [2].
[3] Véase estudio de la reacción [2].

exceso á la reacción (2) hasta el grado de hacer inconveniente la velocidad de esta reacción, según lo que dije antes á este
respecto. Como este límite superior no es fácil determinarlo
teóricamente, deben aceptarse los datos relativos [1] que ha
proporcionado la larga práctica de este procedimiento metalúrgico.

*
* *

Consumido.

Según las reacciones (18), (G) y (K) [2] se transforma en
sulfuro de mercurio una molécula de este metal por dos de
plata amalgamada; y por lo mismo, el *"consumido"* al estado
de sulfuro de mercurio será en peso: de 200.10 de mercurio,
por 215.86 de plata amalgamada.

Al estado de bicloruro el *"consumido"* será de 118 milígramos de bicloruro por cada litro de solución de cloruro de sodio, de concentración doble de la normal. En el caso de las 10
toneladas que he considerado, este *"consumido"* será aproximadamente 388 gramos de bicloruro de mercurio, como dije
antes, ó sean 286 gramos de mercurio por 10800 gramos de
plata amalgamada, lo cual corresponde á: 5.7 de mercurio consumido, por 215.86 de plata amalgamada.

Sumando las dos partidas anteriores se obtiene el siguiente
resultado.

"Consumido" en las condiciones normales del Beneficio de
Patio:

Al estado de sulfuro de mercurio: 200.10 Hg por 215.86 Ag
íd.   íd.   íd. bicloruro de   íd.   :   5.70 Hg por 215.86 Ag

Suma: 205.80 Hg íd.   íd.

[1] Véase en la Primera Parte de este Estudio el párrafo "incorporar."
[2] Y también las reacciones estudiadas adelante $[18_1]$ á $[18_5]$, $[G_1]$ á $[G_5]$ y $[K_1]$ á $[K_5]$

ó sea, aproximadamente: una parte en peso de mercurio "*consumido*," por una de plata amalgamada.

Cuando la "*torta*" se "*caliente*" habrá que agregar al "*consumido*" anterior el valor de la expresión $\left[\frac{109-a}{2}\right] Hg_2Cl_2$; ó sea, tóda la cantidad de protocloruro de mercurio que se forme en exceso de la que puede ser descompuesta por la solución de cloruro de sodio, según las indicaciones anteriores. Este último "*consumido*" variará con el "*grado de calentura de la torta*," y con la duración de este accidente del beneficio; y será "*consumido*" al estado de protocloruro de mercurio. [1]

Al "*consumido*" habrá que agregar la "*pérdida*" mecánica de mercurio, en el "*lavadero*" y "*capellina*," para obtener la pérdida comercial de mercurio en el Beneficio de Patio. [2]

SECCIÓN II.

BENEFICIO DE PATIO DE LA PLATA NATIVA,
DE SU CLORURO NATURAL Y DE LOS SULFOANTIMONITOS
Y SULFOARSENIUROS DEL MISMO METAL.

Muy poco tendré que agregar á lo expuesto en la Sección anterior para explicar el Beneficio de Amalgamación por Patio de las especies minerales de plata no estudiadas en aquella sección, y que debo considerar para completar la teoria química ya indicada.

*_**

En las condiciones normales del Beneficio de Patio, la plata nativa puede ser parcialmente clorurada por la acción del bicloruro de cobre, ó puede amalgamarse en parte directamente.

La acción química del bicloruro de cobre sobre la plata

[1] Véase párrafo $Cu\,SO_4$ de esta Sección.
[2] Véase en la Primera Parte de este estudio el párrafo relativo.

metálica la indiqué ya al estudiar las reacciones (6) (15); y de
ese estudio se deduce que: la reacción es invertible en las condiciones del Beneficio de Patio, porque el cloruro de plata, en
presencia del mercurio, es descompuesto por el protocloruro
de cobre, precipitándose la plata al estado metálico. Por lo
mismo, la reacción:

$$(15) \qquad 2\,CuCl_2 + 2\,Ag \xrightarrow[\longrightarrow]{\longleftarrow} Cu_2Cl_2 + 2\,AgCl$$

se podrá verificar de izquierda á derecha solo antes de "*incorporar;*" es decir, antes que el mercurio esté presente en la
"*torta*" en beneficio, pues cuando este metal esté ya incorpo-
rado la reacción (15) se verificará de derecha á izquierda. Además, la cloruración de la plata antes de "*incorporar*" no será
completa, porque el "fotocloruro de plata" se adhiere á este
metal é impide su contacto directo con el bicloruro de cobre;
y aunque la sal marina disuelve al cloruro de plata es en cantidad muy pequeña: 485 miligramos por cada 100 gramos de
cloruro de sodio, como dije antes; y cuando esta solución esté
saturada el "fotocloruro de plata" quedará adherido á este
metal, y la cloruración se interrumpirá. [1]

Según los experimentos de los Sres. Malaguti y Durocher,
por la acción química del bicloruro de cobre sobre la plata nativa, solo se clorura el 5.2 % de este metal después de 30 días
de contacto, y el 7.3 % después de 60 días. [2]

Por otra parte, la amalgamación directa de la plata nativa
es también limitada, porque se forma en la superficie del metal una capa muy delgada de amalgama de plata que impide
la acción ulterior del mercurio. [3]

La plata nativa cuando se encuentra en los minerales en
partículas gruesas se lamina en los aparatos de molienda; y
como no puede clorurarse por completo, ni amalgamarse di-

[1] Véase estudio reacción [2].
[2] Malaguti y Durocher. L. c. pag. 491.
[3] Id.   íd.   L. c. pag. 486.

rectamente en totalidad, es imperfecta su extracción por el Beneficio de Patio.

Para extraer parcialmente el oro y la plata que al estado nativo se encuentren en los minerales se *"empellan"* las *"arrastras,"* es decir: se pone en éstas "una corta porción de azogue, que manteniéndose en el fondo y en las hendiduras de las piedras, se frota continuamente con el asiento metálico más pesado, y extrae así una parte del oro que contiene el mineral junto con alguna plata. [1] Cuando la molienda se hace en morteros se emplean, con el mismo objeto, las placas de cobre amalgamado. De esta manera, el frotamiento producido por los aparatos de molienda destruye la adherencia entre la amalgama y los metales nativos, se renuevan las superficies de contacto de estos últimos, y la amalgama desprendida se disuelve en el mercurio. [2]

El cloruro de plata natural en presencia de una solución de cloruro de sodio se reducirá: por la acción del mercurio según la reacción (5) (secundaria); ó, en presencia del mercurio y del cloruro de sodio, por el protocloruro de cobre según la reacción (6) ya estudiada. Según esto, puede extraerse la plata contenida en su cloruro natural; pero hay que tener en cuenta la siguiente autorizada opinión de Sonneschmidt: "la plata blanca ó plata virgen, la plata sulfurea dúctil (molonque), y la plata cornea (plata parda, plata azul, plata verde) cuando se halla en la guija en partículas gruesas se aplastan en la molienda, y no pueden rendir toda su ley; pero las mismas mencionadas calidades de minerales son muy aptas para este beneficio cuando se hallan en pintas finas y delicadas, repartidas ó diseminadas en la guija." [3]

[1] Sonneschmidt. L. c. pag. 14.
[2] Véase Malaguti y Durocher. L. c. pag. 487.
[3] Sonneschmidt. L. c. pag. 85.

⁎

Los sulfoantimonitos y sulfoarseniuros de plata así como otros compuestos argentíferos son atacados por el bicloruro de mercurio y por el protocloruro de cobre, de una manera semejante á la indicada por las reacciones (G) y(K), aunque el ataque es más lento [1] que el del sulfuro de plata por los mismos agentes químicos.

Las reacciones (G) y (K) para el caso de los sulfoantimonitos y sulfoarseniuros de plata pueden representarse como se verá en la página de la vuelta y siguientes:

⁎

Como resumen de las reacciones: (G_1) á (G_5), (K_1) á $[K_5]$ y (18_1) á (18_5) puede decirse que: por cada molécula de plata amalgamada se "consume" al estado de sulfuro media molécula de mercurio, ó sea en peso, por 107.93 de plata se consumen 100.01 de mercurio; y se regeneran, tanto el bicloruro de mercurio como el protocloruro de cobre empleados en las reacciones (G_1) á (G_5) y (K_1) á (K_5).

Según las investigaciones recientes de Kammelsberg [2] la descomposición de la pyrargyrita por el protocloruro de cobre se verifica según la siguiente ecuación:

(19) $2 Ag_3 Sb S_3 + Cu_2 Cl_2 = 2 AgCl + Ag_2 S + 2 Ag + 2 CuS + Sb_2 S_3$

Se observa que en el segundo miembro de esta ecuación (19) se encuentra el sulfuro de plata $(Ag_2 S)$; y como este sulfuro es atacable por el protocloruro de cobre, según las reacciones (K), no puede decirse que ese segundo miembro represente el estado final de la reacción. Por otra parte, el cloruro de plata no se formará si la reacción (19) se verifica en presencia del mercurio, estando limpia la superficie de este

[1] Malaguti y Durocher. L. c. pag. 624.
[2] Véase Schnabel. Métallurgie.

Para la Pyrargyrita.

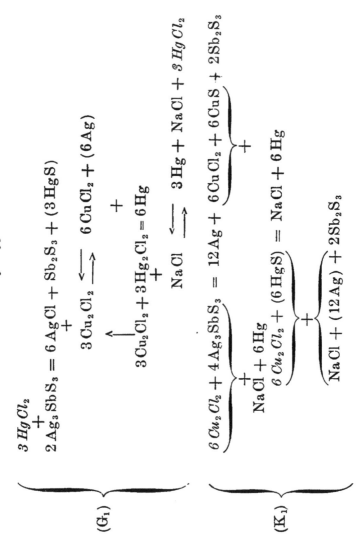

$$3\,HgCl_2$$
$$+$$
$$2\,Ag_3SbS_3 = 6\,AgCl + Sb_2S_3 + (3\,HgS)$$
$$+$$
$$3\,Cu_2Cl_2 \longrightarrow 6\,CuCl_2 + (6\,Ag)$$
$$+$$
$$3\,Cu_2Cl_2 + 3\,Hg_2Cl_2 = 6\,Hg$$
$$NaCl \; \underset{\longrightarrow}{\longleftarrow} \; 3\,Hg + NaCl + 3\,HgCl_2$$

(G_1)

$$6\,Cu_2Cl_2 + 4\,Ag_3SbS_3 = 12\,Ag + 6\,CuCl_2 + 6\,CuS + 2\,Sb_2S_3$$
$$NaCl + 6\,Hg$$
$$6\,Cu_2Cl_2 + (6\,HgS) = NaCl + 6\,Hg$$
$$NaCl + (12\,Ag) + 2\,Sb_2S_3$$

(K_1)

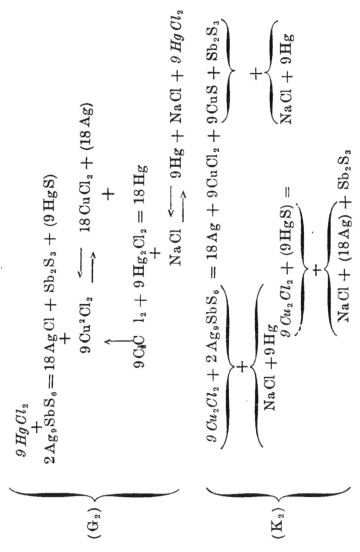

Para la Polybasita.

$$9\,HgCl_2$$
$$+$$
$$2\,Ag_9SbS_6 = 18\,AgCl + Sb_2S_3 + (9\,HgS)$$
$$+$$
$$9\,Cu^2Cl_2 \;\begin{array}{c}\longleftarrow\\\longrightarrow\end{array}\; 18\,CuCl_2 + (18\,Ag)$$
$$+$$
$$9\,Cu_2Cl_2 + 9\,Hg_2Cl_2 = 18\,Hg$$
$$NaCl \longrightarrow 9\,Hg + NaCl + 9\,HgCl_2$$

(G_2)

$$9\,Cu_2Cl_2 + 2\,Ag_9SbS_6 = 18\,Ag + 9\,CuCl_2 + 9\,CuS + Sb_2S_3$$
$$NaCl + 9\,Hg$$
$$9\,Cu_2Cl_2 + (9\,HgS) =$$
$$9\,Cu_2Cl_2 + (9\,HgS) = 18\,Ag + 9\,CuCl_2 + 9\,CuS + Sb_2S_3$$
$$NaCl + (18\,Ag) + Sb_2S_3$$
$$NaCl + 9\,Hg$$

(K_2)

Para la Stephanita.

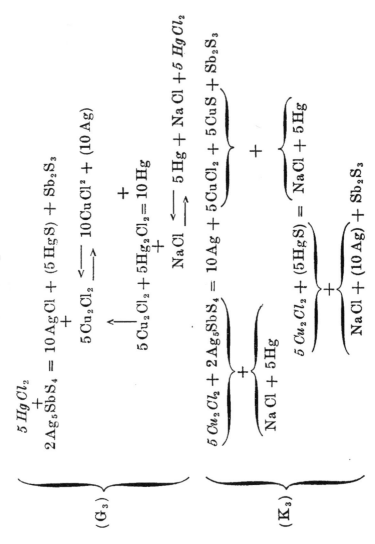

$$5\ HgCl_2$$
$$+$$
$$2\,Ag_5SbS_4 = 10\,AgCl + (5\,HgS) + Sb_2S_3$$
$$+$$
$$5\,Cu_2Cl_2 \xrightleftharpoons{} 10\,CuCl^2 + (10\,Ag)$$
$$+$$
$$5\,Cu_2Cl_2 + 5\,Hg_2Cl_2 = 10\,Hg$$

$$(G_3)$$

$$5\,Cu_2Cl_2 + 2\,Ag_5SbS_4 = 10\,Ag + 5\,CuCl_2 + 5\,CuS + Sb_2S_3$$
$$NaCl + 5\,Hg$$
$$+$$
$$NaCl \xleftarrow{} 5\,Hg + NaCl + 5\,HgCl_2$$
$$+$$
$$5\,Cu_2Cl_2 + (5\,HgS) = NaCl + 5\,Hg$$
$$NaCl + (10\,Ag) + Sb_2S_3$$

$$(K_3)$$

Para la Myargyrita.

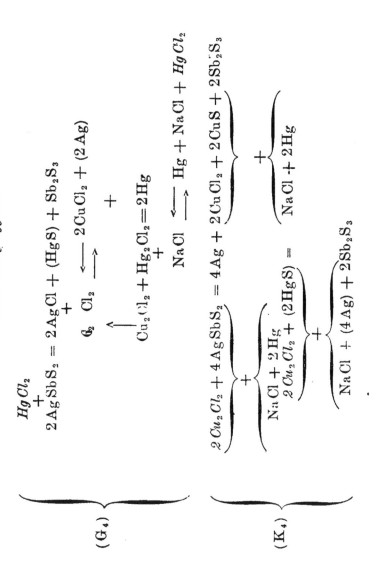

$$HgCl_2$$
$$+$$
$$2AgSbS_2 = 2AgCl + (HgS) + Sb_2S_3$$
$$+$$
$$Cl_2 \longrightarrow 2CuCl_2 + (2Ag)$$
$$+$$
$$Cu_2Cl_2 + Hg_2Cl_2 = 2Hg$$
$$NaCl \rightleftharpoons Hg + NaCl + HgCl_2$$

(G_4)

$$2Cu_2Cl_2 + 4AgSbS_2 = 4Ag + 2CuCl_2 + 2CuS + 2Sb_2S_3$$
$$NaCl + 2Hg$$
$$2Cu_2Cl_2 + (2HgS) =$$
$$NaCl + 2Hg$$
$$NaCl + (4Ag) + 2Sb_2S_3$$

(K_4)

Para la Proustita.

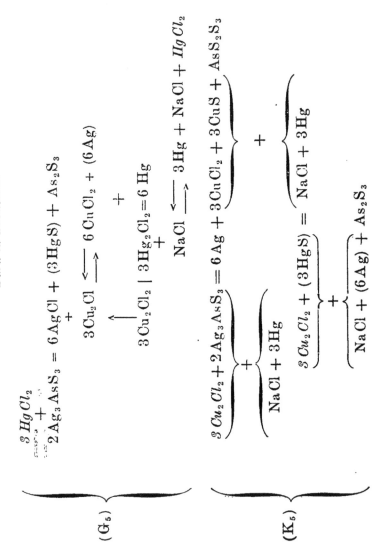

$$3\,HgCl_2$$
$$2Ag_3AsS_3 = 6AgCl + (3HgS) + As_2S_3$$

$$3Cu_2Cl \xrightarrow{} 6CuCl_2 + (6Ag)$$

$$3Cu_2Cl_2 \mid 3Hg_2Cl_2 = 6\,Hg$$

$$NaCl \xrightarrow{} 3Hg + NaCl + HgCl_2$$

$$(G_5)$$

$$3\,Cu_2Cl_2 + 2Ag_3AsS_3 = 6Ag + 3CuCl_2 + 3CuS + AsS_2S_3$$

$$NaCl + 3Hg$$

$$3\,Cu_2Cl_2 + (3HgS) = NaCl + 3Hg$$

$$NaCl + (6Ag) + As_2S_3$$

$$(K_5)$$

Las reacciones (18), serán:

Para la Pyrargyrita : $(18._1) - 2Ag_3SbS_3 + 3Hg = (3HgS) + [6Ag] + Sb_2S_3$

íd. íd. Polybasita : $(18._2) - 2Ag_9SbS_6 + 9Hg = (9HgS) + [18Ag] + Sb_2S_3$

íd. íd. Stephanita : $(18._3) - 2Ag_5SbS_4 + 5Hg = (5HgS) + [10Ag] + Sb_2S_3$

íd. íd. Myargyrita : $(18._4) - 2Ag\,SbS_2 + Hg\; = (HgS)\; + [2Ag] + Sb_2S_3$

íd. íd. Proustita   : $(18._5) - 2Ag_3AsS_3 + 3Hg = (3HgS) + [6Ag] + As_2S_3$

Las reacciones (1), (C), (5) y (16) no experimentan cambio alguno.

metal, por las razones que indiqué ya al estudiar las reacciones (K), (L) [1] y los experimentos relativos del Dr. Percy. Según esto, puedo concluir diciendo que: la reacción (19) no ha llegado á su estado final; y que esta reacción propuesta por Rammelsberg no se verificará en las condiciones normales del Beneficio de Patio.

SECCIÓN III.

REACCIONES ACCIDENTALES EN EL BENEFICIO DE PATIO.

Designaré con el nombre de reacciones accidentales, á las acciones químicas que se verifican en el Beneficio al agregar las substancias que se emplean para corregir el accidente conocido con el nombre de "*calentura*".

Los "*correctivos*" que se emplean cuando una "*torta*" está "*caliente*" son: cal viva, ceniza de madera, amalgama de zinc, cobre precipitado ó thiosulfato de sosa. [2] Antiguamente se usaban también los siguientes: "*lamas*" no beneficiadas ó ya beneficiadas, [3] y lodo podrido. Estas substancias motivan las siguientes reacciones químicas.

Cuando se agrega cal viva á una "*torta*" en beneficio se transforman en óxidos de cobre tanto el bicloruro como el protocloruro de cobre, reacciones que pueden representarse como sigue :

$$(20) \quad CuCl_2 + CaO = CaCl_2 + CuO$$

reacción exotérmica que desorrolla $+$ 13.2 calorías, como se ve por el siguiente cálculo

[1] Véase también estudio de las reacciones (O), (P) y (Go).
[2] V. Fernández. L. c. pag. 30. Llama hiposulfito al thiosulfato de sosa
[3] Sonneschmidt. L. o. pags. 227, 231 y 233.

ESTADO INICIAL.

$(Cu + 2 Cl) = CuCl_2$ disuetlo, desarrolla: 62.6
$(Ca + O) = CaO$ íd.,   íd.   :   150.1

                      Suma: 212.7

ESTADO FINAL.

$(Ca + 2 Cl) = CaCl_2$ disuelto, desarrolla: 187.6
$(Cu + O) = CuO$ solido,   íd.   38.4

                      Suma 226.0

DIFERENCIA.

Estado final — Estado inicial $= 226.0 - 212.7 = +13.3$

Esta reacción exotérmica, y no invertible en las condiciones del Beneficio de Patio, se verifica á la temperatura atmosférica ordinaria, y sin la intervención de ninguna energia extraña que la provoque.

La descomposición del protocloruro de cobre por la misma cal puede representarse así:

$$(21) \qquad Cu_2Cl_2 + CaO = CaCl_2 + Cu_2O$$

Esta reacción se verifica á la temperatura ordinaria y es exotérmica, pues desprende $+ 8.3$ calorias conforme al siguiente cálculo:

ESTADO INICIAL.

$(2 Cu + 2 Cl) = Cu_2Cl_2$ sólido, dessarrolla: 71.2
$(Ca + O) = CaO$ disuelto,   íd.   :   150.1

                   Suma $= 221.3$

ESTADO FINAL.

$(Ca + Cl) = CaCl_2$ disuelto, desarrolla: 187.6

$(2Cu + O) = Cu_2O$ sólido,   íd.   :   42.0
                                        ————
                              Suma $=$ 229.6

DIFERENCIA.

Estado final — Estado inicial $= 229.6 - 221.3 = + 8.3$

El bicloruro de mercurio no será descompuesto por la cal, pues según Mialhe esta descomposición no tiene lugar en presencia de un cloruro alcalino, [1] como sucede en el Beneficio de Patio.

Los óxidos de cobre CuO y Cu_2O no tienen acción química sobre el mercurio; y como al descomponerse el bicloruro de cobre según la reacción (20) disminuirá lo concentración de lo solución de este compuesto, y disminuirá tambiéu la velocidad de la reacción (2), según he dicho antes, desaparecerá por lo tanto la calentura. Pero si la cantidad de cal agregada á la "*torta*" fuere mucha, no solo disminuiría la concentración del bicloruro de cobre, sino que podría ser éste totalmente descompuesto según la reacción (20): y como el protocloruro de cobre se descompondría también por completo, el beneficio quedaría paralizado entre tanto no se agregara sulfato de cobre á la torta, y en cantidad más que suficiente para descomponer todo el exceso de cal empleado, según la misma reacción (20). Por lo anterior se comprenden fácilmente los defectos del uso de este correctivo, que son: descomponer al protocloruro de cobre, que es un agente químico importantisimo en este beneficio como he dicho ya; y paralizar también el beneficio cuando se emplea en exceso. .

[1] Véase Wurtz. L. c.

El principio activo de la ceniza de madera es el carbonato alcalino, el cual transforma en carbonatos de cobre tanto al bicloruro como al protocloruro de cobre. Como estos carbonatos no tienen acción química sobre el mercurio, pero sí puede el carbonato alcalino descomponer por completo á los cloruros de cobre, el empleo de la ceniza de madera como correctivo de la *"calentura"* de las *"tortas"* presenta los mismos defectos, y produce los mismos resultados que el uso de la cal viva.

El cobre precipitado transforma al bicloruro de cobre en protocloruro del mismo metal.

$$(22) \qquad CuCl_2 + Cu = Cu_2Cl_2$$

reacción exotérmica que desarrolla $+ 8.6$ calorías, según el siguiente cálculo:

ESTADO INICIAL:

$(Cu + 2Cl) = CuCl_2$ disuelto, desarrolla: $\qquad + 62.6$

ESTADO FINAL:

$(2Cu + 2Cl) = Cu_2Cl_2$ sólido, desarrolla: $\qquad + 71.2$

DIFERENCIA:

Estado final — Estado inicial $= 71.2 - 62.6 = + 8.6$

Conforme á esta reacción, al agregar cobre precipitado á una *"torta"* en beneficio disminuirá la concentración del bicloruro de cobre; y como el protocloruro de este metal no ataca al mercurio, la velocidad de la reacción (2) disminuirá, y desaparecerá la calentura sin que el protocloruro de cobre sea descompuesto, sino por el contrario aumentada su concentración; y sin que el beneficio se paralice aun cuando el cobre se empleara en exceso, pues este metal no descompone al protocloruro de cobre, como sucede al emplear la cal y la ceniza, y por lo tanto no se interrumpirán las reacciones (K). Pero aun hay más: el cobre, en presencia del ácido clorhídrico ó del cloruro de sodio, reduce al bicloruro de mercurio precipitando mercurio metálico. Esta precipitación, lenta con el cobre, es menos lenta cuando se emplea el fierro, y es rápida cuando se verifica por la acción del zinc, del cadmio, ó del níquel [1] Esta acción química del cobre evitará el mayor consumido de mercurio que se produce, como he dicho, cuando la "*torta*" se "*calienta;*" porque el protocloruro de mercurio en las condiciones del Beneficio de Patio, será reducido también por el cobre, como paso á indicarlo. [2]

El bicloruro de mercurio por la acción química del cobre se transforma en protocloruro del mismo metal [3] con formación de protocloruro de cobre:

$$(23) \qquad 2\,HgCl_2 + 2\,Cu = Hg_2Cl_2 + Cu_2Cl_2$$

pero si están presentes el ácido clorhídrico ó el cloruro de sodio, el protocloruro de mercurio se descompone según la reacción (3), y se forma bicloruro de mercurio, precipitándose mercurio metálico. Estas reacciones se pueden representar como sigue:

$$(Q)$$

$$2\,HgCl_2 + 2\,Cu = Hg_2Cl_2 + Cu_2Cl_2$$
$$+$$
$$HgCl_2 + Hg \rightleftharpoons NaCl$$

(1) Véase Wurtz L. c.
(2) Y podrá reducirse también el sulfuro de mercurio según las reacciones (I) ya estudiadas.
(3) Véase Wurtz. L. c.

si el cobre está en exceso atacará á la molécula regenerada de bicloruro de mercurio, y las reacciones (Q) seguirán repitiéndose hastá la transformación casi completa del bicloruro de mercurio, conforme á la siguiente reacción:

$$(24)\ 2\,HgCl_2 + 4\,Cu + NaCl = NaCl + 2\,Cu_2Cl_2 + 2\,Hg$$

Ahora bien, el protocloruro de mercurio que se forma en exceso cuando una "*torta*" se "*calienta*," exceso que no puede ser descompuesto según la reacción (3), por haber llegado ésta al límite de su extensión ya indicado, podrá ser reducido cuando se agregue cobre á la "*torta caliente*." En efecto, supongamos: que por la cantidad de sal empleada y su concentración, el equilibrio químico de la reacción (3) se establece, como en el ejemplo de las 10 toneladas que he estudiado, cuando se ha transformado en bicloruro una molécula aproximadamente de protocloruro de mercurio; y que al "*calentarse la torta*" se hayan formado x moléculas de este protocloruro. Si entonces se agrega el cobre precipitado, este metal reducirá al bicloruro de mercurio disuelto, (según la reacción 24), y al desaparecer este bicloruro se transtornará el equilibrio químico de la reacción (3), una nueva molécula de protocloruro de mercurio se descompondrá por el cloruro de sodio, formándose una molécula de bicloruro de mercurio, la que á su vez será descompuesta por el cobre según la reacción (24); y ésta, y la (3), seguirán repitiéndose hasta la descomposición completa de las x moléculas de protocloruro de mercurio, como lo representa la expresión de la página de la vuelta.

⁎

Por las reacciones (R) se precipitará al estado metálico casi todo el mercurio contenido en las x moléculas del proto-

$$x\,Hg_2Cl_2 = \begin{cases} Hg_2Cl_2 + Hg_2Cl_2 + NaCl \xrightarrow{\;\;\;\;\;} \begin{array}{c} Hg_2Cl_2 + NaCl \rightleftharpoons Hg\,Cl_2 + NaCl + [Hg] \\ + \\ 2\,Cu \; = \; Cu_2Cl_2 + [Hg] \end{array} \quad (R) \\ \\ Hg_2Cl_2 + Hg_2Cl_2 + NaCl \xrightarrow{\;\;\;\;\;} \begin{array}{c} Hg_2Cl_2 + NaCl \rightleftharpoons Hg\,Cl_2 + NaCl + [Hg] \\ + \\ 2\,Cu \; = \; Cu_2Cl_2 + [Hg] \end{array} \end{cases}$$

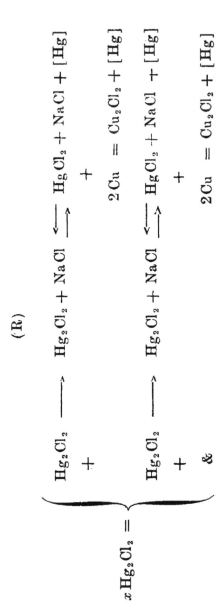

cloruro de este metal, aunque no con rapidez, por ser lenta como dije antes la reacción (24). [1]

De lo anterior se concluye que: el cobre precipitado corrige la *"calentura"* de las *"tortas"* sin descomponer al protocloruro de cobre, y por lo mismo, aun cuando se emplee en exceso no paralizará el beneficio; y además, puede evitar el aumento del *"consumido"* de mercurio que, al estado de protocloruro, se produce cuando las *"tortas se calientan."* Por estas razones creo fundado el haber dicho en la Primera Parte de este escrito, que: el empleo del cobre precipitado como correctivo de la *"calentura"* es un perfeccionamiento introducido en el Beneficio de Patio.

El zinc, y con menor rapidez el fierro, descomponen al bicloruro y al protocloruro de cobre precipitando al cobre al estado metálico, según las siguientes reacciones:

$$(25) \qquad Cu\,Cl_2 + Zn = Zn\,Cl_2 + Cu$$

reacción exotérmica que desarrolla $+ 50.2$ calorías, según el siguiente cálculo:

ESTADO INICIAL.

$(Cu + 2\,Cl)$ disuelto, desarrolla: $+ 62.6$

ESTADO FINAL.

$(Zn + 2\,Cl)$ disuelto, desarrolla: $+ 112.8$

DIFERENCIA:

Estado final — Estado inicial $= 112.8 - 62.6 = +50.2$ calorías.

---

[1] Las reacciones (24) y (R) se verificarán con rapidez al elevar la temperatura como se hace en los "panes."

La reducción del protocloruro de cobre puede representarse por la siguiente ecuación:

$$(26) \qquad Cu_2Cl_2 + Zn = ZnCl_2 + 2Cu$$

reacción también exotérmica que desarrolla $+ 41.6$ calorías.

ESTADO INICIAL.

$(2Cu + 2Cl)$ sólido, desarrolla: $\qquad + 71.2$

ESTADO FINAL.

$(Zn + 2Cl)$ disuelto, desarrolla: $\qquad + 112.8$

DIFERENCIA.

Estado final — Estado inicial $= 112 8 - 71.2 = +41.6$ calorías.

Por otra parte: el zinc descompone rápidamente al bicloruro de mercurio [1] precipitando mercurio metálico.

$$(27) \qquad HgCl_2 + Zn = ZnCl_2 + Hg$$

reacción exotérmica que desarrolla $+ 53.2$ calorías.

ESTADO INICIAL.

$(Hg + 2Cl)$ disuelto, desarrolla: $\qquad + 59.6$

ESTADO FINAL.

$(Zn + 2Cl)$ disuelto, desarrolla: $\qquad + 112.8$

DIFERENCIA.

Estado final — Estado inical $= 112.8 - 59.6 = + 53.2$ calorías.

(1) Véase Wurtz L. c.

Por la reacción (25) se comprende que: el empleo del zinc reduce la concentración del bicloruro de cobre; y como el cloruro de zinc formado no ataca al mercurio, como lo indica la reacción (27) que no es invertible, la velocidad de la reacción (2) disminuirá y desaparecerá por lo mismo la *"calentura de la torta,"* sin que se forme una substancia inerte en el Beneficio de Pátio como son los óxidos y carbonatos de cobre, sino que se precipita cobre metálico, cuya presencia en el beneficio no es nociva sino por el contrario bastante útil, como dije en el párrafo anterior. Sin embargo, si el zinc se emplea en exceso se descompondrá, según la reacción (26), el protocloruro de cobre que exista en la torta en beneficio; y como también se descompone el bicloruro de mercurio, conforme á la reacción (27), se interrumpirán las reacciones (G) y (K) y el beneficio quedará paralizado, formándose una amalgama de cobre. En cambio, si se emplea el zinc [1] en cantidad conveniente, como se hace en el procedimento por toneles de Kröncke, el *"consumido"* se reduce á su mínima expresión, por los siguientes motivos.

El zinc descompondrá al bicloruro de mercurio rápidamente según la reacción (27), y por lo mismo descompondrá al protocloruro de mercurio según las reacciones (R), las cuales se verificarán con mucha mayor rapidez en presencia del zinc que del cobre. Además, en presencia del zinc, ó del zinc y el cobre, el sulfuro de mercurio se reducirá, cuando menos en parte, por el protocloruro de cobre según las reacciones (I). Según esto, si por el uso del zinc se reduce el bicloruro, el protocloruro y el sulfuro de mercurio á mercurio metálico, el *"consumido"* será teóricamente nulo, y prácticamente quedará reducido á su mínima expresión.

En resumen puedo decir que: el zinc corrige la *"calentu-*

---

(1) El zinc se emplea en amalgama, porque al disolverse ésta en el mercurio que existe en la lama en beneficio, se consigue que la repartición de este metal en la lama se haga con facilidad, y con relativa perfección.

ra de las tortas;" que empleado en cantidad conveniente reduce el *"consumido"* de mercurio; pero si se emplea en exceso paralizará el beneficio.

El fierro, aunque con menor velocidad que el zinc, produce los mismos efectos que este último metal; y por esto puede decirse que: el fierro que proviene del desgaste de los apara-tos de molienda cuando no es mucha cantidad, y el fierro del herraje de los caballos que *"repasan"* las *"tortas,"* no es nocivo al Beneficio de Patio.

*** *

El thiosulfato de sosa al obrar sobre el bicloruro de cobre forma thiosulfato de cobre y sosa, compuesto conocido con el nombre de sal de Lenz, y que se disuelve en la solución del thiosulfato alcalino. [1] Como el thiosulfato de cobre no ataca al mercurio, la calentura de la torta desaparecerá al reducirse por este medio la concentración del bicloruro de cobre, y al disminuir por lo tanto la velocidad de la reacción (2). Pero si el thiosulfato alcalino se emplea en exceso, según el Sr. V. Fernández, "produce una acción pasagera, enfría rápidamente pero reaparece la calentura." [2] Esto se explica fácilmente porque el thiosulfato de sosa y cobre ataca al sulfuro de plata con formación de un thiosulfato de plata y sosa, y sulfuro de cobre; [3] y este sulfuro de cobre en presencia del óxigeno del aire y del cloruro de sodio regenera bicloruro de cobre, según las reacciones (M); y por lo mismo, volverá á aumentar la concentración de este bicloruro y se *"calentará"* de nuevo la *"torta."* En estas condiciones el sulfuro de cobre no será descompuesto por el bicloruro de mércurio según las reaccio-

(1) Véase Stetefeldt. The lixiviation of silver ores with hiposulphide solutions p, 28, 29, 37.

(2) V. Fernández. L. c. pag. 30.

(3) Véase Stetefeld. L. c. pag. 36.

nes (H), porque este bicloruro se descompone también por la
acción del thiosulfato alcalino con formación de sulfuro de
mercurio, [1] lo cual ocasiona un aumento en el *"consumido"*
de este metal, y no evita la oxidación del sulfuro de cobre.

.*.

Los otros correctivos que se han empleado son: las lamas
sin beneficiar, las ya beneficiadas y el lodo podrido.

Las lamas sin beneficiar obran cuando contienen caliza
descomponiendo como he dicho ya al bicloruro de cobre, reacción más lenta que la producida por los carbonatos alcalinos;
pero que al reducir la concentración del bicloruro de cobre
retarda la reacción (2) y la *"calentura"* puede ser corregida.
Este *"correctivo"* solo se usa cuando se calienta la *"torta"* en el
"incorporar," ó poco después. [2]

Cuando la *"calentura"* aparece después de algunos días de
beneficio puede corregirse con "la aplicación de lamas que resultan de residuos de la misma hacienda." [3]

Las lamas ya beneficiadas pueden obrar sobre el bicloruro
de cobre por dos motivos: uno, porque contienen el mercurio,
muy dividido en globulitos, que se "perdió" mecánicamente
en el *"lavado de la torta"* de la cual provienen estos residuos, y
este mercurio al obrar sobre el bicloruro de cobre según la
reacción (2) disminuirá la concentración de este bicloruro; y
otro, porque estas lamas ya beneficiadas suelen contener cal,
substancia que se agrega, como dice Sonneschmidt, antes de
lavar una torta con objeto de "reunir el desecho del azogue," [4]

(1) Véase Wurtz. L. c.
(2) Sonneschmidt. L. c. pag. 227.
(3)   Id.   L. c. pags. 231 y 232.
(4)   Id.   L. c. pags. 61 y 62.

y esta cal obrará según las reacciones 20 y 21 ya estudiadas.

Por último, en el lodo podrido se encuentran sulfuros alcalinos, alcalino-terrosos ó ácido sulfhídrico, y estos compuestos atacan al bicloruro de cobre con formación de sulfuro de este metal; y por lo tanto, disminuirá la concentración del bicloruro de cobre y la "*calentura*" desaparecerá; pero esta desaparición será solo temporal porque el protosulfuro de cobre se oxida fácilmente [1] por la acción del aire, y en presencia del cloruro de sodio se regenera el bicloruro de cobre según las reacciones (M) ya estudiadas.

Estos correctivos son ya poco usados, por ser más activos los que indiqué antes.

..*

Algunas de las reacciones accidentales que he estudiado en esta Sección III son reacciones principales, cuando la Amalgamación en crudo se hace en Panes ó en Toneles, por las siguientes razones.

El "*caballo*" y el "*fondo*" de los aparatos llamados "*panes*" son de fierro; y por esto, y según una reacción semejante á la (25), pronto se deposita el cobre en estas piezas; y por lo mismo, puede decirse que: el beneficio se hace en presencia de este metal. Estando el cobre presente, además de las reacciones principales indicadas ya para el caso del Beneficio de Patio, deben agregarse también como principales las (24) y las (R), quedando en equilibrio las (H) y las (I). Todas las reacciones serán más rápidas que en el Beneficio de Patio, porque las lamas se calientan con vapor en los "*panes*," y el "*consumido*" será menor por las razones que indiqué al estudiar las reacciones (R), aunque la "*pella*" resulta cobriza.

[1] Véase Wurtz. L. c.

En los toneles, según el sistema de Kröncke, se verificarán las reacciones (G) y (K) antes de agregar la pella de zinc; y después de agregar ésta se verificarán las: (R), (27); y las (I) parcialmente. Todas estas serán reacciones principales, y se verificarán con rapidez porque también se calientan con vapor los toneles. El *"consumido"* será muy reducido, por las razones que indiqué ya al estudiar la reacción (27).

SECCION IV.

EXPLICACIÓN DE DETALLES Y ACCIDENTES DEL BENEFICIO DE PATIO.

Un modo excelente para probar el valor de una teoría química es observar, dice M. Carey Lea, [1] su aptitud para explicar no solo el resultado general de la reacción, sino también los hechos secundarios que se observan. Conviniendo yo en esta notable opinión voy á procurar explicar los detalles y accidentes del Beneficio de Patio por medio de la teoría química ya indicada, y representada por las reacciones: (1), (C), (G), (K), (5) y 18.

En la Primera Parte de este Estudio, en el párrafo "Adelantos y accidentes del Beneficio de Patio conocidos por las tentaduras," indiqué los diversos hechos que se observan en este sistema metalúrgico; y ahora, explicaré estos hechos siguiendo el mismo orden en que fueron enumerados.

—1—

"Haciendo tentadura inmediatamente después de concluir los repasos del incorporo se halla en la jícara, además del asiento del mineral, azogue á veces algo unido pero lo más

(1) M. Carey Lea. Amer. Journ. of Science (3ª) XXXVIII, pag. 359 (1889).

en perlitas pequeñas y en desecho, que es azogue sumamente dividido. Refregando éste con los dedos y exprimiéndolo por un lienzo apenas se conoce rastro de amalgama." [1]

La subdivisión del azogue se explica fácilmente porque este metal se reparte en la torta en lluvia fina; y como la "lama" es consistente, las perlitas de mercurio pueden permanecer separadas; y por otra parte, como al "incorporar" se verifica la reacción (2) con mayor velocidad que poco después, cuando por esta misma reacción haya disminuido la concentración del bicloruro de cobre, el glóbulo de mercurio estará atacado ligeramente en su superficie, y esto dificulta la unión de un glóbulo con otro, pues se cubre con una delgada película; y si los glóbulos no se reunen con facilidad, y el "repaso" tiende á dividirlos, el resultado será: el "desecho" que se observa en esta primera "tentadura."

Apenas se encuentran rastros de amalgama en esta "tentadura" porque el bicloruro de cobre formado durante el "ensalmorar," según la reacción (1), ataca muy lentamente á los minerales argentíferos como dije al estudiar esta reacción; y por lo mismo, y aun cuando transcurra mucho tiempo entre el "ensalmoro" y el "incorporo," muy poca plata estará libre; y por lo tanto, muy poca amalgama se formará al agregar el mercurio en el "incorporo."

—2—

En esta primera tentadura el mercurio puede presentar distintos aspectos. "En hallándose muy blanco, semejante á su color natural ó tirando más ó menos en color amarillo, es señal que aun falta magistral; y en siendo de un color muy aplomado, ó de un gris de ceniza muy subido, es señal que la cantidad agregada del magistral ha sido demasiada, y que el

(1). Sonneschmidt. L. c. pag. 38.

beneficio se halla ya en aquel estado que llaman caliente. Este último es dañoso y embaraza el beneficio, y así más vale pecar en lo primero que no en lo segundo. Lo que conviene es, que el azogue tenga en la superficie un leve color agrisado poco sensible, ya es pues, señal que el magistral opera y que el beneficio caminará bien." [1]

Cuando sea insuficiente la cantidad de sulfato de cobre empleada en este beneficio la concentración del bicloruro de cobre formado según la reacción (1) será muy pequeña, y en las condiciones de este beneficio será entonces nula ó muy pequeña la velocidad de la reacción (2). En el primer caso, el mercurio conservará su color propio; y en el segundo, tendrá un color amarillento, color que indica una pequeña formación de protocloruro de mercurio, y un principio de descomposición [2] de éste por el cloruro de sodio según la reacción (3).

Cuando sea excesiva la cantidad de sulfato de cobre empleada, la concentración del bicloruro de cobre formado será muy grande, y esto acelera notablemente la reacción (2). Si la velocidad de esta reacción es mayor que la de la reacción (3), ó si esta última alcanzó ya su estado de equilibrio, ó sea el límite de su extensión, el protocloruro de mercurio formado según la reacción (2) y que no puede ser ya descompuesto, ó al menos que esta descomposición no puede ser tan violenta, por ser menor la velocidad de la reacción (3) que la de la (2), se quedará adherido al mercurio, formando en la superficie de los glóbulos una película de color aplomado ó gris de ceniza. [3] Este estado que se llama caliente es dañoso, porque se aumenta el "consumido" de mercurio al formarse mayor cantidad de protocloruro de mercurio de la que puede ser descompuesta, según la reacción (3), por el cloruro de sodio. Este estado es

(1) Sonneschmidt. L. c. pag. 39.
(2) Véase Wurtz. L. c.
(3) La composición de esta película ha sido determinada por análisis cuantitativo, y es: Hg_2Cl_2

también embarazoso, porque al cubrirse el mercurio con la
película ya mencionada se interrumpe el contacto directo entre
este metal y la solución, y se interrumpen por lo mismo las
reacciones: (D) y (J); y las (G) y (K) no se verificarán sino
las (Go) y (L); y como según éstas la plata se clorura, y el
cloruro de este metal no puede reducirse en esas condiciones
ni por las reacciones (D) ni por la (5), por estar interrumpido
el contacto con el mercurio, el beneficio quedará casi paralizado mientras la "torta" esté "caliente."

Cuando el sulfato de cobre se agregue en la cantidad conveniente, la concentración del bicloruro de cobre será también
la conveniente, y se desarrollarán como es debido las reacciones (C), (G) y (K); pero como el mercurio interviene en las
reacciones (2), (D), (H), (J), y según éstas tiende á transformarse en protocloruro, la superficie del mercurio tomará un
leve color agrisado, que indicará que las anteriores reacciones
se están verificando; pero este color será poco sensible si el
beneficio camina bien, porque entonces la velocidad de la reacción (3) estará en relación con la de las reacciones (2), (D),
(H) y (J), y á medida que se forme el protocloruro de mercurio será descompuesto por el cloruro de sodio; y no habiendo
exceso de protocloruro de mercurio, el color agrisado de este
metal será poco sensible.

—3—

Al día siguiente del "incorporo" la tentadura presenta distinto aspecto. En efecto, "no solo se hallará en el azogue unido amalgama de plata, mediante el tacto, sino que lo que 24
horas antes era desecho de azogue ha mudado enteramente
de aspecto y se ha transformado en lo que se llama limadura
de plata; ya es brillante de un color amarillento, y al parecer
compuesto de pequeñas hojitas ó granos. Refregando esta li-

madura con un dedo se une en amalgama seco de plata que
llaman pasilla. Esta es la mejor señal de que el beneficio está
bien encaminado." [1]

Al siguiente día del "incorporo" ya se habrán empezado
á verificar las reacciones (G) y (K); y por lo mismo, la plata
metálica puesta en libertad según estas reacciones se encontrará ya amalgamada con el mercurio.

El mercurio muy subdividido que se encuentra en una
torta en beneficio recibe el nombre de "lis de azogue" ó "desecho" y estas "perlitas" de mercurio son las que tocan más
frecuentemente á las partículas de la plata puesta en libertad
por las reacciones (G) y (K); y por lo mismo, se forman pequeñas partículas de amalgama de plata que se designan con
el nombre de "limadura de plata." Esta limadura tendrá distintos aspectos, como se comprende fácilmente, según sean
las proporciones relativas de la plata y el mercurio contenidos
en la amalgama: si la plata está en gran cantidad, las partículas de la limadura serán gruesas y duras, la limadura estará
seca; y si el mercurio está en exceso la limadura estará blanda,
sus partículas se unirán fácilmente al frotarlas con el dedo, y
al comprimirlas escurrirá el mercurio y quedará la amalgama
seca de plata llamada "pasilla."

Según la velocidad con que se hayan desarrollado las reacciones (G) y (K) habrá más ó menos plata en la limadura á
las 24 horas del incorporo; pero la presencia de esta limadura
indica como se ve que se están desarrollando las reacciones
(G) y (K) y por lo mismo que el beneficio está encaminado;
y estará bien encaminado si la amalgama de plata tiene su
aspecto natural ya indicado; pues de no ser así, y como la
amalgama tiene mercurio, el color de la limadura tiene que
participar del color que tome este metal según sea el accidente que se presente en el beneficio.

[1] Sonneschmidt. L. c. pag. 40.

—4—

Se dice que una torta está en buen beneficio cuando: el mercurio tiene un "color ligeramente aplomado y la facultad de reunirse en un solo glóbulo, lo cual indica que su superficie no está revestida por cuerpos extraños, que no está *"enzu-rronado;"* [1] y el "desecho" "se encuentra en la tentadura en polvo, pero por el menor frotamiento se reune en una sola gota; la limadura aparece blanca metálica brillante y que fácilmente adhiere al botón." [2]

Los hechos anteriores están explicados en los párrafos 2 y 3; y no habiendo exceso en la formación del protocloruro de mercurio no se enzurronará este metal, y por lo tanto podrán reunirse fácilmente los glóbulos de mercurio y las partículas de la limadura.

—5—

Cuando una "torta" en beneficio está "tocada," es decir, ligeramente "caliente," la "limadura" pierde su lustre metálico y el mercurio tiene un color aplomado. El estar la "torta tocada" "no es circunstancia dañosa, y al contrario contribuye á concluir el beneficio más pronto, y se suele perder sin necesidad de aplicar remedio." [3]

Una torta está "tocada" cuando la velocidad de la reacción (2) sea un poco mayor que la de la reacción (3); entonces, se formará un pequeño exceso de protocloruro de mercurio que al adherirse á este metal le da el color aplomado, y hace que la limadura pierda su lustre metálico.

Al verificarse la reacción (2) con más velocidad se producirá mayor cantidad de protocloruro de cobre, y al aumentar

[1] V. Fernández. L. c. pag. 31.
[2]   Id.   L. c. pag. 31.
[3] Sonneschmidt. L. c. pag. 54.

por este motivo la concentración del referido protocloruro se acelerarán las reacciones (G) y (K) que son las que ponen á la plata en libertad, y el beneficio será más rápido.

Pasado algún poco de tiempo la concentración del bicloruro de cobre disminuirá al transformarse en protocloruro; y como la velocidad de la reacción (3) no varía cuando disminuye la concentración del bicloruro de cobre [1] llegaran á ser iguales las velocidades de las reacciones (2) y (3), y por lo tanto el beneficio volverá á su estado normal [2] sin necesidad de aplicar remedio.

Como al estar "tocada la torta" la cantidad de protocloruro de mercurio adherida á los glóbulos de este metal es pequeña, no se interrumpirá sensiblemente el contacto entre el mercurio y la solución, y podrán verificarse todas las reacciones en que interviene este metal, el cual podrá también recoger y amalgamar á la plata que quede en libertad. Además, como al normalizarse el beneficio la velocidad de la reacción (2) disminuye sin que varíe la de la reacción (3), el pequeño exceso de protocloruro de mercurio formado mientras la "torta" estuvo "tocada" será descompuesto, según la reacción (3), al normalizarse el beneficio; y por lo mismo, este estado, "tocado," no ocasionará aumento en el "consumido" de mercurio ni puede considerarse como dañoso.

La velocidad de la reacción (3) se acelera, así como su extensión, hasta llegar á su estado de equilibrio, cuando aumenta la concentración del cloruro de sodio. [3] Según esto, si se agrega sal á una "torta tocada" el exceso pequeño de protocloruro de mercurio formado, como consecuencia de la ligera aceleración de la reacción (2), será descompuesto desde luego por la reacción (3), cuya extensión ha aumentado y desaparecerá lo "tocado de la torta."

(1) Véase estudio reacción (3).
(2) Véase párrafo (2) de esta Sección.
(3) Véase estudio reacción (3).

La velocidad de la reacción (2) se acelera por el "repaso de la torta;" [1] por lo mismo, si cuando la velocidad de esta reacción tiene tendencias á aumentar, como sucede cuando una torta está "tocada," se repasa con fuerza y actividad, la torta pasará del estado "tocado" al de "calentura."

—6—

Cuando una torta en beneficio está "caliente" "el azogue se cubre de un color gris aplomado, la limadura que reside en el cuerpo y en la cabeza de la tentadura pierde su aspecto metálico brillante, y queda blanco mate ó también gris azulado. Restregados el botón ó la limadura con la yema del dedo pulgar contra el fondo ó la pared de la jícara, que son negros, abandonan en este caso un polvo blanco, proporcionado al grado de calentura, que á manera de humo ó nube, se levanta flotando en el agua que se ha dicho acompaña á una tentadura. Este polvo en las experiencias de laboratorio ha resultado de calomel. Cuando la calentura es excesiva el botón se divide en glóbulos, y el color gris azulado sube hasta ser casi negro." [2] El estado "caliente" ó "volado" ocasiona "además de la mucha pérdida de azogue, atraso y detención en el beneficio, y se hace preciso de remediarlo lo más pronto que fuera posible." [3]

Los hechos anteriores son debidos á la excesiva velocidad alcanzada por la reacción (2), y todos han sido explicados ya en los párrafos: 1 y 2 de esta Sección; en los $Cu SO_4$, y Consumido, de la Sección I, y por lo tanto; es inútil hacer repeticiones.

(1) Véase estudio reacción (2).
(2) V. Fernández. L. c. pags. 29 y 30.
(3) Sonneschmidt. L. c. pag. 54.

—7—

Los agentes químicos que se usan para remediar la "calentura" deben aplicarse con tiento, procurando por todos medios el conseguir se encamine el beneficio otra vez á su marcha regular, pues si se excede en la cantidad tuercen el beneficio, y causan á veces mucha pérdida de plata." [1]

Al estudiar las reacciones accidentales en la Sección III de este escrito indiqué, exceptuando al cobre precipitado, que todos los "correctivos" de la "calentura" paralizan el beneficio cuando se emplean en exceso; y por lo mismo, se comprende fácilmente que si este exceso es muy notable y el beneficio no se encamina de nuevo se perderá toda la plata que no hubiera sido extraída antes de aplicar los referidos correctivos.

—8—

Cuando una torta está fría, el mercurio del botón de la tentadura puede presentar distintos colores: ya su color natural, ya amarillento; ó bien gris negruzco, ó negro de hierro. [2]

La explicación de los dos primeros colores la indiqué ya en el párrafo 2, y estos colores indican que es débil la concentración del bicloruro de cobre y que la reacción (2) camina con lentitud. El "repaso" activo será conveniente en este caso, porque al acelerar la reacción (2) podrá encaminar bien el beneficio.

Los colores gris negruzco ó negro de hierro indicarán la ausencia del bicloruro de cobre en la torta, en cuyo caso, solo podrá verificarse la reacción (18); y el sulfuro de mercurio producido por esta reacción, al adherirse al mercurio, le co-

(1) Sonneschmidt. L. c. pag. 55.
(2)   Id.   L. c. pag. 55.

municará los colores mencionados. En este caso solo podrá corregirse el accidente agregando sulfato de cobre "poniendo una "espuela" á la torta.

—9—

Cuando la torta está "rendida" "en lugar de limadura aparece en la xícara desecho de azogue, que refregando con el dedo se junta en gotitas ó perlitas del mismo metal que llegan á rodar por su fluidez, lo que no hace ni la limadura ni el amalgama por fluído que sea." [1]

La torta está rendida cuando las reacciones (G), (K) y (18), ya no se verifican aun cuando las reacciones (2) y (3) estén caminando con su velocidad normal. Al no verificarse ya las reacciones (G), (K) y (18), no habrá partículas de plata que puedan amalgamarse; y por lo mismo, no se formará ya limadura, sino que el mercurio muy subdividido y sin plata formará el "desecho" fluido en la tentadura.

Si el mineral argentífero que se beneficia es difícilmente atacable según la reacción (18), ó si ésta camina con mucha lentitud, la "tentadura" dará indicaciones iguales cuando la torta esté "rendida" ó solamente "fria;" pues en los dos casos no se verifican las reacciones (G) y (K); y solo el "ensaye de residuos" [2] permitirá distinguir con exactitud estos dos casos.

—10—

"Cuando una torta está rendida, si no la lavan se calienta." [3]

El estar rendida una torta no quiere decir, como indiqué ya, que las reacciones (2) y (3) no se verifiquen; puesto que el bicloruro de cobre se encuentra en el beneficio en mucha

(1) Sonneschmidt. L. c. pag. 48.
(2) Véase Primera Parte el párrafo "Rendir."
(3) V. Fernández. L. c. pag. 11.

mayor cantidad de la que sería estrictamente necesaria para que se verificaran las reacciones (G) y (K). Ahora bien, si esas reacciones continúan no obstante estar rendida la torta y ésta se abandona, al secarse la lama se concentrará la solución de bicloruro de cobre, se acelerará la reacción (2) y la torta se calentará. Para evitar esto y recoger el "desecho" de azogue se le agrega cal ó ceniza [1] á la torta rendida, en cantidad suficiente para descomponer todo el bicloruro existente en la torta según la reacción (20), y al suspenderse la reacción (2) la superficie del mercurio quedará limpia, y podrá reunirse el "desecho" de este metal.

—11—

"No todos los minerales que contienen plata son aptos para el beneficio por azogue del patio." [2]

En efecto, las especies minerales argentíferas que no puedan ser atacadas fácilmente por el bicloruro de mercurio (reacción (G), ó por el protocloruro de cobre (reacciones K), no podrán ser beneficiadas por este sistema metalúrgico; y á medida que sean más lentas ó más rápidas las reacciones (4) y (K), los minerales se llamarán "rebeldes," ó "dóciles." Esto explica también porqué la pérdida de plata por este beneficio varía según la naturaleza del mineral argentífero. [3]

—12—

"Cada marco de plata "consume" en el beneficio otra tanta cantidad de azogue, que son 8 onzas, siendo muy raro que llegase el total "consumido" y "pérdida" á una libra de azogue por cada un marco de plata." [4]

(1) Sonneschmidt. L. c. pag. 62.
(2)   Id.   L. c. pag. 34.
[3]   Id.   L. c. pag. 91.
[4]   Id.   L. c. pags. 82 y 84.

La explicación de estos hechos se encuentra en el estudio de las reacciones (G) y (K), y por lo mismo es inútil repetirla.

La explicación de la variabilidad de la duración de este procedimiento metalúrgico la indiqué ya en el párrafo relativo de la Primera Parte de este Estudio.

Expuesta ya la teoría química que antecede me será muy fácil explicar los fenómenos que han observado diversos autores, así como estudiar las principales teorías que han sido propuestas hasta ahora para explicar el Beneficio de Patio, y de las cuales me ocuparé en la Tercera Parte de este escrito.

Fin de la Segunda Parte.

ERRATAS NOTABLES.

Página	Línea	Dice	Debe decir
100	16	Ag_5SbS_6	Ag_9SbS_6
119	28	Ag	Hg
126	Al margen		Reacciones (C)
147	2	protocloruro	bicloruro
157	22	$3\,CuCl_2$	$3\,Cu_2Cl_2$
159	1ª columna	$\overbrace{}\,\vert\,\overbrace{}$	$\overbrace{}\,+\,\overbrace{}$
160	3ª id.	$\{$	$=\{$
161	25	(11)	(10)
166	17	(A)	(H)
169	24	(G_1)	(G_0)
170	7	(G_1)	(G_0)
173	26	Hg_2Cl_3	Hg_2Cl_2
188	4	$3\,Cu_2Cl$	$3\,Cu_2Cl_2$
180	5	$\vert$	$+$
188	7	AsS_2S_3	As_2S_3

LA DECLINACION MAGNETICA CON INSTRUMENTOS INADECUADOS

POR M. MORENO Y ANDA, M. S. A.,

Encargado del Departamento Meteorológico y Magnético
del Observatorio Nacional de Tacubaya.

En la Memoria presentada al Congreso de la Unión por el Ministerio de Fomento, correspondiente á los años transcurridos de Diciembre de 1877 á Diciembre de 1882, Tomo I, pág. 325, aparece un trabajo del Sr. Ingeniero D. Cayetano Camiña relativo á la declinación de la aguja magnética en Morelia, observada en el mes de Septiembre de 1877, de cuyo trabajo voy á ocuparme para demostrar con los mismos resultados que el citado señor presenta, que fuera de los instrumentos magnéticos propiamente dichos, el valor de los elementos del magnetismo terrestre no puede ser determinado más que con grosera aproximación.

El instrumento empleado por el Sr. Camiña fué una brújula, pues dice al principio de su estudio que: "la primera operación de que se ocupó antes de observar la declinación, consistió en determinar el error de colimación de la *"brújula,"* debido á la falta de coincidencia del eje óptico del telescopio con la línea N–S del instrumento."

No se dan detalles acerca del lugar en que se hicieron las observaciones, ni la hora media de ellas.

Inserto en seguida los resultados obtenidos por el Sr. Camiña, especificando los procedimientos seguidos para determinar el meridiano greográfico:

DECLINACION AL E

1877 Sept. 14	8°	23′	49.″32	Alturas iguales de Sol
		6	50.96	
15		24	4.98	Azimut de la Polar
18		24	31.49	,, ,, ,,
19		8	49.32	Alturas iguales de Sol
20		44	50.68	
		45	0.68	
		45	10.68	
21		55	40.68	
		56	20.68	
		55	40.68	Pasos meridianos
		55	15.68	de estrellas.
		55	0.68	
22		35	35.18	
		34	54.68	
		34	54.68	
		35	14.32	
		41	5.32	
		24	54.63	Alturas iguales de Sol
27		29	08.18	
		29	30.68	Alturas iguales de
28	9	0	28.68	1 estrella.
	8	59	25.68	
	9	0	03.18	
Promedio	8	39	25.88	

Según la lista anterior, resulta que en el transcurso de 14 días las medidas declinométricas variaron entre 8° 06′ 50.″96 y 9° 00′ 28.″68, lo que da una diferencia de 53′ 37.″72, es decir cerca de 1°.

¿A qué deben atribuirse discordancias tan inadmisibles, en un elemento como la declinación que en su marcha interdiurna normal apenas se desaloja ya al E. ya hacia el W?

El Sr. Camiña creyó que esos cambios provenían del estado eléctrico del aire, y de las oscilaciones de la aguja de uno á otro día, y basándose en la concordancia de los resultados de cada una de las series, asentaba que las observaciones eran dignas de confianza.

No está demostrado que el estado eléctrico de la atmósfera influya sobre el magnetismo de la Tierra; por lo menos los documentos con que hasta ahora se cuenta no permiten establecer una relación cierta entre ambos fenómenos.

Las oscilaciones de la aguja de uno á otro día, que yo llamo *marcha interdiurna*, en su estado normal, y en nuestro territorio, son muy pequeñas, pues oscilan al derredor de 2,′ como lo comprueban las observaciones diarias de la declinación practicadas en Tacubaya.

La concordancia en los varios resultados de un mismo día, no es un buen argumento en pró de la bondad de las observaciones; lo sería si ella se extendiera á todos los obtenidos en los 14 días de observación.

Precisamente en la gran falta de acuerdo entre los valores declinométricos de uno á otro día, me fundo para tachar de erróneas las declinaciones determinadas por el Sr. Camiña, pues teniendo presente lo que dije antes respecto á la marcha interdiurna, y comparándolo con las siguientes cifras, que representan el promedio de cada día y las diferencias sucesivas, puede juzgarse si mi aserto es fundado.

Fecha	Declinación		Diferencias	
			′	″
14	8° 15′	20.″14		
15	24	4.98	+ 8	44.84
18	24	31.49	+ 0	26.51
19	8	49.32	— 15	42.17
20	45	0.68	+ 36	11.36
21	55	35.68	+ 10	35.00
22	36	20.83	— 19	14.85
22	24	54.63	— 11	26.20
27	29	19 43	+ 4	24.80
28	59	59.18	+ 30	39.75

Apenas si los datos del 15, el 18 y el 2? del 22, que no son promedios, sino resultados de una sola observación, difieren solo en segundos; pero las demás discordancias, como se ve, pasan los límites de lo tolerable, y por consiguiente ni las observaciones, ni el promedio general que de ellas dedujo el Sr. Camiña, merecen confianza, porque de premisas falsas nunca puede llegarse á una conclusión verdadera, y si en lugar de haber sido solo 24 los valores determinados, hubieran sido 24000, [1] en las condiciones defectuosas expuestas, el promedio habría sido igualmente erróneo.

Así pues, no en el estado eléctrico del aire, ni en las oscilaciones de la aguja de uno á otro día, tenemos que buscar la causa de las diferencias tan fuertes que presentan las declinaciones observadas en Morelia, sino en el mismo instrumento que sirvió para el trabajo.

En efecto, la brújula, por muy bien construída que se la suponga, por más que se hayan llenado todos los requisitos que demanda el buen empleo de ella, nunca puede dar un valor exacto, en medidas absolutas, del ángulo de la declinación magnética, porque es casi imposible anular en ella los frotamientos de la chapa de ágata con la punta vertical en que se apoya; y las posiciones sucesivas de equilibrio cuando se levanta la aguja para descanzarla sobre el pivote, presentan diferencias muy fuertes para que su dirección media pueda determinarse con alguna aproximación; concurriendo, además, la causa de error proveniente de que el eje magnético no coincide nunca exactamente con el eje de figura.

En algunas brújulas, es verdad, se encuentra el recurso de que pueden invertirse las caras de la aguja, con lo que se elimina el error de la falta de paralelismo entre los ejes magnético y de figura, más queda en pie, sin embargo, el defecto

---

(1) El Sr. Camiña se lamentaba de no haber hecho mayor número de observaciones debido á la premura del tiempo y á las malas condiciones atmosféricas.

capital del frotamiento entre la chapa de ágata y el punto de apoyo.

Creo que lo expuesto basta para dejar demostrado con los hechos de un caso concreto, que con la brújula, y en general con los instrumentos que se emplean en la planometría, no puede obtenerse un valor exacto de la declinación, pues si ellas satisfacen en lo general á las necesidades de los levantamientos topográficos, nunca podrán sustituir al teodolito magnético, ya sea el inglés, el francés ó el alemán, construido para llenar funciones especiales propias de su objeto, en el que la barra imantada suceptible de inversión, va suspendida de un hilo de capullo de seda cuya torsión se determina para llevarla en cuenta en el resultado final.

De paso debo decir que en el trabajo del Sr. Camiña, noto que aunque las declinaciones se observaron con una brújula, la aproximación, sin embargo, se lleva hasta los centésimos de segundo, exceso de escrupulosidad por extremo inútil, cuando seguramente el limbo del instrumento estaba dividido solo en grados; y aun cuando éste hubiera contado con subdivisiones de 30,° de 15,′ de 1,′ ó si se quiere hasta de segundos, subsistiendo la principal y gran causa de error en la aguja misma, de nada, absolutamente de nada serviría tanta aproximación en las lecturas.

El Sr. Camiña compara el promedio de sus declinaciones con el valor que obtuvo el Sr. Ingeniero Francisco Jiménez para la misma ciudad de Morelia y para el año de 1870, el que es igual á 8° 37′ 15.″20, y de la diferencia 2.′10.″68 deduce un incremento en la declinación igual á 18.″68 por año.

Asienta también el hecho muy conocido de que según las observaciones hechas en el siglo pasado en la capital de la República, desde 1804 [1] por el Barón de Humboldt, hasta la de 1868 por los Sres. Ingenieros D. Francisco Díaz Covarrubias y D. Manuel Fernández Leal, la declinación acusa un

(1) Fueron hechas en Diciembre de 1803.

pequeño movimiento progresivo que termina en 1850, para en seguida decrecer paulatinamente.

En efecto, todos los datos que poseemos en México sobre la declinación magnética, parecen estar contestes en que hacia mediados del siglo pasado tuvo lugar la mayor elongación al E. según resulta de un trabajo muy laborioso publicado por el *Coast and Geodetic Survey* de los E. U. de N. América, en el que aparecen para nuestro territorio los datos siguientes:

Lugar.		Declin. Máx.	Año.
Isla de los Cerros (B. C.)	.....	12°00′	1866
„ de la Ascensión „	.....	11 18	1872
Bahía de la Magdalena „	.....	10 30	1875
San Lucas „	.....	9 54	1872
San Blas, Col	....	9 24	1857
C. de México	....	8 48	1848
Veracruz, V. C.	......	9 06	1832
Acapulco, Gue.	....	8 54	1846

En seguida la declinación ha ido disminuyendo regularmente y ya en 1900 encontramos los siguientes valores:

Isla de los Cerros	11°12′
„ de la Ascención	10 48
Bahía de la Magdalena	10 00
San Lucas	9 00
San Blas	8 00
Ciudad de México	7 24
Veracruz	6 06
Acapulco	7 06

Si comparamos ahora los valores para 1900 con ios correspondientes á los años de máxima elongación, y las diferencias se dividen por el número de años transcurridos, tendremos la variación ó aumento anual en cada uno de los lugares considerados, que es lo que se indica en la siguiente tabla:

Isla de los Cerros.................. 0.′93

„ de la Ascensión 1. 10

Bahía de la Magdalena............. 1. 20

San Lucas...................... 1. 90

San Blas....................... 1. 95

Ciudad de México 1. 60

Veracruz....................... 2. 60

Acapulco...................... 2. 00

Media.... 1. 66

$$1.′66 = 1′40″$$

1′40″ representa, por término medio, el desalojamiento anual del polo N de la aguja magnética hacia el N verdadero, ó mejor dicho, la diminución del ángulo de la declinación en el territorio mexicano.

Así, pues, el aumento anual de 18.″68 encontrado por el Sr. Camiña en una época en que el movimiento de la aguja era ya manifiestamente retrógrado, constituye una prueba más en favor de la tesis que vengo sosteniendo.

Todo lo expuesto sirve de fundamento á las dos proposiciones generales siguientes:

1ª Con la brújula ó el declinatorio de los teodolitos nunca puede determinarse el valor absoluto exacto de la declinación.

2ª Con tales instrumentos es perfectamente ilusorio dar el ángulo de la declinación con segundos y centésimos.

Tacubaya, Junio 1904.

ADEMACION DE TIROS VERTICALES

POR EL INGENIERO DE MINAS

ANDRÉS VILLAFAÑA, M. S. A.

(Lámina II).

Los tiros en las minas requieren ordinariamente un sistema especial en su ademación ó sea en la colocación de la madera que ha de mantenerlos dispuestos á los servicios de extracción, desagüe y tránsito de la gente. Uno de los medios empleados en esta ademación es el que me propongo describir, esperando que los errores que en esto cometa sean suplidos con el deseo que me anima de ser útil á quien de aquí pueda tomar algún dato ó indicación.

La forma más adecuada para la sección de los tiros verticales, y aceptada por todos los ingenieros directores de trabajos de minas es la rectangular, que puede ser cuadrada cuando los tiros son de poca importancia y de un solo departamento.

Esta forma es la más conveniente porque toda la sección es utilizable, principalmente en el departamento de cajas de extracción; en tanto que las circular y elíptica, siempre dejarán una parte que nunca será utilizable; además facilita la colocación de guías de madera y por consiguiente es en ellos donde se puede trabajar con malacates de gran velocidad.

Un tiro de servicio completo, ó *tiro general* de una mina, debe tener de ordinario, tres departamentos independientes entre sí, de sección rectangular ó cuadrada y dispuestos como se ve en las figuras 1 y 2 (1 es proyección horizontal y 2 es la proyección vertical). Dos de ellos sirven para la extracción y el tercero es para los aparatos de desagüe y ventilación y para el tránsito de los trabajadores, pudiendo hacerse este último con un malacate de vapor, chico, independiente del de extracción ó por escaleras convenientemente colocadas.

Para sostener las paredes (tablas) del tiro en posición completamente vertical, y para independer los tres departamentos se coloca la madera en la forma siguiente: al nivel del terreno se pone un marco como el indicado en la fig. 1, compuesto de dos largueros A. A., dos cabezales B. B. y dos divisiones C. C. Este marco forma el punto de partida de la ademación, y se sostiene fijando los largueros con pernos de fierro redondo de $\frac{7}{8}''$ á gualdras ó madres que se apoyan en terreno firme, ó bien los largueros del primer marco tienen mayor longitud que los subsiguientes, apoyando sus extremidades en terreno firme.

Sigue el ademe á la profundidad constituido por marcos que se colocan cada 5' (1 m. 52), ligados entre sí por postes D. D. y por ganchos de fierro redondo de $\frac{7}{8}''$ d. d.; entre marco y marco, y para el sostenimiento de las paredes (tablas), se coloca tablón de 2'' c. c. c. c., que viene á apoyarse sobre los marcos.

Después de colocado el primer marco, se suspenden, por medio de los ganchos de fierro y de tuercas que éstos llevan en sus extremidades, los dos largueros del segundo; en las extremidades de éstos se apoyan los cabezales para emboñar los ensambles y empezar á constituir el marco. Por medio de los ganchos de fierro se nivelan las piezas suspendidas, y por medio de cuatro plomadas que descienden de las cuatro esquinas del tiro, se colocan en su posición definitiva, asegurándolas en ella por medio de cuñas de madera y trozos denominados bancos. A esta operación se denomina *banquear*, y es la operación que requiere mayor atención, y que se procurará practicar con la mayor precisión.

Efectuado el *banqueo*, es decir, puesto un marco en su debida posición, se colocan tablones de 2'' de grueso entre él y la roca de las paredes del tiro. Estos tablones se cortan en trozos de 5' de largo y de anchura ordinaria, y vienen á apoyarse en una fajilla que previamente se ha fijado por el exterior del marco inferior, marcada en la figura 2 por la letra *f.* Se aseguran con clavos los tablones y se rellena el hueco entre ellos y la roca, con leña ó madera de desechos.

La madera empleada ordinariamente es el pino blanco y las dimensiones usuales son las siguientes:

Largueros, $8'' \times 8'' \times 17'$ ó sea 0. m. 20 × 0. m. 20 × 4. m. 57.
Cabezales, $8'' \times 8'' \times 6' - 4''$ ó sea 0. m. 20 × 0. m. 20 × 1. m. 93.
Divisiones, $8'' \times 8'' \times 5' - 2'$ ó sea 0. m. 20 × 0. m. 20 × 1. m. 57.
Postes, $8'' \times 8'' \times 5'$ ó sea 0. m. 20 × 0. m. 20 × 1. m. 50.
Tablón, $1' \times 2'' \times 5'$ ó sea 0. m. 30 × 0. m. 05 × 1. m. 50.

Las figuras 3 y 4 representan los largueros y cabezales respectivamente, indicando los ensambles que hay que efectuar para juntarlos y colocar las divisiones y los postes.

La figura 5 representa en perspectiva una de las divisiones, C, marcándose en *l* la espiga que deberá embutirse en las cajas practicadas en los largueros. Estas piezas se colocan después de fijados cabezales y largueros, y antes de los postes, que son las últimas piezas del marco y que se colocan antes de fijar los tablones de los marcos.

Los postes no tienen ningún ensamble y sólo se emparejan sus extremidades para que embonen en las cajas formadas en tres esquinas del marco por la unión del marco con el cabezal.

Es muy conveniente que de trecho en trecho, cada 20, 30 ó 40 metros, según lo permita ó exija el terreno, se coloque un marco con largueros de mayor longitud, alojando sus extremos en cajas (cárceles ó chocolones) ó cavidades abiertas *ad hoc* en la roca; del cual penden en cierto modo todos los inferiores por medio de los ganchos que entre ellos hay. Con esto queda dividida en trozos independientes entre sí la fortificación ó ademación hecha y en condiciones más favorables de resistencia.

Cualquiera que sea la fórmula empleada y el camino seguido para calcular la resistencia de la madera así empleada, se encuentra un exceso de resistencia en ella para los esfuerzos del terreno por soportar; condición que es no sólo conveniente, sino indispensable en obras como los tiros verticales de las minas.

México, Julio 1904.

5.

México, 14 de julio de 1904.

A. Villafañá

fig. 2.

fig. 1.

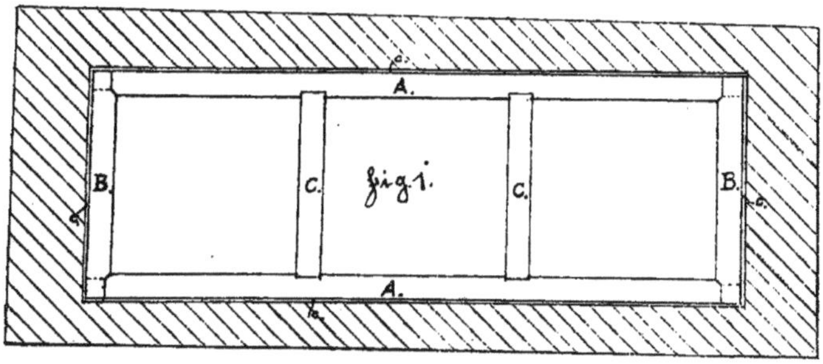

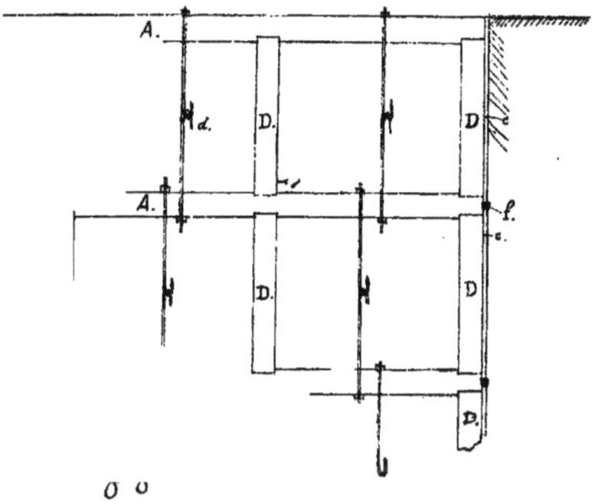

EL GUSANO DE LA FRUTA

POR EL INGENIERO

MANUEL MONCADA.

En un viaje que hice á Cuernavaca en los primeros días del mes de Abril del año en curso, ví una gran area de huertas cuya fruta estaba casi toda picada contándose por toneladas. Supe que un mosquito amarillo picaba, principalmente el mango en una de sus caras más planas; á los pocos días los gusanitos comenzaban á desarrollarse y el mango caía ya inútil, se seguía pudriendo y el gusano salía al fin introduciéndose en el suelo; formaba su capullo y metamorfoseado después salía ya hecho un mosco para picar otros mangos y continuar la destrucción de la fruta.

Supe también que una Comisión de Parasitología había ido á la localidad y que sus esfuerzos contra el mosco habían sido vanos, pues aunque juntaba y quemaba la fruta dañada para impedir que el gusano se transformara, otros moscos de huertas próximas ó lejanas volvían á propagarse, ó aun en la misma huerta, pues no es fácil juntar toda la fruta dañada. Solamente que todos los arbicultores ó dueños de huerta hicieran lo mismo con constancia podría dar resultado ese medio al cabo de cierto tiempo; pero esto es imposible, porque el juntar y quemar la fruta exige cierto gasto que aunque pequeño no puede ser sufragado por muchos hortelanos pobres, y con uno que no lo hiciera sería inútil el trabajo de los demás. A esto debe añadirse la indolencia de la raza y su fatalismo. No podría eficazmente castigarse al que no lo hiciera.

No hay ninguna ave que sea voraz de ese mosco al grado de exterminarlo. Las fumigaciones, polvos insecticidas, caldos, etc., etc., tendrían los mismos inconvenientes.

Pensando en esto he creído que la cuestión podría tal vez resolverse de otra manera: no encomendándola á la Parasitología, sino á la Industria.

Si el Gobierno pusiera como ejemplo una negociación en que se comprara á bajo precio el costo nada más de la recolección y transporte, la fruta dañada, y con ella algún quimico hiciera alcohol, azúcar, vinagre, etc., etc., tal vez se sacaran no solamente los gastos, sino una pequeña utilidad y el problema estaba resuelto, pues toda esa fruta dañada que ahora se pudre en el suelo viciando la atmósfera y propagando la plaga, sería juntada y llevada por sus dueños, lo que ya no era esto para ellos un trabajo inútil. Y tal vez se creaba una nueva industria que desarrollándose hiciera buena cidra, vinos, etc.

Creo que vale la pena de estudiarse el punto por personas prácticas.

No se cuál es el tiempo de incubación ni los de las transformaciones de ninfa, crisálida y mariposa, ni la estación en que aparecen, pero creo natural que sea el que fuere, la época más á apropósito para destruir el mal sería cuando, en forma de gusano, está alojado en la fruta.

Podría ser mala mi idea; yo la creo buena y debo manifestarla.

Recuérdese que en muchos Estados del país va cundiendo esta plaga de una manera alarmante é invadiendo á muchas clases de frutas (antes solo era la guayaba) y que no han dado resultado prácticamente los medios con que se ha pensado combatirla, por lo que ya urge poner un remedio. Esto disculparía el que se hiciera la experiencia conforme al método que propongo aunque no se creyera del todo bueno.

Tacubaya, Octubre 1904.

Bosquejo de las obras proyectadas
en las Minas de la Negociación Minera de Casa–Rul,
en Guanajuato, S. A.

Por el Ingeniero de Minas

MANUEL BALAREZO, M. S. A.

(Láminas III, IV y V).

Las minas de Guanajuato ocupan lugar preferente en la historia de nuestra industria minera, por lo fabuloso de sus bonanzas. Han sido éstas tan notables que en la época de su mayor apogeo, la producción equivalía á la cuarta parte de la de todas las minas de nuestro país, y á la sexta de la de América entera, según apreciaciones del Barón de Humboldt.

No obstante producción tan notoriamente abundante, todavia hay esperanzas muy fundadas de encontrar nuevas zonas mineralizadas á rumbo de veta y á profundidad; pues con un examen minucioso de la formación del terreno y de los antiguos laboríos, se descubren caracteres muy seguros que vienen indicando que la riqueza minera no se ha agotado.

Grupo de "Valenciana y Cata" — Concretándome á este grupo haré notar, desde luego, que existe un extenso é importante espacio sin explorar (como claramente se ve en el plano adjunto, Lám. III), comprendido entre las minas de Valenciana y Cata, en el cual he fijado principalmente mi atención para proyectar algunas obras, que paso en seguida á enumerar.

I. Establecer una comunicación entre las minas de Valenciana y Cata al nivel del Cañón 150, para lo cual se tendrán que colar solamente dos tramos, uno de 288 metros y otro de 160; pues ya existen labrados á ese nivel que pueden aprovecharse en Cata, Tepeyac y Valenciana.

II. Profundizar el tiro general de Cata unos 200 metros más.

III. Abrir á los 280 metros de profundidad por el tiro general de Cata un cañón, que se prolongará al N. W. hasta los labrados de Tepeyac, y al S. E., hasta ponerse abajo de los *planes* de Todos Santos.

IV. Romper á los 345 metros de profundidad otro cañón, que desarrollado hacia el N. W., alcanzará el laborío de Valenciana y hacia el S. E. los planes de la mina de Rayas; y

V. Abrir el cañón 440 que una los planes de la mina de Valenciana con el tiro general de Cata.

El objeto de la primera obra está sobradamente justificado, pues á la vez que servirá para explorar tres tramos de veta, permitirá comenzar económicamente el desagüe de la mina de Valenciana, por medio del trabajo combinado de las máquinas ya establecidas en los tiros generales de Cata y San José. Así solamente habrá que elevar el agua, primero, hasta el nivel 250, y después, desde este nivel, hasta el del brocal del tiro de Sechó (que ya se arregló convenientemente para el objeto), ahorrándose una altura total de 150 metros, sobre la que se recorrería haciendo el desagüe directamente por el tiro general de San José.

Con la segunda se tiene la profundidad conveniente para abrir los cañones 280, 345 y 440.

La tercera y cuarta tendrán por objeto formar un laborío para reconocer y explotar la continuación de los tramos mineralizados, que alcanzó el Cañón de San Gregorio, y á la vez, explorar la veta á rumbo y profundidad.

Y con la quinta se puede explorar una región de más de

mil metros á rumbo, enteramente virgen, y concentrar el desagüe de la extensa zona ocupada por el total de las minas en un solo punto, el tiro general de Cata, en muy buenas condiciones para este fin.

Grupo de Purísima. —Las minas que constituyen este grupo se encuentran con el nivel general del agua que las invade, á unos 75 metros abajo del brocal del tiro de Purísima, y sus planes quedaron en muy buenos frutos, según relación persistente de antiguos mineros.

Se hace necesario, por consiguiente, emprender el desagüe inmediato de esta zona, el que juzgo razonable dividir en tres periodos. En el primero, se bajará el agua general hasta el nivel del Cañón de Santa Rosa; en el segundo, se bajará hasta el del Socavón de San Cayetano, y en el último, hasta alcanzar el nivel de los planes, pudiendo sucesivamente explotar las minas en los puntos que vayan quedando libres.

Para bajar el agua hasta el nivel del Cañón de Sta. Rosa, bastará hacer funcionar la máquina de extracción del tiro de San Ignacio, dotada de los toneles correspondientes; y después, como obra preparatoria, para realizar los otros dos períodos del desagüe, en un punto conveniente de dicho Cañón se romperá un pozo de unos 75 metros, para comunicarlo con el *contracielo* de Santa Bárbara, como puede verse en el perfil lám. IV; de esta manera el agua derramará por esa comunicación para salir por el Socavón de San Cayetano.

En seguida habrá que agotar, para realizar el segundo periodo, la capa de agua comprendida entre los niveles del Cañón de Santa Rosa y el Socavón de San Cayetano; y como ninguno de los tiros actuales está en condiciones ventajosas para el desagüe y aun cuando lo estuviera, habría que elevar el agua á una altura de 200 metros, en promedio, y como sería muy costoso para un servicio permanente, creo muy á propósito abrir un nuevo tiro con el que se obtendrán dos ventajas: primera, ahorrar una altura de 140 metros en el desagüe, y se-

gunda, explorar una región muy poco conocida. Este nuevo
tiro se comunicará con el Cañón de Santa Rosa por un crucero
de 100 metros de largo para subir solamente hasta ahí el agua,
la que saldrá por el mismo camino ya establecido en el primer
período. El cuele de este tiro se llevará hasta el nivel del Socavón de San Cayetano, facilitando de esta manera el agota-
miento progresivo de la capa de agua mencionada, mientras
tanto se prolonga dicho Socavón, por la Frente N. W. de San
Antonio, por donde, á su vez, derramarán las aguas, quedando
así realizado el segundo período.

Por último, para llevar á cabo el tercero bastará avanzar
el cuele del nuevo tiro, hasta alcanzar el nivel de los laboríos
más profundos, á los que se llevarán frentes de comunicación
y reconocimiento, para establecer de este modo el desagüe de-
finitivo y permanente del grupo.

Guanajuato, Julio 6 de 1904.

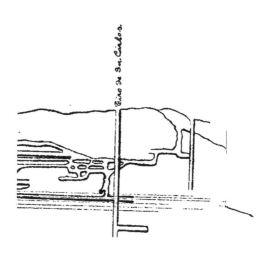

Rio de Sn. Carlos.

S o l a

ta de S n Antonio.

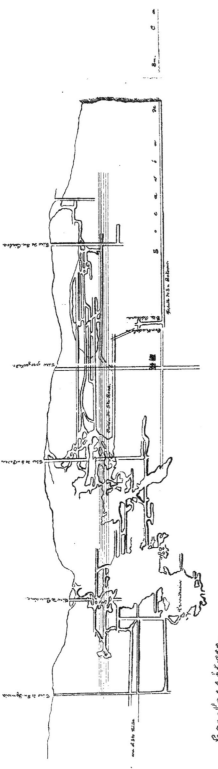

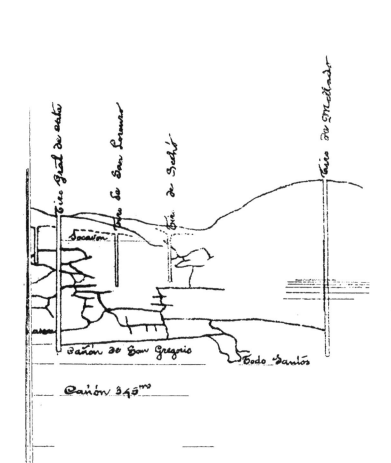

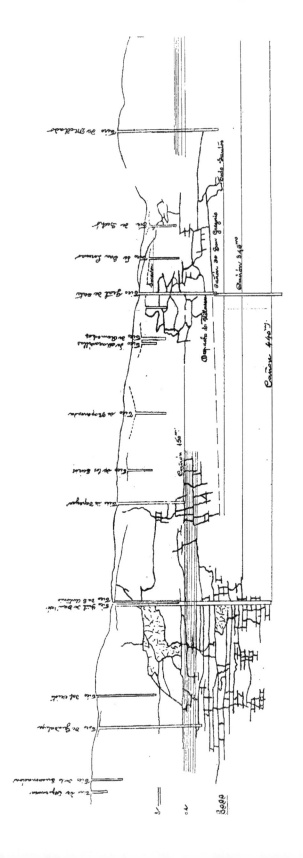

Perú

E

Prolongación del Bacurубs

...ó...n...de San Carretera...

de Bourbon...

Escala: 1 á 4000

Mexicana.

Pertenencias del Grupo de Próxima

Bocavón de San Cayetano

Pertenencias de La

Bocavón de San Carlos

Sta. Rosa

Cnal.

Sca. Proyectado

1794 de S. Antonio

Prolongación del Bocavón de S. Cayetano.

Escala 1 a 4000

EL ALTO—STRATUS

SU ORIGEN, EVOLUCIÓN Y FUNCIÓN METEOROLÓGICA.

POR EL PBRO. SEVERO DIAZ, M. S. A.

(Lámina VI).

La clasificación de las nubes de los Sres. Hildebrandson y Abercromby adoptada por el Congreso Internacional de meteorologistas reunido en Munich en 1891, clasificación seguida por los meteorologistas de México, define así el Alto—Stratus:

"5 Alto-Stratus (A. S.) Velo espeso, tupido de color gris ó azulado, el cual en las cercanías del Sol ó de la Luna, presenta una parte más brillante, y sin ser causa de halos puede originar coronas solares ó lunares. Esta forma está sujeta á diferentes transformaciones semejantes á los Cirro—stratus, con todo, las medidas verificadas en Upsala muestran que su altura es la mitad menos." Traducción de M. Moreno y Anda.

No conozco obra *in extenso* en que se desarrolle más ó menos ampliamente la teoría de la clasificación dicha, y poder conocer por lo mismo, el criterio que guió á sus autores para sentar todas aquellas confirmaciones ó modificaciones que en ella se hacen á las antiguas clasificaciones. Pero á lo que se sabe, sobre la manera de crearse esta nomenclatura, que fué reuniendo el mayor número posible de documentos auténticos,

especialmente fotografías de nubes, creemos más bien que
sus autores no tuvieron miras teóricas algunas, sino que ten-
diendo siempre á la práctica quisieron que su clasificación
reuniera las formas que, por *experiencia*, se conocían como más
generales y por decirlo así *básicas* para sobre ellas sentar las
modificaciones necesarias. En este sentido su mérito consiste
en haberse puesto francamente en vías de una solución que
necesaria por el momento, sirviere no obstante para que los
cotidianos observadores de estos magníficos fenómenos, pudieran campeando con ella en la atmósfera, diagnosticar todos
los estados de calma ó perturbación, siempre con tendencias
uniformes y con un lenguaje que pudiera ser comprendido
por todos. Y así creemos también que esta nomenclatura permite, aun subsistiendo, dar lugar á que en una región determinada se puedan seguir las condiciones más ó menos variadas que producen esa forma y las modificaciones que esas
mismas condiciones la hacen experimentar ya antes ya después de su aparición, todo lo que contribuirá para el avance
de la Meteorologia.

Lo único que he podido notar desde el punto de vista teórico, es la influencia de altura en la forma que aunque no
francamente expuesta, se infiere de que á cada forma le asig-
nan los extremos de su elevación: intentando tal vez crear
entre la forma y la altura cierta dependencia ó relación si no
de causa al menos de coexistencia ó simultaneidad. Esto que
había sido ya expuesto por autores más antiguos, tiene su fundamento en la diferente manera de precipitarse el vapor de
agua según las condiciones físicas del medio. Toda persona
con solo ver un celaje cualquiera inmediatamente le asigna
su relativa elevación. Pero donde sí encuentro una interesante novedad es en la división primaria de su clasificación en dos
características y primitivas formas, así: *a* Formas divididas ó
fraccionadas más freċuentes en tiempo seco. *b* Formas extendidas á manera de velo (tiempo lluvioso). Aunque las últi-

mas notaciones no tienen mucha verdad, es un hecho para todo observador que las nubes ó se disponen en velo ó en fragmentos globulares separados. En esta última forma, es notablemente digna de consideración la especial que se llama aborregada tan común en todas las especies de nubes; porque se aborregan desde los velos finísimos de Cirro-stratus hasta los bajos de Stratus puros ó nieblas matutinas.

Durante el curso de mi observación he consagrado especial atención á lo que se ha acostumbrado llamar *evolución* de las *nubes*, á saber al estudio de la trasmutación de formas en cuanto á fijar cuáles preceden ó siguen á otra que desde entonces adquiere el carácter de *principal*. En lo que llevo estudiado hasta ahora no he encontrado tan bien definidos estos caracteres como en el Alto-stratus, pues ninguna otra nube centraliza en sí mayor número de formas accesorias que ya precediéndole ó siguiéndole indefectiblemente, comprenden una amplia historia, que bien establecida, contribuirá sin duda para fundar un pronóstico de corto periodo con bien fundados visos de verdad. La exposición de estos caracteres es el objeto de esta nota que pongo en el seno de esta querida Sociedad, para que patrocinándola, la haga llegar á todos los que se ocupan de estudios meteorológicos y le asignen lugar preferente en sus estudios.

Ante todo conviene observar que nuestra Meteorología no puede prescindir de la fundamental separación, que la naturaleza misma impone, en las condiciones atmosféricas de las diferentes épocas del año. Es conocido de todos que nosotros tenemos dos épocas palmariamente distintas, la de secas y la de aguas; la primera de las cuales se debe subdividir en dos que proponemos llamar simplemente *nebulosa* la primera y *ventosa* la segunda. Partiendo del tiempo de aguas tan hermoso en nuestros climas, en que cada una de las trasformaciones atmosféricas se resuelve en lluvia; tiempo de los hermosos crepúsculos y de las alegres y risueñas auroras, tiempo de las apacibles tardes en que los campos adornados con todos los primores de su fecunda y explendente vegetación convidan á solazarse en ellos, partiendo de aquí sigue otro que coincide con el invierno. Subsistiendo aun una cierta humedad en la atmósfera es posible que las corrientes del aire edifiquen en ella algunos temporales, esencialmente distintos de los anteriores, pues mientras los de aguas se desarrollan en unas cuantas horas, los de invierno necesitan varios días, y á la energía de los primeros hay que oponer la relativa calma de los segundos que solo en circunstancias extraordinarias revisten notables caracteres. Finalmente ya en Marzo dominando el calor más exhorbitante del año, calor que seca la atmósfera, no pueden las corrientes áereas formar temporarales y no encontrando éstas en las precipitaciones acuosas causas de debilitamiento en su pujanza, soplan éstas con bastante fuerza y de ahí el tiempo ventoso característico de esa época del año.

Consecuente con estas condiciones atmosféricas las nubes afectan variaciones fundamentales en uno y otro período de los que hemos notado de estío é invierno, y hay que tenerlas presente para darse razón de los diversos aspectos de las formaciones nimbosas.

El Alto–stratus en invierno. Nuestra observación nos ha revelado en este punto de vista importantes enseñanzas que podemos resumir así: Es condición indispensable y punto de partida para la formación de un temporal de invierno una baja barométrica que por otra parte coincide con un descenso en la temperatura y cielo despejado; y cuanto más notable es esta baja tanto mayores son las proporciones que regirán ese temporal. En mi estudio que presenté al primer Congreso Meteorológico Nacional de 1900 apunto la razón física de esta coexistencia diciendo: "Es claro que en un cielo despejado la radiación nocturna debe verificarse espontáneamente y la insolación del día, dado un viento fuerte, no toma valores no-

AltAlto-Stratus.

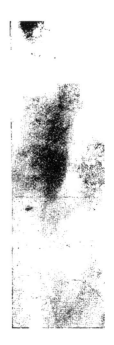
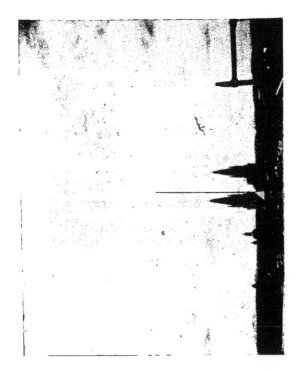

tables y de allí un descenso de temperatura.... En las regiones en que los vientos australes son dominantes dichos descensos son de considerable valor, porque coexistiendo con bajas presiones, al cielo despejado, á la falta de insolación, juntan un tercer dato muy importante y es el enrarecimiento del aire muy á propósito para activar más la radiación." Creo muy justa esta razón del enrarecimiento del aire que favorece la radiación en los días de baja presión y en esta vez la confirmo en todas sus partes. Pero sea de esto lo que fuere, y por lo que hace á nuestro actual propósito, el hecho de que una baja presión es el punto de partida de un temporal de invierno tiene tal veracidad que en toda mi observación no ha faltado una sola vez.

En el mismo día de una baja presión y de un notable descenso de temperatura, se ven ya á la hora del crepúsculo coloraciones rojizas más intensas que de ordinario, y aun se ven hacia los rumbos australes y occidentales una que otra ligera faja de Ci. Al día siguiente son más abundantes estas fajas que se espacian en todo el cielo quedando en el 3er cuadrante un banco de A. S. Este es el principio del velo de modo que al día siguiente y dos ó tres días después el cielo permanece enteramente cubierto por el velo de A. S. En lo que sigue á esto hay variación pero si el temporal presenta cierto grado de intensidad, después que el A. S. se rompe para dar origen á A. cu ó aborregado, sobrevienen las formaciones inferiores de Cu, S. cu y Nimbus si se quiere.

Pero si de esta ligera descripción de un temporal de invierno que pensamos ampliar con todo el detalle suficiente dentro de poco, pasamos á estudiar el Alto–stratus en las móviles y magníficas formaciones de estío, nuevos hechos todos interesantísimos, sostendrán en grado muy elevado nuestra admiración, al ver tanta encadenación lógica en todos los fenómenos de tan clásica época.

Siempre me ha preocupado la manera de pasar del período de secas al de aguas por ser tan opuestos estos extremos y que deben, por lo mismo, emplearse magníficos recursos en este tránsito. Y he visto unas veces comenzar las aguas con súbitas avenidas de verdaderas tempestades al parecer sin preparación próxima, en cambio en otras ha habido una verdadera preparación con todos los caracteres de un temporal de invierno. Algunas veces tranquilas lluvias sin truenos y ligeras inician nuestras aguas, otras vienen acompañadas de ráfagas intensísimas de viento, abundante deselectrización gruesas gotas de lluvias, todo esto en medio de un imponente aspecto de un cielo cubierto de negros ó intensos nubarrones. ¿A qué obedecen estas variaciones, cuál es la causa de tan diversos caracteres? Indudablemente concurren aquí multitud de circunstancias que complican el fenómeno, tanto más cuanto, que el observador se ve imposibilitado á estudiar estos hechos siquiera un poco fuera de esta superficie que tanto error incluye en las mas minuciosas observaciones; pero sea de esto lo que fuere, creemos suficiente con decir que en la primera fase de nuestras aguas, no hay nada que añadir respecto del Alto-stratus, á lo que se dijo sobre los temporales de invierno.

Pero transportémonos á uno de esos claros días, tan puros y esplendorosos como son los del mes de Julio. Ya en la mañana hemos visto al sol adornarse en su orto con las desgarradas nubes de algún nocturno temporal, y que al recibir los tibios contactos de su rojiza lumbre, se ponen en movimiento ondulando el cielo ó rizándolo con las hermosas plumas de sus dorados filetes. A las nueve de la mañana aquellas nubes presentan ya un aspecto triste: los blancos copos de sus globulares ondas presentan ya estrías, desgarramientos, son un desastre que solo esperan más fuerte calor para consumirse.

Entonces á proporción que el cielo va quedando libre, fragmentos de baja niebla que parecen ser emisarios de los gruesos bancos cumulosos que asoman en el horizonte, le recorren en alas de los vientos que tocan entonces á tierra, pero que las calientes emanaciones de una tierra que se ve reverberar á lo lejos, acaban por disolver á medio día. Entonces se puede apreciar en toda su magnitud y esplendorosa blancura la formación cumulosa del horizonte: allá unos globos ligeramente sombreados forman el cortejo de los más gruesos Cu que como soberanos presiden desde las alturas de la más enhiesta montaña todo un mundo de esplendente verdura, de agitado movimiento en los campos bien cultivados del valle. Aquí es donde el observador necesita toda su fuerza de atención: ya las cimas de los gigantes Cu tocan las regiones medias de la atmósfera, deja de existir su constitución globular, y parece una gruesa placa de tersa superficie la que se atreve á tocar esas alturas. Al llegar á cierta altura sus bordes antes perfectamente limitados se desgarran en ligeras fibras: luego las corrientes toman por su cuenta aquella masa y la extienden según su dirección: es el Alto-stratus que ha nacido de las hornazas de una esplendorosa y estrial mañana.

Aquí acaba la primera fase de un desarrollo nimboso de estío. El nacimiento de la tarde lo marca la extensión de aquellos velos, y á eso de las 4 pm. ó un poco antes, se ve á las corrientes depositar abajo de aquellos velos negros fragmentos de su contingente de humedad que van densificándose en el horizonte del lado donde nacen las tormentas, la onda negra crece por momentos y ya el relámpago flajela las montañas y el trueno va repercutiendo más y más cerca; pronto el cielo se hace sombrío y los árboles antes tranquilos en su gallardía, empiezan á ondular en su ramaje, para que unos minutos después sientan todo el influjo de la tempestad que se desencadena sin piedad sobre ellos. Son los momentos de la lluvia que habían tenido su preparación entre los esplendores de la primorosa mañana.

Este papel del A. S., que diferentes sabios le han asignado de basificar por decirlo así desde sus alturas las formaciones de nimbus, queda por lo anterior, (que no es otra cosa que una descripción de lo natural), plenamente justificada. Vamos á hacer algunas aclaraciones á este punto. Reconocemos desde luego dos especies distintas de Alto-stratus. Una que podemos llamar de evolución y otra de generación: es la primera la característica de invierno tan bien definida por el descenso de los altos velos cirrosos, y la segunda, que produce el ascenso de los Cu. No tenemos medidas de altura de nubes que nos servirían indudablemente para caracterizar mejor estas dos capas que desde luego suponemos á la segunda más baja que la primera; pero el hecho de que la primera desaparesca para originar las formaciones inferiores de Cu y N. nos parece un indicio seguro de ello, tanto más cuanto que al venir el desarrollo nimboso aparece de nuevo el Alto-stratus engendrado por el Cu. Dejamos apuntada esta idea para los estudiosos porque nos parece útil distinguir esta especie de nube cuya función meteorológica es tan notable y que ameritaría un nuevo nombre.

Es pues un hecho que el desarrollo de Nimbus supone la formación de una capa superior á esta especie de nube y que por las apariencias se confunde con la que se llama Alto-stratus. Hemos dado idea de la manera de formarse en un caso que hemos presenciado muchísimas veces y que ilustramos con una fotografía; pero no es esta la única manera de producirse, á saber la de emanar de un Cu en el horizonte y extenderse luego á todo el cielo. Hay casos en que es tan abundante y notable la formación de móviles Stratus ó bajas nieblas, que se ven en las últimas horas de la mañana, que parecen verdaderos Cu con sus bordes amamelonados y espaciados en todo el cielo; entonces no es raro ver á esta gruesa capa fundirse toda en A.S y sobreviniendo la lluvia á los pocos momentos se ve despacio un Alto Stratus que puede basificar de nuevo nuevas formaciones de Nimbus. Lo repetimos, esto lo hemos observado muchas veces principalmente en lo más intenso de los temporales de estío.

Hay otro caso también característico aunque muy raro de formación de una nube parecida al Alto–stratus que sin embargo merece especial consideración. Poëy en su magnífica obra "Les Nuages," en el capítulo sexto que titula: "La nature des nuages tirée des halos, des couronnes et des arcs–en ciel" dice estas palabras: "Hemos observado en México un fenómeno de óptica atmosférica de los más estraños y de los más magníficos que se pueden ver y que jamás hemos visto consignado. Eu la región zenital de 11 a. m. á 4 de la tarde los Cirro-stratus los Ci. cu. y algunas veces los bordes mismos de los Pallio–cirrus y de los Fracto–cúmulus, se coloran de mil tonos brillantes y entremezclados sin orden determinado. Esta coloración presenta el aspecto perfecto de un mosaico semejante á los de las murallas y vitrinas moriscas de la Alhambra de Granada ó del Alcázar de Sevilla." Continua la descripción que recomendamos mucho. Nosotros hemos observado este fenómeno varias veces á las horas indicadas por el sabio autor citado y que él llama propio de las nubes de México.

Por nuestra observación nos vemos obligados á rectificar los conceptos emitidos. Las nubes que originan el fenómeno con los caracteres descritos no son de los espacios citados por él, sino una nueva forma de reciente creación, muy móvil y que por su aspecto ondulado á la vez que tersa superficie parece intermedia entre el Alto–stratus puro y un fino Alto–cúmulus. Los caracteres meteorológicos que la acompañan son del todo interesantes. Sabemos que los desplazamientos de las nubes en el tiempo de aguas son generalmente del E. y aunque en nuestros climas es frecuente la corriente del W. se ve empero cesar durante las aguas, aunque no del todo,

pues hace penetraciones que aunque raras, son perfectamente
observables: pues bien, siempre que hemos visto esta forma
de nube nos ha parecido verla mover del W ó SW. y decimos
nos ha parecido porque no se mueve casi ó es tal la confusión
de sus movimientos que á veces una parte camina del E, otra
del W, y á veces se complican otros nimbus. Esto nos indica
que en esta confusión y encuentro de corrientes bay que buscar su causa y también da la razón de su indeterminado aspecto. El fenómeno de óptica también se explica por la con-
fusa movilidad de sus partículas: diríase que era una concha
de blancura mate y de irizada superficie.

En Zapotlán recordamos haberla observado 3 veces en
8 años de observación, y en esta ciudad apareció el día 13
del presente Septiembre. Una coincidencia notable es que
siempre que hemos visto esa nube hay *tempestad* y en el des-
plazamiento de las nubes que la producen se ve la corriente
W. Para conceder razón á lo que dice Poëy que se observa
en los Ci-stratus y otras nubes perfectamente clasificadas, di-
remos que también hemos observado este mismo fenómeno
en esas nubes, pero no con la belleza é intensisad que en la
anterior: tampoco hay mezcla de tonos sino separación casi
absoluta de ellos aunque sin afectar las rigurosas líneas de
separación que se ven en los halos y arco-iris. El carácter
distintivo es que se ven lejos del Sol como á 45 grados de él,
en tanto que el anterior fenómeno casi siempre se observa en
las proximidades del Sol y aun perfectamente abajo de él.

De todo esto inferimos y queremos que esto sea la conclusión de nuestro estudio: que el Alto-stratus es una nube
de interés capital por la íntima relación que tiene con el Nimbus; que en México esta forma presenta notabilísimos carac
teres que tal vez ameriten una clasificación propia á sus variedades, y que en fin, con algo de estudio es fácil basar
pronósticos de corto período atendiendo á la evolución, por
otra parte, característica de las nubes. A la Sociedad "Alzate"

que parece constituir su especialidad los estudios meteorológicos, y que ha patrocinado tantas veces ya exitando á la reunión de los Congresos, ya constituyendo sus miembros los modestos observadores de la atmósfera, á ella la cariñosa Madre,
exitamos para que formule ciertas bases de más profundo estudio en la rama tan interesante de la Meteorología como es
la ciencia de las nubes.

Guadalajara, Septiembre 26 de 1904.

TAXINOMIA DE LAS ORQUIDEAS MEXICANAS

POR C. CONZATTI, M. S. A.

Comprende una detallada descripción de la familia, tribus, sub-tribus y géneros
existentes en nuestra Flora.

(Trabajo tomado del tomo III inédito "Los Géneros Vegetales Mexicanos.")

Las plantas de esta vasta familia son vivaces, terrestres ó
epifíticas, acaules ó caulescentes, con cepa tuberculosa ó rizo-
mática de la que proceden fibras carnositas ó raíces adventicias que se adhieren á los árboles y á las piedras, Tienen hojas sencillas, á veces solitarias ó reducidas á su vaina, pero
con más frecuencia alternas y envainadoras en la base. Sus
flores son irregulares, hermafroditas, ya solitarias en pedúnculos sencillos, ya espigadas, racimosas ó apanojadas, individualmente acompañadas de una bráctea y sostenidas por un
pedúnculo común, terminal ó axilar.

Cada flor posee un periantio compuesto de 6 segmentos
libres ó diversamente soldados entre sí, 3 externos llamados
sépalos, uno de ellos exterior, generalmente libre y superior
por la torsión del ovario ó del pedunculillo, igual ó distinto de
sus compañeros laterales, y 3 internos, dos laterales denominados *pétalos*, iguales entre sí, y un tercero llamado *labelo* que
alterna con los sépalos laterales y afecta formas en extremo
variadas.

Del centro de la flor se eleva sobre el ápice del ovario una columna que recibe el nombre de *ginostema*, constituída por la íntima soldadura del estilo y del androceo, el cual se halla reducido, salvo una sola excepción, á un estambre único por aborto de los otros dos. El vértice posterior del ginostema se denomina *clinandrio* y sobre él se encuentra situada la antera uni-bi-locular, dehiscente por un opérculo ó por hendeduras longitudinales, llena de polen compuesto, tan pronto unido por filamentos elásticos, como agrupado en una ó varias masas globulosas, oblongas ó piriformes, llamadas *polinidios* que á menudo se prolongan en un apéndice ó *caudículo* terminado con frecuencia en una glándula viscosa de forma variable, á la que se ha dado el nombre de *retináculo*. El ovario siempre infero y uni-locular, presenta 3 placentas parietales, cubiertos de numerosísimos óvulos diminutos. En el vértice anterior del ginostema hay un pico erguido ú horizontal denominado *rostelo* que corresponde al ápice del estilo. Este pico separa la antera del estigma, y, en virtud de su estructura pegajosa, retiene el polen que ha de servir para la fecundación, la cual se verifica merced á la intervención de los insectos. Por regla general cerca del mismo se halla situado el estigma que puede ser cóncavo ó convexo y á veces didimo ó bi-partido. El fruto es una cápsula en raro caso algo carnosa, dehiscente por 3 ó 6 hendeduras longitudinales, y cuyas valvas pueden desprenderse enteramente ó permanecer coherentes entre sí, ya por ambos, ya por uno solo de sus extremos. Las semillas muy numerosas y diminutas, tienen el testa hialino y reticulado, á menudo alado ó prolongado en sus dos extremos, en cuyo interior se encuentra un núcleo sólido y homogéneo. En cuanto á la diseminación, el viento parece ser el agente natural.

Esta familia universal puede considerarse como una de las más naturales del reino vegetal, debido á la peculiar organización de sus flores que la distingue á primera vista de todas las demás.

Con todo, ¿cuál es el lugar que le corresponde en la serie lineal de las familias naturales? Para resolver con probabilidades de acierto esta interesante cuestión, observaremos desde luego que las *Orquídeas* gozan de una prerrogativa bastante rara en el mundo vegetal, cual es la de producir espontáneamente, en estado silvestre, especies incipientes y hasta híbridas naturales.

Esto último entraña un asunto del más alto interés, pues significa nada menos la posibilidad que dos géneros distintos puedan cruzarse libremente.

Pero la variabilidad en las *Orquídeas* no se detiene aquí. Especies hay que de un modo invariable ofrecen en la misma inflorescencia dos clases de flores enteramente distintas por su tamaño, forma y color, al cabo que otras producen á intervalos sucesivos inflorescencias diversas. Tenida cuenta, pues, de todas estas anomalías y de otras muchas que fácilmente podrían citarse, consideramos como muy aceptable la opinión encaminada á admitir que las *Orquídeas* constituyen un grupo natural en vía de formación, y por tanto bastante lejano aún de haber adquirido su estabilidad definitiva.

Por otra parte hemos visto más arriba que el ovario de las *Orquídeas* es constantemente inferior, unilocular en la gran mayoría de los casos, con tres placentas parietales, pero á veces también perfectamente tri-locular, con placentas axilares, como sucede en el género sud-americano *Selenipedium* de la tribu *Cipripedieas*, considerado hoy día como una simple sección del género *Cypripedium*. En el mismo género *Cypripedium* las placentas son prominentes hacia el centro de la cavidad, lo que denota ya cierta tendencia á la perfecta tri-localidad, Este género y su compañero *Selenipedium* mencionado, tienen además un androceo compuesto de 2 anteras perfectas laterales y de un anteridio posterior laminiforme ó carnoso que á veces lleva en su cara anterior 2 celdas imperfectas. Si á las consideraciones que anteceden se agrega que los géneros co-

rrèspondientes á las *Cipripedieas* comprenden hierbas terrestres, de rizoma corto ó rastrero, y tallo erguido, hojoso y sencillo, se convendrá que la cuestión propuesta acerca de la
èxacta filiación de las *Orquídeas* pierde mucho de su carácter
ènigmático. En las condiciones enunciadas, ¿dónde encontrar,
pues, el trónco probable que ha dado origen, por selección general, á la familia de plantas que nos ocupa? Sólo las *Irídeas*,
entre las especies vivientes, responden satisfactoriamente á
esta pregunta. En efecto, aquí también encontramos que el
ovario es siempre inferior, y aunque normalmente tri-locular,
con placentas axilares, suele darse el caso de que sea uni-
locular, con tres placentas parietales algún tanto prominentes
hacia el centro de la cavidad, como sucede en el género euro-
peo *Hermodactylus*. En cuanto al androceo de las *Irídeas*, si
bien es verdad que en general consta de 3 estambres, se puede citar el caso del género australiano *Diplarrhena* que sólo
tiene 2 perfectos por ser anantérico el tercero, justamente
como pasa en el género *Cypriped um*. En conclusión, nosotros
somos de parecer que el lugar que corresponde á las *Orquídeas*,
en la serie lineal de las familias naturales, es al lado de las
Irídeas, debiendo considerarse la tribu de las *Cipripedieas* cómo
el lazo de unión entre ambas.

Con excepción de la *Vainilla* y alguna otra, las *Orquídeas*
suministran pocos productos útiles, pero en cambio no temen
competencia como plantas ornamentales, pues la elegancia de
sus flores excede á cuanto puede decirse.

Por el número de sus géneros (80) las *Orquídeas* ocupan
en la Flora mexicana el cuarto lugar, y el séptimo por el de
sus especies (520, comprendiendo 9 variedades).

Cinco son las tribus en que se suele dividir esta familia,
y todas ellas se encuentran representadas, aunque desigual-
mente, dentro de nuestros límites.

FORMAS IRREGULARES.

En el género *Vanilla* el fruto es una cápsula carnosa y alargada que permanece indehiscente ó se abre tardíamente. *Cypripedium* tiene dos anteras perfectas y laterales.

TRIBUS.

* *Antera única, posterior, terminal y opercular:*

§ *Polinidios sólidos, en masas ceráceas:*

I.—*Epidéndreas.*—Celdas antéricas distintas y paralelas, con polinidios sin caudículo y sin retináculo.

II.—*Govenieas.*—Celdas antéricas casi siempre confluentes en una sola con polinidios provistos de un caudículo terminado en un retináculo.

§§ *Polinidios granulosos ó pulverulento–granulosos:*

III.—*Prescotieas.*—Clinandrio distinto del conectivo de la antera.

IV.—*Habenarieas.*—Clinandrio indistinto del conectivo de la antera.

** *Anteras 2, laterales, llenas de polen granuloso:*

V.—*Cipripedieas.*—Hierbas terrestres, de rizoma sin tubérculos y tallo erguido, hojoso y sencillo. Anteras de celdas contiguas, paralelas, y estilo más ó menos alargado.

TRIBU I.—EPIDENDREAS.

Hierbas epifíticas ó terrestres, á menudo seudo–bulbosas. Antera casi siempre decídua después de la dehiscencia, con

celdas distintas y paralelas, á veces divididas en 2 ó 4 celdillas por tabiques longitudinales ó transversales. Cada celda
contiene 1, 2, 3 ó 4 polinidios ceráceos, sin caudículo y sin retináculo, uni-bi-seriados y libres ó unidos entre sí ya en el
interior de las celdas por un caudículo granuloso, ya en la dehiscencia de la antera por un filamento elástico y pegajoso.

CLAVE ARTIFICIAL DE SUB-TRIBUS.

Dos polinidios..................*1—Pleurotalieas.*
Cuatro polinidios..............*2—Liparieas.*
Seis polinidios................*3—Hexadesmieas.*
Ocho polinidios...............*4—Lelieas.*

SUB-TRIBU 1—PLEUROTALIEAS.

* *Labelo articulado con la base del ginostema:*

\+ *Sépalo posterior libre:*

1.—Pleurothallis, R. Br. (Su traducción equivale á: rama
lateral.—*Humboldtia,* Ruiz y Pav.) *Or-pleurothallida* (M.) Son
plantas sarmentosas, de tallos larguchos, cortos ó muy cortos,
con ramificaciones rastreras ó rizomas sencillos, sin seudo-
bulbos, y terminados por una sola hoja, debajo de la cual se
encuentran á veces una ó varias vainas. Flores variables en
cuanto al tamaño, de ordinario pequeñas, acompañadas de
brácteas ocreiformes y dispuestas en racimos poblados ó pau-
cifloros, solitarios ó aglomerados en el interior de la vaina situada en la base de la hoja. Sépalos casi del mismo largo, el
posterior libre y los laterales soldados en uno solo bífido ó bi-
partido, por lo general cóncavo ó algo giboso bajo el pie del
ginostema; pétalos más cortos y más angostos, á veces muy
pequeñas, en raro caso tan largos como los sépalos: labelo más
corto que los pétalos, raras veces algo más largo que ellos, de
ordinario contraído y articulado con el ginostema por su base,
al cual abraza con sus lóbulos laterales erguidos cuando son

manifiestos, mientras que su parte central es casi extendida, muy entera ó escotada; ginostema semi-rollizo, tan largo como el labelo ó algo más corto; clinandrio oblicuo, entero ó cortamente tri-lobado; antera uni-bi-locular, con 2 polinidios ceráceos, globulosos, ovoideos ó piriformes, libres ó coherentes por sus ápices mediante un poco de substancia pegajosa; cápsula erguida, oblicua ó vacilante, sub-globulosa, ovoidea ú oblonga, trídima, triangular ó con 3 costillas.

Es un género muy vasto, dividido en numerosas secciones, y de él hay en México 34 especies muy esparcidas, propias de las regiones templadas. Son plantas en su mayor parte epifíticas, pero poco apreciadas, no obstante su graciosa originalidad, á causa de su pequeñez y de la exigüedad de sus flores.

Nos limitaremos á citar la *Pl. longissima*, Lindl, y la *Pl. rufrobrunnea*, Lindl, ambas de Oaxaca.

+ + *Sépalos soldados en un tubo por su base:*

2.—*Physosiphon*, Lindl. (Del griego *physa*, vejiga, y *siphon*, tubo, por alusión al aspecto del caliz) *Or-physosiphona* (M.) Tallos sencillos y cortos, de rizoma rastrero sin seudo-bulbos y terminados por una hoja coriácea y angostada por su base, debajo de la cual se encuentran una ó dos vainas. Flores pequeñas, cortamente pediceladas, provistas de cortas brácteas ocreiformes y dispuestas en un largo racimo, situado en la base de las hojas terminales. Sépalos soldados en un tubo ovoideo ó urceolar en la base, pero libres y extendidos en la parte superior: en su fondo se encuentran 2 pétalos muy pequeños, ovalados al revés y carnosos; labelo pequeño, articulado con la base del ginostema, oblongo-cuneiforme, cóncavo y provisto de 2 cortos lóbulos en su parte media: ginostema sub-rollizo y sin alas, ápodo ó estipitado; clinandrio corto, en general trilobado; antera terminal, opercular, decídua, con 2 polinidios ceráceos, sub–coherentes en el ápice merced á un poco de substancia pegajosa.

Comprende las 3 especies siguientes, interesantes sólo como ejemplares botánicos:

Ph. carinatus, Lindl.—Orizaba, Chiapas.

Ph. Lodigesii, Lindl.—Jalapa–Enríquez, Mirador, Oaxaca.

Ph. ochraceus, A. Rich y Gal.—Oaxaca.

** *Labelo continuo con el ginostema:*

× *Hojas pecioladas:*

3.—Stelis, Sw. (Del griego *stélé,* columna) *Or - stelida* (M.) Son plantas de tallos sarmentosos ó rastreros, con ramificaciones sencillas, sin seudo–bulbos, y terminados por una sola hoja coriácea, de ordinario contraída por su base en un pecíolo cóncavo ó acanalado y á veces articulado en su origen, debajo de la cual se encuentran de 1 á 3 estuches. Flores pequeñas ó diminutas, dispuestas en un largo racimo situado en la base de la hoja terminal, y acompañadas de brácteas alternas, cóncavas ú ocreiformes. Sépalos casi iguales y extendidos, anchos ó triangulares y más ó menos soldados entre sí; pétalos mucho más cortos, anchos, con sus márgenes engrosados, por lo general semi–abrazadores del labelo y ginostema; labelo sesil en la base del ginostema, semejante á los pétalos y á veces cortamente tri–lobado; ginostema ancho, de ordinario más corto que el labelo, ápodo y á menudo más grueso y truncado en la parte superior, ó bien provisto por delante de 2 ángulos ó lóbulos carnosos; clinandrio truncado, poco prominente; antera terminal, opercular, semi–globosa, bi–locular, con 2 polinidios ceráceos, ovoideos ó poliformes, en general unidos por su ápice merced á un poco de substancia pegajosa; cápsula pequeña, roma y á menudo triangular, ovoidea ú oblonga.

Este genero se ha dividido en 2 secciones:

a) *Eustelis,* Lindl. Sépalos iguales é igualmente extendidos.

b) Dialissa, Lindl. Sépalos menos extendidos ó más angostos, el posterior más largo ó más independiente.

A la Flora mexicana pertenecen las 4 especies siguientes, que solo ofrecen interés científico:

S. ciliaris, Lindl. Hacienda de el Mirador, Huatusco.

S. Liebmanni, Rchb, f. El Mirador. Huatusco, Ver.

S. ophioglossoides, Sw. Veracruz.

S. purpurascens, A. Rich. y Gal. México.

John Lindley, célebre orquidólogo inglés, afirma que esta última especie tiene 8 polinidios, por más que esta opinión no se ha confirmado aún. De ser exacta la observación habría necesidad de trasladar la *S. purpurascens* á otro género distinto del actual.

× × *Hojas sesiles:*

4.—*Lepanthes,* Sw. (Del griego *lépas,* conchita, y *anthos,* flor.) *Or-lepanthea* (M.) Comprende hierbitas epifíticas de tallos rastreros, terminados por una hoja sesil, pequeña ó cordiforme, provista á veces de venas transversales, debajo de la cual hay varios estuches separados, cortos y sueltos, ó más largos y ocreiformes. Flores pequeñas ó diminutas, en racimos terminales, pocos ó solitarios en la base de la hoja, ya delgados, con brácteas dísticas y multifloros, ya más largos, con flores alejadas entre sí. Sépalos delgados, anchos, casi iguales, el posterior casi libre y los laterales más ó menos soldados entre sí; pétalos mucho más cortos, adheridos á la base del ginostema mediante una uña corta, de limbo irregular y transversalmente oblongo, á menudo apendiculado; labelo adherido del mismo modo que los pétalos, con 2 lóbulos divergentes y polimorfos, que simulan ser alas del ginostema: es éste ápodo, corto, angosto, sin alas y ensanchado en la parte superior; clinandrio corto; antera terminal, opercular, semiglobosa, con 2 polinidios ceráceos, ovoideos ó puntiagudos, libres ó algo coherentes en el ápice; cápsula pequeña, casi triangular, ovoidea ó globulosa.

A México pertenecen las 4 especies siguientes, que carecen de interés como plantas ornamentales:

L. avis, Rchb. f. Jalapa–Enríquez.

L. pristidis, Rchb. f. Jalapa, El Mirador.

L. Schiedei, Rchb. f. Jalapa, El Mirador.

L. tridentata, Sw. México.

SUB–TRIBU 2—LIPARIEAS.

△ *Plantas sin hojas.*

5.—Corallorhiza, R. Br. (Del griego *korallion*, coral, y *rhiza*, raíz.) *Or–corallorhiza* (M.) Son hierbas sin hojas, de rizoma coraloideo y articulado, nudoso–ramificado y provisto de escamas diminutas: de él surge un escapo erguido y sencillo, rodeado por su base de algunos estuches y terminado en un racimo de flores esparcidas, pequeñas ó medianas, cortamente pediceladas y acompañadas de brácteas diminutas, rara vez más largas que los pedunculillos; sépalos casi iguales en longitud, el posterior libre, los laterales algo más anchos; pétalos semejantes á los sépalos ó algo más chicos; labelo contraído por su base, de limbo ovalado ú oblongo, entero ó con 2 cortos lóbulos laterales; ginostema erguido, encorvado, semirollizo, angostamente alado en sus dos extremos, con un corto estípite prolongado en espolón, á veces muy corto ó apenas prominente; clinandrio poco saliente, truncado ó sinuoso; antera opercular, ancha, cuadri–locular en virtud de un tabique longitudinal y otro transversal, con 4 polinidios ceráceos, ovalados, sin apéndice y solitarios en las cavidades, libres ó poco coherentes entre sí; cápsula oblonga ú ovoidea al revés, roma y vuelta hacia abajo.

Son plantas terrestres, propias de regiones silvestres y

templadas ó frías, y de ellas hay unas 5 especies en nuestra Flora:

C. Ehrenbergü, Rchb. f. Real del Monte, Cerro de San Felipe.

C. grandiflora, A. Rich. y Gal. México.

C. involuta, Greenm. Cerro de San Felipe, Oaxaca.

C. Mexicana, Lindl. Pátzcuaro, Cerro de San Felipe.

C. Pringlei, Greenm. Las Sedas; Cerro do San Felipe, Oax.

  Son plantitas interesantes, sobre todo por su color avinagrado.

△ △ *Plantas terrestres con hojas y seudo-bulbos:*

6.—*Microstylis*, Nutl. (Compuesto griego que alude á la pequeñez del ginostema. *Achroanthes*, Rafin; *Pedilea*, Lindl.; *Crepidium*, Blume; *Pterochilus*, Hook. y Arn.) *Or-microstylida* (M.) Son plantas terrestres, provistas de un tallo engrosado en un seudo-bulbo por la base, y de 1 á 3 hojas membranáceas, comunmente anchas, contraídas en la base ya en una vaina, ya en un pecíolo envainador. Flores pequeñas ó diminutas, rara vez medianas, dispuestas tan pronto en un racimo terminal, largo y suelto, como en una umbela, y acompañadas de pequeñas brácteas angostas. Sépalos libres casi iguales y extendidos; pétalos casi iguales en longitud á los sépalos, á menudo más angostos y hasta filiformes; labelo sesil, erguido ó extendido, más corto que los pétalos, de ordinario muy ancho, cóncavo, cordiforme en la base ó con orejuelas alargadas que abrazan el ginostema, entero, bi-tri--lobado ó dentado--franjeado; ginostema muy corto, rollizo, excavado en el vértice y con 2 dientes en la parte anterior; clinandrio en general prominente, membranáceo y oblicuo: sobre él descansa la antera erguida, opuesta al pico del estilo, persistente después de la dehiscencia, con celdas distintas, dehiscentes hacia arriba, provistas de 4 polinidios ceráceos y ovoideos, dos para cada

celda, libres ó coherentes entre sí; cápsula pequeña, ovoidea
y roma.

Este género se divide en 2 secciones:

a) *Umbellulatae*, Benth, y Hook. Flores en umbela, largamente pediceladas.

b) *Laxiflorae*, Benth, y Hook. Flores en racimo alargado ó en
espiga cilindrácea.

A México pertenecen 20 especies bastante esparcidas, pero
muy pocas de ellas son dignas de alguna atención como plantas propias para el cultivo. Bajo este concepto pueden citarse
la *M. fastigiota*, Reichb. f., de Oaxaca, y la *M. Pringlei*, Wats,
de Chihuahua.

△ △ △ *Plantas epifíticas ó terrestres con hojas, pero sin seudo-
bulbos y flores poco ó nada vistosas:*

☐ *Antera sesil y sépalos laterales soldados:*

7.—*Restrepia*, H. B. K. (Tal vez del nombre propio Res-
trep.) *Or-restrepia* (M.) Las plantas de este género tienen
tallos sarmentosos ó con ramificaciones rastreras y sencillas,
terminadas por una sola hoja, debajo de la cual se hallan envueltos por 1, 2 ó 3 estuches. En la base de la hoja y más
cortos que ella, nacen los pedúnculos unifloros, solitarios ó
poco reunidos, acompañados en general de una corta vaina
espatiforme. Sépalo posterior libre, los laterales soldados en
uno solo, entero, bífido ó bi-dentado, y á veces giboso en la
base; pétalos libres, filiformes ó cerdoso puntiagudos, de ordinario dentado-glandulosos en el ápice, con menos frecuencia pequeños y más anchos; labelo oblongo ú ovalado, por lo
común contraído en la base y articulado en el ginostema, cóncavo ó plano, provisto á cada lado de un diente ó un corto
lóbulo; ginostema alargado, angosto, ápodo y sin alas; clinandrio truncado ó apenas prolongado en la parte posterior, raras
veces en forma de capuz; antera terminal y opercular, con

4 polinidios ceráceos, globulosos ó apeonzados, coherentes por pares en el ápice; estigma transversal debajo de la antera, apenas prominente ó esponjoso-engrosado.

La única especie mexicana es una plantita epifítica de Córdoba, llamada *R: ophiocephala*, Rchb, f. Como planta de ornato carece de interés.

□□ *Antera sesil y sépalos libres:*

8.—Liparis, L. C. Rich. (Del griego *lipirós*, grasa. *Sturmia*, Reichb. *Alipsa*, Hoffmans,) *Or-liparida* (M.) Las plantas de este género son hierbas terrestres de hojas solitarias ó pocas reunidas, contraídas en la parte inferior del tallo en un peciolo envainador comunmente articulado, membranáceas, ó carnositas. Flores pequeñas ó medianas, blancas, verdoso-amarillentas ó coloradas, dispuestas en un racimo terminal peduculado y acompañadas de brácteas angostas ó pequeñitas. Sépalos extendidos, á veces muy angostos, iguales entre sí ó el posterior más estrecho; pétalos erguidos ó extendidos, semejantes y casi iguales en longitud á los sépalos á veces más angostos ó más cortos que ellos; labelo fijo en la base del ginostema y ascendente, en raro caso extendido, con sus lóbulos laterales poco distintos y angostos, ó más anchos y abrazadores de la columna; su parte central es oblonga ó se halla ensanchada en una ancha lámina extendida ó vuelta hacia abajo y bi-tuberculosa; ginostema alargado, curvo, semi-rollizo, ápodo, á veces bi-alado en el ápice; clinandrio corto; antera terminal y opercular, con 4 polinidios ceráceos, ovoideos y á veces puntiagudos, separados por pares en las celdas antóricas, libres ó coherentes por sus ápices; cápsula en general pequeña, sub-globulosa, ovoid-a ú oblonga.

Este género se divide en 2 secciones:

a) Caestichis, Thonars. Racimo con flores esparcidas.

b) Distichis, Thonars. Racimo con flores y brácteas dísticas.

En México hay 4 especies de *Líparis*, todas sin interés para el cultivo.

L. alata, Scheid. México.

L. arnoglossophylla, Reichb. f. México.

L. elliptica, Griseb. Veracruz.

L. Galeottiana, Hems. Chihuahua, Jalisco.

☐☐☐ *Antera pedicelada:*

9.—Androchilus, Liebm. (Su traducción equivale á la expresión ya consignada, esto es: antera pedicelada.) *Or-androchila* (M.) Es un género monolípico de México que sólo se diferencía del anterior y de todas las demás *Orquídeas* por su antera provista de un filamento distinto y alesnado, como de un milímetro y medio de largo.

La especie que lo integra, de la Hacienda de "El Mirador," Huatusco, Ver., se denomina *A. campestris,* notable por la peculiar organización de sus flores.

△△△△ *Plantas epifíticas, con flores vistosas ó llamativas:*

† *Antera uni–locular:*

10.—Masdevallia, Ruiz y Pav. (Derivado del apellido Masdevall.) *Or-masdevallia* (M.) Son hierbas sin seudo-bulbos, sarmentosas ó con rizoma rastrero, cuyos tallos tienen una sola hoja coriácea, contraída por su base en un largo pecíolo, debajo de la cual los tallos son muy cortos ó apenas visibles, inclusos en una ó dos vainas escariosas. Flores grandes ó medianas, rojas ó diversamente matizadas, llevadas sobre pedúnculos uni-pluri–floros que simulan ser escapos, individualmente inclusos por su base en la misma vaina del pecíolo y á su vez provistos de 1 á 3 estuches. Sépalos ya soldados ó conniventes en tubo, ya extendidos desde la base, los laterales en general más largos que el posterior, y todos prolongados en una punta ó cola extendida; pétalos mucho más chicos, de ordina-

rio angostos; labelo pequeño, polimorfo, articulado con el pie
de la columna y tan largo como ella, raras veces más desarrollado; ginostema erguido, á veces alado en la parte superior;
clinandrio oblicuo, truncado, ancho, cóncavo ó en forma de
capuz, continuo con las alas del ginostema y diversamente
dentado en el margen; antera terminal ó inserta en el interior
del clinandrio, opercular, convexa ó en forma de capuz, con
2 polinidios bi–partibles, ceráceos, ovoideos y sin apéndices,
libres ó coherentes por su ápice; cápsula roma.

Son plantas alpinas que gozan del favor de los *amateurs*
debido á la hermosura ó por lo menos á là originalidad de la
mayor parte de sus flores.

El género es muy vasto, pero de él, sin embargo, no hay
más que 2 especies dentro de nuestros límites:

M. floribunda, Lindl. Jalapa–Enríquez.

M. Lindeniana, A. Rich. y Gal. México.

†† *Antera bi–cuadri–locular:*

⤙ *Polinidios ovoideos ó globulosos:*

˙β *Labelo articulado ó continuo con el pie de la columna:*

11.—*Scaphyglottis,* Poepp. y Endl. (Del griego *skaphé,* na-
vecilla, y *glotta,* lengua. *Cladobium,* Lindl.) *Or-scaphyglottida*
(M.) Son hierbas ramosas, con sus ramificaciones tiernas, geminadas ó solitarias en el vértice de las anuales, acompañadas
en su base de vainas paléaceas y terminadas en 2 hojas coriáceas, angostas ó lineales; dichas ramificaciones más tarde se
vuelven carnoso–engrosadas al grado que forman seudo–bulbos lineales ó algún tanto fusiformes. Flores geminadas ó reunidas en corto número entre las hojas, con pedunculillos brac-
teados. Sépalos casi del mismo largo, erguidos ó algo extendidos, soldados por su base al pie de la columna, siendo el
posterior más angosto que los laterales; pétalos semejantes al

sépalo posterior ó algo más chicos; labelo contraído por su
base erguido, menos en el ápice que lo tiene extendido, indiviso ú obscuramente lobulado; ginostema largucho, erguido,
semi-rollizo, provisto de 2 orejuelas en el ápice y de un corto
pie ensanchado membranoso en la base; clinandrio poco prominente, entero ó bi-dentado por delante; antera terminal,
dehiscente por un opérculo y bi-locular, con 5 polinidios ceráceos y sin apéndices, 2 para cada celda, ovoideos ó globulosos, libres ó unidos entre sí.

Es género americano del cual hay en México 2 especies:
S. dubia, Benth. y Hook. Jalapa.
S. Kienastü, ? Comascaltepec, Sultepec.

β β Labelo soldado por su base con la columna en una especie de copa:

℃ *Hojas sin seudo-bulbos:*

12.—Seraphyta, Fisch. y Mey. (Del griego *seira* cuerda, y
phytón, planta.) *Or-seraphyta* (M.) Es un género monolípico
de la América tropical que comprende una hierba epifítica
de tallos apenas carnosos, envainados por su base, y hojas coriáceas, oblongas ó algo anchas. Flores pequeñitas y pediceladas, provistas de brácteas pequeñas y dispuestas en una panoja terminal y ramosa. Sépalos casi iguales, libres, agudos
y semi-extendidos; pétalos lineales y extendidos, iguales en
longitud á los sépalos; labelo provisto de una uña tan larga
como la columna, soldado donde quiera en un urceolo calloso
en la entrada, y de una lámina ovalada, extendida é indivisa;
ginostema corto y ápodo, cuyas alas juntas con la uña del labelo forman el urceolo; clinandrio corto con sus lóbulos laterales redondeados, entre los cuales se halla la antera terminal, sub-globulosa, opercular, muy carnoso en su dorso, bi-
locular en la parte anterior, pero de celdas divididas en 2
celdillas: encierra 4 polinidios ceráceos, ovoideo-globulosos,
distintos y sin apéndices, unidos por pares en la dehiscencia

merced á 2 filamentos elásticos, compuestos de una substancia pegajosa que de ordinario los fija al pico del estilo; cápsula ovoidea, puntiaguda, de costillas poco prominentes.

La especie aludida, de la Hacienda de "El Mirador," Huatusco, se llama *S. minutiflora.* El nombre específico denota suficientemente la poca importancia de esta plantita.

⌒ ⌒ *Hojas con seudo–bulbos:*

∝ *Clinandrio corto y truncado:*

13.—Hormidium, Lindl. (Tal vez de hormaó, y_o excito.) *Or-hormidia* (M.) Son hierbitas epifíticas, con pequeños y numerosos seudo–bulbos cerca del rizoma, acompañados de 2 ó 3 vainas membranáceas, y terminados por una ó dos hojas pequeñas, coriáceas ó carnositas. Flores pequeñas ó diminutas, cortamente pediceladas en un fascículo terminal, que á veces se halla reducido á una sola flor provista de su bráctea correspondiente. Sépalos iguales en longitud, casi erguidos ó al fin extendidos, el posterior libre, los laterales más anchos; pétalos muy angostos ó semejantes al sépalo posterior; labelo soldado por su base con la columna en una especie de copa, provisto de una lámina erguido–extendida, · indivisa ó tri-lobada; ginostema corto de márgenes ensanchados hasta el ápice y soldados en una especie de copa con el labelo; antera terminal, opercular, casi arriñonada, paralelamente cuadrilocular, con 4 polinidios ceráceos, ovoideos, distintos, sin apéndices y unidos por sus ápices en la dehiscencia de la antera; cápsula ovoidea ó sub–globulosa, roma, pero de costillas prominentes.

Se halla representado en México con 3 especies:

H. miserum, Benth. y Hook. Oaxaca.

H. pulchellum, Benth. y Hook. Oaxaca.

H. pygmæum, Benth. y Hook. Oaxaca.

Carecen todas de interés como plantas ornamentales.

$\underset{\propto}{\propto}$ *Clinandrio con 3 lóbulos, los dos laterales erguidos*
más largos que el posterior.

14.—*Hexisia*, Lindl. (Del griego hexis, vigoroso. *Euotho-*
naea, Reichb. f.) *Or–hexisia* (M.) Comprende hierbas epifíticas, con tallos rollizos ó angulosos, cuyo nudo superior se
halla comunmente engrosado, y seudo–bulbos con 1 ó 2 hojas
angostas. Flores medianas, purpúreas ó anaranjadas, en un
racimo terminal pauci–floro, llevado por un pedúnculo corto,
cubierto de escamas coriáceas é imbricadas. Sépalos casi del
mismo largo, angostos, erguidos en la base y extendidos en
el resto de su longitud, con el posterior libre, muy parecidos
á los dos pétalos posteriores; labelo erguido, soldado por su
base con la columna en una especie de copa apenas jibosa
por delante, pero en seguida doblado–flexuoso y provisto de
2 lóbulos laterales obscuros, así como de una parte central
lanceolada, extendida y tan larga como los sépalos; ginostema corto, soldado en forma de copa con el labelo más allá de
su medianía; antera fija al lóbulo posterior del clinandrio,
opercular semi–globosa y bi–locular, con sus celdas divididas
en 2 celdillas y provistas de 4 polinidios ceráceos, ovoideos,
colaterales, libres ó unidos entre sí.

La única especie de nuestra Flora, encontrada en Oaxaca,
se denomina *H. oppositifolia*, Reichb. f.

$\underset{\perp}{\perp}$ *Polinidios paralelamente comprimidos:*

z *Sépalos desiguales, el posterior libre, los laterales mucho más*
anchos, adheridos al pie de la columna:

$\curvearrowright$ *Hojas alternas:*

15.—*Ponera*, Lindl. (Su traducción corresponde á "planta
maligna." *Nemaconia*, Knowles y West.) *Or–ponera* (M.) Son
hierbas epifíticas, de tallos alargados, procedentes de un rizo-

ma rastrero, con hojas alternas, provistas de vainas persistentes y muy apretadas. Flores pequeñitas, cortamente pediceladas, con brácteas cortas, paleáceas, y caducas: se hallan dispuestas en cortos racimos sub-sesiles. Sépalos casi iguales en longitud; pétalos más anchos que el sépalo posterior; labelo casi articulado con el pie de la columna, provisto de una lámina encorvado-extendida y ovalada al revés, entera ó bilobada; ginostema corto semi-rollizo, encorvado y sin alas; clinandrio oblicuo, corto ó encorvado en la parte posterior y á veces bi-dentado en la anterior; antera terminal, opercular, convexa, con sus 2 celdas divididas en 2 celdillas merced á un tabique longitudinal: contiene 4 polinidios ceráceos, ovalados, iguales, uni-seriados, ligados en cada celda merced á un apéndice granuloso, pegajoso, unido á la base de los márgenes; cápsula sub-globulosa, ovoidea ú oblonga, roma, pero provista de costillas obtusas y carnositas.

Comprende 4 especies, la última de ellas dudosa:

P. grandfolia, Lindl. Jalapa-Enríquez.

P. juncifolia, Lindl. México.

P. striata. Lindl. Córdoba.

P. striolata, Reichb. f. México?

⁀ ⁀ *Hoja única:*

16.—Hartwegia, Lindl. (Dedicado al naturalista inglés Teodoro Hartweg, quien coleccionó numerosas plantas mexicanas para la "Horticultural Society." de Londres.) *Or-hartwegia* (M.) Es un género monotípico de México y de la América Central, que comprende una hierba epifítica de tallo erguido, procedente de un rizoma rastrero, largamente escapiforme y acompañado de varias vainas. Tiene una sola hoja subsesil, coriáceo, carnosa, angosta ó lineal. Flores medianas, cortamente pediceladas, con pequeñas brácteas aproximadas, y dispuestas en un racimo terminal, corto y muy poblado, con otro á veces sesil y distante del anterior. Sépalos·del mismo largo, erguidos y conniventes; pétalos más chicos que los sépalos; labelo ventrudo en la base, donde se adhiere al pie de la columna: su uña es ancha, cóncava y erguida, con sus márgenes adheridos y su lámina extendida, contraída y encorvada en la base, luego ascendente, ovalada, entera y transversalmente callosa; ginostema cóncavo en la parte anterior, provisto de 2 alas angostas, prolongadas en su ápice en orejuelas redondeadas y erguidas; clinandrio algo prolongado en la parte posterior; antera opercular, semi–globosa y bi–locular, con 4 polinidios ceráceos, ovalados, iguales y uni–seriados, ligados en cada celda merced á un apéndice lineal, granuloso, pegajoso, unido á la base de los márgenes.

La especie mencionada se llama *H. purpurea*, Lindl., bella especie con flores color de rosa, propia para el cultivo, de Jalapa–Enríquez, Mirador, Orizaba, Veracruz, y de ella hay también una variedad llamada *angustifolia*, W. Booth., oriunda de Orizaba.

z z *Sépalos libres, iguales ó casi iguales:*

¿ *Inflorescencia lateral:*

17.—*Alamania*, Llav. y Lex. (Dedicado al naturalista é historiador guanajuatense D. Lucas Alamán, Ministro de Relaciones bajo la Presidencia de Bustamante,) *Or alamania* (M) Es un género monotípico mexicano, creado para una hierba epifítica, de rizoma rastrero y tallos muy pequeños, ligeramente engrosados, pero apenas seudo–bulbosos, y terminados en 2 hojas. Flores medianas, acompañadas de brácteas angostas y escariosas, sostenidas por pedunculillos larguchos, y dispuestas en racimos sencillos, cortos, terminales y densifloros, sostenidos por escapos laterales y sin hojas, pero cubiertos de brácteas envainadoras, escarioso–membranáceas é imbricadas. Sépalos angostos, casi iguales y semejantes á los pétalos; labelo erguido, soldado por su base con la columna y provisto de una lámina parecida á los sépalos, con pequeños lóbulos laterales y dentiformes; ginostema soldado hasta su mitad en un tubo con la uña del labelo, pero libre en la parte superior, erguido, sin alas, y semi-rollizo; clinandrio con su lóbulo posterior ancho, obtuso, oblicuamente truncado, y dos laterales erguidos, encorvado-ligulados; antera terminal, opercular, cónico-gruesa en el dorso, con 4 celdas longitudinales y paralelas que contienen 4 polinidios ovalados, paralelamente comprimidos, sin apéndices ó apenas unidos mediante algunas granulaciones; ovario prolongado en la parte superior en un cuello largucho.

La especie aludida, de la Región Meridional, se llama *A. punicea.* notable por el color rojo de sus flores.

¿ ¿ *Inflorescencia terminal:*

~~~~~ *Labelo bi-cornudo entre los lóbulos laterales:*

18.—*Diacrium,* Lindl. (Su traducción equivale á "dos puntas") *Or-diacria* (M.) Son hierbas epifíticas, de tallo carnoso, apenas engrosado en un seudo-bulbo alargado, y hojas poco numerosas, aglomeradas en la extremidad, coriáceas y subcarnosas, articuladas con una vaina corta. Flores vistosas, cortamente pediceladas, con brácteas pequeñas, y llevadas sobre un pedúnculo terminal, sencillo, provisto de vainas paleáceas, distantes entre sí. Sépalos casi iguales, libres, petalóideos y extendidos, bastante parecidos á los pétalos; labelo extendido desde la base de la columna, casi tan largo como los sépalos, con sus lóbulos laterales extendidos ó vueltos hacia abajo, entre los cuales se halla un disco elevado con dos cuernos en la cara superior pero huecos en la inferior; ginostema corto, ancho, ligeramente encorvado, con 2 alas angostas y carnositas; clinandrio oblicuo y obtuso; antera terminal, opercular, semi-globosa y bi-locular, de celdas divididas en

2 celdillas por un tabique longitudinal: contiene 4 polinidios
ceráceos, ovalados, iguales, paralelamente comprimidos en el
sentido lateral, uni-seriados y ligados en cada celda por un
apéndice lineal, granuloso, pegajoso, unido á la base de los
márgenes.

La única especie de nuestra Flora se llama *D. bidentata*,
Hems., sin localidad especificada.

〜〜〜 *Labelo sin cuernos, igual á los pétalos:*

19.—*Isochilus*, R. Br. (Del griego "isos," igual, y "cheilos" labio ó labelo.) *Or-isochila* (M.) Tallos erguidos, sin seudo-bulbos, procedentes de un rizoma rastrero, envainado y
cubierto con las vainas de las hojas dísticas, extendidas, lineales ó lanceoladas, herbáceas y obtusas ó escotadas. Flores
medianas, rosadas ó rojizas, acompañadas de brácteas herbáceas, cóncavas, mucho más cortas que su flor, y dispuestas
en un denso racimo terminal y uni-lateral. Sépalos iguales,
erguidos, libres, cóncavo-aquillados y á veces ventrudos en
la base; pétalos planos, tan largos como los sépalos; labelo
fijo con los pétalos en la base de la columna, pero contraído
en su mitad inferior y ligeramente ondulado, provisto hacia
su mitad de 2 lóbulos laterales muy cortos, y en todo lo demás muy entero; columna erguida, ápoda y prolongada en el
ápice hacia un lado en 2 puntas erguidas que pertenecen al estigma; clinandrio poco prominente, con el diente anterífero
posterior corto; antera terminal, opercular, convexa y bi-locular, con sus celdas divididas en 2 celdillas por un tabique
longitudinal imperfecto: contiene 4 polinidios ceráceos é iguales, 2 para cada celda, ovoideo-oblongos, erguidos y paralelamente comprimidos, provistos de un caudículo granuloso-
pegajoso y laminiforme que asciende desde la base; cápsula
globulosa ú ovóidea, con costillas poco prominentes.

Son plantas epidéndreas de la América Tropical, y de ellas hay 6 en nuestra Flora:

I. carnosiflorus, Lindl. Mirador;

I. crassiflorus, A. Rich. y Gal. Región Meridional;

I. lactibracteatus, A. Rich. y Gal. Veracruz

I. linearis, R. Br. Orizaba, Oaxaca, etc. Especie muy interesante.

I. major, Cham. y Schl. Córdoba, Jalapa-Enríquez;

I. unilaterale, Rob. San Luis Potosí.

Exigen un clima cálido ó templado.

〜〜〜 *Labelo sin cuernos, distinto de los pétalos y adherido á la columna:*

20.—*Epidendrum*, L. (Del griego "epí," sobre, y "déndron," árbol.) *Or-epidendra* (M.) Las plantas de este género son epifíticas como su nombre lo indica, de tallos tan pronto carnosos ó engrosados en un seudo-bulbo, como delgados y á veces ramosos, provistos de hojas coriáceas ó gramíneas. Flores medianas ó vistosas, en raro caso pequeñitas, cortamente pediceladas, con brácteas angostas ó pequeñas, y dispuestas en un pedúnculo terminal, sencillo ó apanojado-ramoso. Sépalos libres, iguales, extendidos ó vueltos hacia abajo, raras veces casi erguidos; pétalos parecidos á los sépalos, con menos frecuencia mucho más angostos; labelo de uña erguida, soldado en un tubo con la columna abrazada por los 2 lóbulos laterales poco manifiestos ó ensanchados, y provisto de una lámina extendida, trípida ó indivisa; ginostema en general angosto y adherido á la uña del labelo, á veces libre en su ápice, semirollizo ó con menos frecuencia bi-alado; clinandrio corto, con 3 lóbulos, dos laterales á menudo redondeados y uno posterior poco manifiesto. á veces desarrollado y membranáceo, desgarrado-franjeado; antera terminal, opercular, convexa ó semiglobosa, con 2 celdas divididas por un tabique longitudinal en 2 celdillas; contiene 4 polinidios ceráceos, anchos ú ovalados, uni-seriados é iguales, paralelamente comprimidos en el sentido lateral, ligados en cada celda por medio de un caudículo granuloso—pegajoso, lineal ó laminiforme, unido á la base de los márgenes; cápsula ovóidea ú oblonga, roma ó puntiaguda, angulosa y á veces alada debido á sus costillas prominentes.

Es un género muy vasto, que se subdivide en numerosas secciones, y del cual hay en México unas 105 especies profusamente esparcidas.

Del *E. cochleatum*, L., de Córdoba, San Luis Potosí, etc., se usan las hojas en infusión como anti-espasmódicas y pectorales. [1] El *E. pastoris*, Llav. y Lex., de Michoacán, se llama en el lenguaje vulgar "Ttzacutli y Amatzaubtli." Entre las especies notables por su hermosura son de mencionarse: el *E. nemorale*, Lindl., Sultepec, con bonitos dibujos rosa y blancos; el *E. phœniceum*, Lindl., México, con tintas obscuras; el *E. aurantiacum*, Batem., Oaxaca, con sus hojas carnosas, etc. El *Epidendrum* requiere en general poco cuidado. En nuestro clima pueden cultivarse sobre los árboles ó en jardineras de madera con un poco de musgo por cama, con tal de que durante la vegetación se les rocíe abundantemente.

≋≋≋ *Labelo sin cuernos, distinto de los pétalos y libre de la columna:*

21.— *Cattleya*, Lindl. (Dedicado á Cattley, botánico inglés) *Or–cattleya* (M.) Son hierbas epifíticas, de tallos muy carnosos ó seudo-bulbosos, envueltos en varias vainas y provistos en la parte superior de 1 á 2 hojas á menudo gruesas, coriáceas ó carnosas. Flores de ordinario poco numerosas y llamativas, á veces muy grandes, con brácteas pequeñas, dispuestas en racimos sencillos, llevados sobre pedúnculos terminales, generalmente inclusos por su base en una vaina espatiforme. Sépalos libres y casi iguales, extendidos ó en raro caso conni-

(1) Se introdujo en Europa, procedente de las Antillas, en 1786.

ventes; pétalos más anchos que los sépalos, con menos frecuencia semejantes á ellos; labelo libre y erguido, fijo á la base de la columna, la cual se halla abrazada ó envuelta por los anchos lóbulos laterales del mismo: su lámina central es extendida y polimorfa, muy distinta de los lóbulos laterales ó continua con ellos; ginostema largucho, robusto, semi. rollizo, sin alas y por lo común encorvado; clinandrio oblicuo, provisto de 3 lóbulos ó dientes obtusos y á menudo prominentes; antera terminal, opercular, convexa ó semi-globosa, con 2 celdas divididas en 2 celdillas por un tabique longitudinal: contiene 4 polinidios ceráceos, comprimidos y paralelos, con caudículos lineales y granuloso-pegajosos, casi soldados en una lámina; cápsula oblongo-ovoidea, roma ó puntiaguda, de costillas en general agudas y muy prominentes.

De este género hay en México 3 especies:

C. citrina, Lindl. Orizaba, Oaxaca, Morelia. Flores amarillas, en cicarios uni-floros. Crece invertida, esto es, con las hojas y las flores hacia abajo. Clima cálido.

C. labiata, Lindl. Tepic.

C. Skinneri, Batem. Veracruz. Flores muy largas, de 4 á 12 en un racimo corto, rosadas, con el labelo blanquecino en el centro y de un rojo vivo en los bordes. Clima cálido, en tierra abonada, mezclada con musgo.

La primera se llama "Aróraqua" en el lenguaje vulgar, y es de pequeña talla, pero de grandes y hermosas flores; las dos siguientes son de talla mediana, é igualmente interesantes por sus bellas flores. Prosperan fácilmente sobre madera con musgo.

SUB-TRIBU 3—HEXADESMIEAS.

22.—Hexadesmia, A. Brong. (Este nombre alude á los 6 polinidios ligados entre sí por sus ápices agudos ó atenuados.) *Or-hexadesmia* (M.) Son hierbas epifíticas, con sus tiernas ramificaciones solitarias ó geminadas en la extremidad de las

ramas anuales, acompañadas en su base de vainas paleáceas
ó imbricadas, terminadas por 2 hojas carnosas, debajo de las
cuales se halla el último entrenudo de ordinario alargado, carnoso, engrosado ó seudo-bulboso. Flores pequeñas, fasciculadas, ó corta y densamente racimosas entre las hojas, con
brácteas en general paleáceas. Sépalos casi del mismo largo,
erguidos ó casi extendidos, el posterior libre y los laterales
algo más anchos; pétalos semejantes al sépalo posterior, más
chicos que él; labelo continuo ó articulado con el pie de la columna, contraído en la base y extendido en la parte superior,
indiviso ó poco bi-lobado; ginostema largucho, erguido, semi-
rollizo y sin alas, prolongado en su base en un pie torcido, por
lo común membranáceo-ensanchado; clinandrio tri-lobado,
con el lóbulo posterior vuelto hacia adentro y los laterales erguidos; antera terminal, opercular y bi-locular, con 6 polinidios ceráceos y ovóideos, 4 inferiores, 2 para cada celda, y 2
sobrepuestos á los anteriores, pero todos separados por tabiques incompletos; cápsula pequeña y roma, ovóidea ú oblonga.

En nuestra Flora hay 6 especies, 2 de ellas con el carácter
de dudosas:

H. bífida, Reichb. f. México?

H. crurígera, Lindl. México.

H. fasciculata, A. Brongn. México?

H. lurida, Batem. México.

H. rhodoglossa, Reichb. f. México.

H. sessilis, Reichb. f, Región Meridional.

. SUB-TRIBU 4—LELIEAS.

◯ *Plantas sin seudo-bulbos:*

} *Tallo sin hojas:*

23.—Hexalectris, Rafin. (El nombre tal vez alude á las 6
piezas del periantio) *Or-hexalectrida*, (M.) Es un género monotípico de la América del Norte, establecido para una hierba

sin hojas, de rizoma nudoso, escamosito y casi articulado, con un escapo erguido, sencillo, provisto de vainas cortas y distantes. Flores medianas, cortamente pediceladas, esparcidas en un racimo terminal y acompañadas de brácteas angostas, á menudo más largas que los pedunculillos. Sépalos casi iguales, libres, erguidos ó sub-extendidos, el posterior encorvado, los laterales algo falsiformes y todos parecidos á los pétalos; labelo erguido, contraído en la base, ovalado al revés, tan largo como los sépalos, y provisto de 2 lóbulos laterales, cortos y casi erguidos; ginostema largucho, erguido, encorvado, semi-rollizo, ápodó y bi-alado en la parte superior; clinandrio oblicuo, elevado en la parte posterior, obtuso, cóncavo y entero; antera opercular, convexa, con 2 celdas divididas de un modo imperfecto en 4 celdillas: contiene 8 polinidios ceráceos, 4 para cada celda, ovóideos, aguditos, casi iguales y coherentes por sus ápices; cápsula vuelta hacia abajo, oblonga-fusiforme.

La especie aludida, de San Luis Potosí, Zimapán y Región del Norte, se llama *H. aphylla*, Benth.

En Junio de 1901 el Prof. V. Conzález y el Autor descubrieron en el Cerro de Huauclilla, Oaxaca, otra especie de este género que el botánico americano J. M. Greenman, de la Universidad de Harvard, Cambridge, bautizó últimamente con el nombre de *H. Mexicana*. Tiene el aspecto de las *Corallorhiza*, y como ellas es terrestre y propia de regiones frías.

§§ *Tallos con una sola hoja, raras veces dos:*

←→ *Ginostema sin alas; flores en una espiga densa:*

24 —*Arpophyllum*, Llav. y Lex. (Su traducción equivale á: "hoja en forma de hoz.") *Or-arpophylla* (M.) Son hierbas terrestres ó epifíticas, de tallos erguidos, procedentes de un rizoma rastrero, terminados por una hoja carnosa ó coriácea,

á veces muy larga, replegada en su base, pero no envainadora, debajo de la cual se encuentran amplias vainas que cubren el tallo. Flores numerosas, medianas, sesiles y coloreadas, provistas de brácteas diminutas y dispuestas en una larga y densa espiga cilindrácea, llevada sobre un pedúnculo terminal, acompañado de una ó dos vainas. Sépalos iguales en longitud, extendidos y libres entre sí, con los laterales un poco más anchos que el posterior, cóncavos en la base y adheridos al pie de la columna, lugar en que se fija también el labelo: es éste contraído sobre la base cóncava y gibosa, y en seguida erguido, con sus lóbulos laterales redondeados, á veces poco distintos del lóbulo central y extendido; ginostema erguido, ligeramente arqueado; clinandrio poco ensanchado, cortamente tri–dentado y más corto que el pico ancho del estilo; antera opercular, sub–globulosa y bi–locular, con 8 polinidios ovoideos al revés, agudos ó puntiagudos, 4 para cada celda y coherentes en 2 falanges; cápsula roma, provista de 6 costillas.

En México hay 3 especies:

A. alpinum, Lindl. Región del Sur.

A. giganteum, Hartweg. Toluca, Sierra "San Pedro Nolasco."

A. spicatum, Llav, y Lex, Oaxaca, Sierra "San Pedro Nolasco."

Son plantas propias de lugares fríos y templados, El *A. giganteum* es la más hermosa, de porte distinguido y flores purpúreas y rosadas, al cabo que tiene flores rojas el *A. spicatum*, conocido también con el nombre vulgar de "Tzauhxilotl."

↔ *Ginostema sin alas; flores poco numerosas:*

25.—*Meiracyllium*, Reichb. f. (Este nombre al parecer alude al "rostelo" dirigido hacia atrás) *Or–meiracyllia* (M) Son hierbas epifíticas, humildes, de rizoma rastrero y carnosito, cubierto de vainas cortas, y tallos muy cortos, sin seudo–bulbos, terminados en una hoja corta, ancha, sesil y carnosa. Flores pequeñitas, pediceladas, con brácteas diminutas, y llevadas por un pedúnculo muy corto, semi–bifloro, situado

en la base de la hoja. Sépalos casi iguales, parecidos á los pétalos; labelo erguido, continuo con la base de la columna, cóncavo ó giboso en la base, casi tan largo como los sépalos, algo
ancho é indiviso; ginostema corto, encorvadito, terminado por
el rostelo sub-erguido ó dirigido hacia atrás, de modo que cubre enteramente el clinandrio; antera bi-locular convexa, con
8 polinidios ceráceos, puntiagudos, ovoideos ú oblongos, dispuestos en 2 fascículos que á su vez se componen de 2 pares
de polinidios desiguales, libres del rostelo, pero ligados entre
sí por un pequeño caudículo granuloso, enteramente glandu-
liforme.

La única especie mexicana, propia de la Sierra Madre, se
denomina *M. gemma*, Reich. f.

<—>
<—> *Ginostema bi-alado; flores vistosas:*
<—>

26.—Brassavola, R. Br. (Dedicado al sabio italiano Antonio Musa Brassavola) *Or-brassavola* (M.) Comprende hierbas
epifíticas, de tallos apenas engrosados, ascendentes ó erguidos, con pocas vainas y una hoja carnosa, rolliza ó lineal, raras
veces dos. Flores terminales, pediceladas y vistosas, tan pronto solitarias ó geminadas en un corto pedúnculo, como racimosas sobre un pedúnculo alargado, y en ambos casos provistas de brácteas cortas. Sépalos libres, iguales, extendidos,
lineales ó lanceolados, de ordinario largos y á veces largamente
cerdoso-puntiagudos, semejantes á los pétalos; labelo sesil,
angosto en la base, pero luego ensanchado en una lámina aguda por lo general ancha y plana, con menos frecuencia cóncava ó en forma de capuz; ginostema erguido y bi-alado, en-
vuelto en el labelo, y á menudo más corto que la uña del
mismo; clinandrio con 3 lóbulos erguidos prominentes y casi
del mismo largo, todos dentados en el ápice ó solo el posterior,
en el cual se fija la antera opercular, provista de 2 celdas, divididas en 2 celdillas por un tabique longitudinal, y de 8 poli-

nidios, 4 eu cada celda, ovalados y paralelamente comprimidos, los pares inferiores ascendentes, ligados en cada celda
mediante un caudículo grauuloso, lineal ó laminiforme, y los
pares superiores descendentes; cápsula ovoidea ú oblonga,
sobrepuesta del cuello del ovario á veces muy largo.

En México hay 4 especies poco interesantes:

B. cucullata, R. Br. Oaxaca.

B. nodosa, Lindl. San Luis Potosí.

B. pumilis, Reichb. f. Zacuapán.

B. venosa, Lindl. San Luis Potosí.

}}} *Tallos con varias hojas:*

27.—Elleanthus, Prest. (Este nombre alude sin duda á
alguna particularidad de las flores. *Evelyna*, Pœpp.) *Or-ellean-
tha* (M.) Son hierbas terrestres, tan pronto humildes, con muchos tallos, como elevadas, sencillas ó ramosas. Hojas sesiles
encima de su propia vaina, plegadas, lineales ú ovalado, lanceoladas. Flores en espigas terminales, densas, oblongas ó en
forma de cabezuelas, con brácteas imbricadas. Sépalos casi
iguales, libres y erguidos; pétalos tan largos como los sépalos,
pero á menudo más angostos; labelo erguido, fijo en la base
de la columna á la que envuelve; igual ó más largo que los
sépalos, provisto en su base de una concavidad en la cual se
hallan dos callosidades prominentes, distintas ó soldadas en
una lámina carnosa, y á veces también de 2 lóbulos laterales,
amplios y erguidos ó poco manifiestos; ginostema erguido,
ápodo, semi-rollizo ó bi-alado en su parte media; clinandrio
con 2 dientes erguidos y larguchos, con otro posterior más
chico en el cual se fija la antera opercular, algo convexa y
luego erguida, con 2 celdas indivisas: en cada una hay 4 polinidios ceráceos y ovóideos, algo sobrepuestos por pares, y unidos por sus ápices mediante un poco de substancia pegajosa,
á un pequeño caudículo granuloso; cápsula cortamente oblon-

ga, erguida ó extendida. Reichenbach, hijo, divide este género en 2 secciones:

a) Cœlelyna. Labelo con sus callosidades reunidas en una lámina deprimida.

b) Euevelyna. Labelo con sus callosidades distintas.

En México sólo hay una especie, propia de Córdoba, Ver., *E. capitatus*, Reichb. f.

○ ○ *Plantas con seudo-bulbos:*

○/○ *Ginostema pediculado y sin alas:*

28.—*Cœlia*, Lindl. (Derivado tal vez de koilé, cavidad. *Botriochilus*, Lemaire) *Or-cœlia* (M.) Son hierbas epifíticas de tallos engrosados por su base en un seudo-bulbo carnoso, y hojas largas, angostas, plegado-venosas. Flores medianas, cortamente pediceladas, en racimos densos, con menos frecuencia poco numerosos y más grandes, llevadas sobre escapos cortos y sencillos, procedentes de la base de los seudo-bulbos, y acompañados de vainas imbricadas casi espatáceas, así como las flores lo están de brácteas angostas, paléaceas ó membranosas, y á menudo más largas que ellas mismas. Sépalos casi del mismo largo, erguidos en la base, pero extendidos en la parte superior, el posterior cóncavo y libre, los laterales más anchos y soldados con el pie de la columna; pétalos parecidos al sépalo posterior; labelo articulado con el pie de la columna, angosto é indiviso; ginostema corto; clinandrio truncado ó sinuoso; antera terminal, opercular, semi-globosa y bi-locular: contiene 8 polinidios ceráceos y ovóideos, 4 en cada celda, coherentes por sus ápices; cápsula roma, corta ú oblonga, con costillas ensanchadas en alas, de las que 3 son muy prominentes.

A la Flora mexicana pertenecen estas 2 especies:

C. Bauerana, Lindl. Córdoba, Ver., Especie de escaso mérito.

C. macrostachya, Lindl. Jalapa, Oaxaca. Flores rosadas.

○ ○ *Ginostema pedicelado y bi-alado:*
○ ○

29.—Chysis, Lindl. (Nombre que significa: "fusión" aludiendo á las masas polínicas confundidas entre sí.) *Or-chysida* (M.) Comprende hierbas epifíticas, de tallos envainados en la base, muy hojosos en la parte superior y finalmente engroŝados, fusiformes ó seudo-bulbosos. Hojas larguchas y caedizas. Flores vistosas, blancas ó amarillentas, en un racimo lateral situado de ordinario en la axila de las hojas inferiores; tienen brácteas pequeñas ó poliáceas, poco más cortas que su flor. Sepalos del mismo largo, libres entre sí y extendidos los laterales más anchos que el posterior, adheridos al pie de la columna; pétalos semejantes al sépalo posterior; labelo fijo al pie de la columna, luego erguido, con sus lóbulos laterales amplios, erguidos, y el central extendido ó vuelto hacia abajo, entero ó bi-lobado; ginostema erguido, grueso y bi-alado; clinandrio con 2 dientes laterales cortos y el posterior más largo; en este último se fija la antera opercular, provista de 2 celdas imperfectamente divididas en 2 ó 4 celdillas: cada celda contiene 4 polinidios ceráceos, ovoideos ú oblongos, unidos merced á un caudículo amplio y granuloso.

En México se encuentran 3 especies y 2 variedades, á cual más interesante.

Ch. aurea, Lindl. Chiapas, de flores amarillas muy hermosas; var. *Limminghii*, Lem., Chiapas, de flores rosadas y elegantes; var. *maculata*, Hook. Chiapas;
Ch. bractescens, Lindl. México, de magníficas y grandes flores blancas y como hechas de cera, con una mancha amarilla en el labelo;
Ch. laevis, Lindl. México. Soberbia especie, con 8 flores grandes en un racimo inclinado, amarillas y anaranjadas, con una mancha de carmín en el labelo.

Son *Orquídeas* de fácil cultivo, con tal de que se cuide darles poca agua durante la época del reposo.

Flora se distribuyen en las 2 secciones en que se halla dividido:

a) *Eubletia*, Benth. y Hook. Escapos sin hojas, laterales en el seudo-bulbo. Racimo á veces ramoso.

b) *Bletilla*, Benth. y Hook. Escapos terminales ó al mismo tiempo laterales y terminales en el seudo-bulbo, y provistos de 1 ó 2 hojas. Racimo siempre sencillo.

De ellas citaremos algunas que se cultivan ó podrían cultivarse en vista de sus bonitas flores:

B. campanulata, Llav. y Lex. Orizaba, Las Canoas. N. V. Sautle.

B. coccinea, Llav. y Lex. Talea, Oax. N. V. Tonaloxóchit¹.

B. reflexa, Lindl. Cerro de San Felipe. Tiene flores color de rosa.

B. verecunda, R. Br. Córdoba, El Mirador, etc.

□ □ *Hojas no plegadas; sépalos y pétalos planos:*

32.—Lœlia, Lindl. (Nombre dedicado sucesivamente á plantas muy diversas, y de origen para nosotros desconocido. *Amalias*, Hoffm.) *Or-lœlia* (M.) Lo forman hierbas epifíticas, con seudo-bulbos carnosos, oblongos, provistos de pocas vainas y terminados en una ó dos hojas coriáceas ó carnosas. Flores vistosas, á veces muy grandes y poco pediceladas, en rácimos sencillos, con brácteas espatáceas ó larguchas, membranosas, y pedúnculos terminales, acompañados á menudo de varias vainas alejadas. Sépalos casi iguales, libres y extendidos; pétalos en general más anchos que los sépalos y á veces más largos; labelo erguido, libre de la columna á la que envuelve con sus lóbulos laterales, de lóbulo central extendido, tan pronto agudo-lanceolado, como bífido y ancho, liso ó con laminitas en su cara superior; ginostema largucho, cóncavo ó bi-alado por delante; clinandrio de margen sinuoso ó tri-quintadentado; antera fija en el diente posterior del clinan-

drio, opercular, convexa y bi–locular, de celdas divididas en
2 celdillas mediante un tabique longitudinal, las que á veces
vuelven á subdividirse por medio de otro transversal: contiene 8 polinidios, 4 en cada celda, ovalados y paralelamente
comprimidos, los pares inferiores ascendentes, ligados en cada
celda mediante un caudículo granuloso y lineal, y los pares
superiores descendentes.

De este género, uno de los más interesantes de la familia,
hay en México 9 especies bastante esparcidas, y todas ellas,
sin excepción, merecen un lugar preferente en las colecciones:

Nos limitaremos á citar aquí las más conspícuas:

L. *anceps*, Lindl. Orizaba, etc., de grandes flores color de rosa
ó violeta–purpúreo, con el labelo violeta pálido, purpúreo en el centro y amarillo, con venas rojas en la
base.

L. *autumnalis*, Lindl. Morelia, Oaxaca, ó por otro nombre Lirio parásito. Flores rosa y lila con manchas purpúreas
en el labelo.

L. *furfurácea*, Lindl. Cerro San Felipe, de bellas flores rosadas;

L. *maialis*, Lindl. San Bartolo, llamada también "Itzmaqua;"
L. *peduncularis*, Lindl. México y L. *rubescens*, del mismo autor.

□ □ □ *Hojas no plegadas; pétalos y sépalos ondulados:*

33.—Schomburgkia, Lindl. (Dedicado al orquidólogo inglés Schomburgk, quien descubrió en la Guayana el curioso
polimorfismo del género *Catasetum*). *Or–Schomburgkia* (M.)
Son hierbas epifíticas de seudo-bulbos ó tallos carnosos, oblongos, fusiformes ó alargados, provistos de varias vainas y de 1
á 3 hojas ovaladas, oblongas ó alargadas, coriáceas ó carnosas. Flores vistosas, pediceladas, con brácteas persistentes,
coriáceas ó membranosas, dispuestas en un racimo llevado

por un pedúnculo terminal, sencillo y alargado. Sépalos casi iguales, libres y extendidos; pétalos iguales y semejantes á los sépalos, ó más ondulados; labelo erguido, de lóbulos laterales aplanados ó al principio abrazadores de la columna, y el central redondeado ó plano y bi-lobado, ó más angosto y ondulado, ginostema bi-alado, recto ó encorvado; clinandrio de lóbulos ó dientes laterales cortos, el posterior más largo, rara vez todos iguales; antera fija en el ápice del diente posterior, cónica ó convexa, con 2 celdas separadas, divididas en 2 celdillas por un tabique longitudinal, y éstas subdivididas á su vez en otras 2 debido á un tabique transversal imperfecto: contiene 8 polinidios ceráceos, 4 en cada celda, sobrepuestos por pares, ovalados, paralelamente comprimidos en el sentido lateral, los inferiores ascendentes, ligados con los superiores de ordinario más pequeños mediante un caudículo granuloso, á veces laminiforme.

La única especie de nuestra Flora, propia de Oaxaca, se llama *S. Galeottiana*, A. Rich. Sus flores son de difícil obtención.

TRIBU II GOVENIEAS — VANDEAS.

Hierbas epifíticas, rara vez terrestres, á menudo seudobulbosas. Antera decídua después de la dehiscencia, terminal, posterior, con una sola celda ó con dos casi siempre confluentes en una sola. Dicha antera contiene 2 ó 4 polinidios ceráceos, fijos individualmente ó por pares á un retináculo comunmente estipitado.

CLAVE ARTÍFICIAL DE SUB-TRIBUS.

Cuatro polinidios . . . . *1 — Maxilarieas.*
Dos polinidios . . . . *2 — Oncidieas.*

SUB-TRIBU 1—MAXILARIEAS.

§ *Hojas plegado-venosas:*

* *Labelo espolonado:*

+ *Retináculo claramente estipitado:*

34.—Eulophia, R. Br. (Puede traducirse por *buena cresta*, ó *bien crestado*, en atención al aspecto del labelo. Una de sus especies produce la substancia nutritiva llamada *Salep* que se extrae de los seudo-bulbos. *Orthochilus*, Hochst.) *Or-eulophia* (M.) Son hierbas terrestres, de tallos engrosados por su base en seudo-bulbos oblongos ó alargados, y hojas dísticas, largas y comunmente angostas. Flores pediceladas, medianas ó pequeñitas, compactas ó separadas: tienen brácteas membranáceas, pequeñas ó larguchas, y se hallan dispuestas en racimos sencillos ó ramoso-apanojados, sobre escapos ó pedúnculos sin hojas, pero envainados. Sépalos casi iguales y libres entre sí, los laterales extendidos y á veces adheridos á la base de la columna; pétalos semejantes al sépalo posterior, con éste extendido ó erguido-conniventes; labelo erguido, prolongado entre los sépalos laterales en un saco ó espolón: sus lóbulos laterales, que rara vez son poco manifiestos, abrazan la columna, y el central, extendido ó encorvado, y de ordinario ancho, es entero ó bi-lobado y diversamente crestado en su parte media; ginostema corto, grueso, ápodo y en general bi-alado; clinandrio muy oblicuo, erguido y entero; antera terminal, opercular, semi-globosa cónica ó puntiaguda, con 2 apéndices ó cuernos é imperfectamente bi-locular: contiene 4 polinidios ceráceos, ovóideos y sin apéndices, ligados por pares entre sí, y al rostelo por un retináculo estipitado; cápsula ovoidea ú oblonga, raras veces alargada, roma y colgante, provista de costillas carnositas y prominentes.

La única especie mexicana se denomina *E. filicaulis*, Lindl, la que carece de aplicación como planta ornamental.

+ + *Retináculo muy poco estipitado:*

35.—Galeandra, Lindl. (Literalmente traducido significa antera con capuz. *Corydandra*, Reichb.) *Or-galeandra* (M.) Comprende hierbas epifíticas ó terrestres, de tallos engrosados en la base en un seudo-bulbo alargado ó tuberiforme, y hojas dísticas, envainadoras en la base, angostas y plegado-venosas. Flores vistosas ó medianas, poco delicadas, con brácteas angostas ó pequeñas, en racimos terminales sencillos y pedunculados. Sépalos iguales, libres y extendidos, semejantes á los pétalos ó algún tanto más angostos; labelo fijo en la base de la columna, prolongado en un espolón amplio, sub-infundibuliforme y descendente, con sus lóbulos laterales anchos y erguidos que abrazan ó envuelven la columna; el central es extendido, redondeado, ó bi-lobado y diversamente crestado en su parte media; ginostema ápodo, corto ó largucho, cortamente bi-alado en el ápice; clinandrio muy oblicuo, puntiagudo en la parte posterior; antera terminal, opercular, puntiaguda, imperfectamente bi-locular, con 4 polinidios ceráceos y ovoideos, ligados á menudo por pares y sin apéndices, provistos de un retináculo apenas estipitado, fijo al rostelo; cápsula roma.

El cultivo de estas plantas exige numerosos cuidados, pero los merecen si se tienen en cuenta sus grandes flores en racimos colgantes, de colores muy agradables. Son de clima cálido, se cultivan en macetas ó jardineras y exigen luz, así como reposo después de la caída de las hojas.

La única especie de nuestra Flora, y probablemente la más interesante del género se llama *G. Baueri*, Lindl. Se encuentra en la Sierra de San Pedro Nolasco, y es notable por sus flores en racimos colgantes, de colores muy agradables.

** *Labelo sin espolón:*

× *Ginostema ápodo:*

† *Flores normales:*

36.—**Mormodes**, Lind. (Del griego *mormó*, fantasma, y *odós*, camino. *Cyclosia*, Klotzsch.) *Or-mormodea* (M.) Son hierbas epifíticas, de tallos cortos, engrosados luego en seudo-bulbos oblongos ó fusiformes, carnosos y provistos de vainas, así como de varias hojas alargadas y plegado–venosas. Flores vistosas, en racimos á menudo colgantes, densifloros, llevados por escapos sencillos oriundos de la base de los seudo–bulbos. Sépalos libres, casi iguales, extendidos ó vueltos hacia abajo, en raro caso conniventes y á menudo angostos, semejantes á los pétalos ó algo más angostos; labelo sub–articulado en la base de la columna, casi siempre contraído en una uña convexa, más ancho en la parte superior, cóncavo ó replegado: tiene los lóbulos laterales casi siempre vueltos hacia abajo, en raro caso plano–extendidos, y el central de ordinario agudo, entero ó con menos frecuencia ciliado–denticulado; ginostema carnosito, erguido, cóncavo en la parte anterior, ápodo y sin alas; clinandrio largamente puntiagudo en la parte posterior; antera terminal, opercular, convexa, puntiaguda en el dorso, uni–locular ó imperfectamente bi–locular, con 4 polinidios apareados ó 2 surcados, ceráceos, oblongos y sin apéndices, con retináculo grande y caudículo.

Dos especies de este género tienen flores grandes, y son de un cultivo bastante fácil. De ellas hay 5 que pertenecen á nuestra Flora:

M. aromaticum, Lindl. Oaxaca.

M. buccinator, Lindel. México? Flores amarillas variadas.

M. igneum, Lindl. México. Flores amarillas variadas.

M. pardinun, Batem. México.

M. uncia, Reichb. f. México.

†† *Flores polígamo-trimorfas:*

37.—Catasetum, L. C. Rich. (Su traducción equivale á *cerdas descendentes*, por alusión á las 2 que adornan el ginostema de las florés masculinas. *Catachœtum*, Hoffm.) *Or. cataseta* (M.) Comprende hierbas epifíticas ó terrestres, de tallos envainados, cortos y engrosados en la base en un seudo–bulbo ovoideo ó fusiforme. Hojas amplias, plegado–venosas, contraídas en vainas. Flores vistosas, en racimos pauci–multi–floros, llevados sobre escapos sencillos, erguidos ó colgantes, oriundos de la base de los seudo-bulbos, las masculinas y femeninas de ordinario erguidas y las hermafroditas colgantes. Sépalos y pétalos libres, casi iguales, ya todos anchos, gruesos, conniventes en globo, ya más angostos, conniventes, extendidos ó encorvados. En sus demás caracteres las flores son polígamo-trimorfas, lo cual en un principio dió lugar al establecimiento de otros tantos géneros. Flores masculinas: (*Catasetum*, H. B. K.) Labelo ancho, muy carnoso, cóncavo ó en forma de capuz, á menudo dentado ó franjeado en el margen; ginostema erguido, largucho, grueso, ápodo y provisto de 2 celdas vueltas hacia abajo y situadas bajo el estigma seco; clinandrio prolongado por detrás en un largo aguijón; antera terminal, opercular, convexa, puntiaguda en el dorso, uni–locular ó imperfectamente bi–locular, con 4 polinidios apareados, ó 2 surcados ó bi–lobados, ceráceos, oblongos, sin apéndices, provistos de un grueso retináculo largamente estipitado. Flores femeninas: (*Monachantus*, Lindl.) Labelo como en las anteriores; ginostema mucho más corto, sin cerdas y con estigma perfecto; antera más chica que en las masculinas, con polinidios imperfuctos; cápsula oblonga, roma y muy grande. Flores hermafroditas: (*Myanthus*, Lindl.) Labelo angosto, oblongo, ú ovalado, cóncavo ó plano, de lóbulo central á veces alargado y franjeado; ginostema como en las femeninas, pero con el estigma perfecto.

Las plantas de este género únicamente prosperan en climas cálidos y en pleno sol, y su cultivo es bastante difícil. Tienen flores grandes y curiosísimas, no tanto por su hermosura, cuanto por su forma y color. En México hay 3 especies:

C. Hookeri, Lindl. México.

C. laminatum, Lindl. Oaxaca.

C. luxatum, Lindl. Morelia = *Mormodes luxatum*, Lindl.

× × *Ginostema pedicelado:*

○ *Hierbas terrestres:*

⋜ *Sépalos libres extendidos:*

38.—*Cyrtopodium*, R. Br. (Del griego *kyrlos*, encorvado, y *pous*, pie. *Tylochilus*, Nees.; *Cyrtopera*, Lindl.) *Or.cyrtopodia* (M.) Las plantas de este género tienen un rizoma engrosado en seudo-bulbos tuberiformes, y hojas largas, plegado-venosas, contraídas en peciolo. Flores medianas ó vistosas y poco pediceladas, dispuestas en racimos sencillos ó ramosos, llevados sobre escapos sencillos, elevados, sin hojas, pero provistos de varias vainas, así como las flores lo están de brácteas lineales ó lanceoladas.

Sépalos casi iguales ó los laterales más anchos y más ó menos decurrentes en el pie de la columna; pétalos semejantes al sépalo posterior ó algo más anchos y más cortos; labelo fijo al pie de la columna, prominente entre los pétalos laterales; sus lóbulos laterales son erguidos ó al fin extendidos, y el central redondeado, extendido, bi-lobado, entero ó rizadodeutado; ginostema erguido, semi-rollizo, con ángulos agudos apenas alados y pie prominente por un lado; clinandriɔ oblicuo y entero, antera terminal, opercular, á veces estipita- da, convexa ó uni-bi-gibosa en en el dorso, imperfectamentɔ bi-locular, con (2 ó) 4 polinidios soldados por pares, ovoideoꜱ ó globulosos, ceráceos, con un retiuáculo membranáceo á ve- ces estipitado; cápsula oblonga ó alargada, roma y vuelta ha- cia abajo, de costillas á menudo prominentes.

C. punctatum, Lindl., de Jalapa, es la única especie de nues- tra Flora. Tiene fiores con manchas rojas, pero su vegetacioɪ presenta largos intervalos que precisa respetar.

z z *Sépalos conniventes:*

39.—Govenia, Lindl. (Derivado del apellido Goven. *Euc- nemis*, Lindl.) *Or.govenia* (M.) Son hierbas terrestres, de ri- zoma á veces engrosado en seudo-bulbos tuberiformes, y tallos erguidos, acompañados en su base de algunas vainas, una de las cuales se encueutra á menudo inflada, con pocas hojas am- plias, plegado-venosa y contraídas en la base. Flores media- nas, compactas ó alejadas, dispuestas en un racimo sencillo y terminal, de pedúnculo envainado por la base: cada cual va acompañada de una bráctea angosta ú ovalada. Sépalos casi iguales, el posterior encorvado-erguido, semejante á los pé- talos, y los laterales encorvados ó en forma de hoz; labelo articulado, fijo al pie de la columna, concavo pero extendido en el ápice é indiviso; ginostema encorvado, semi-rollizo y bi- alado; clinandrio truncado, antera terminal, opercular, con- vexa, á veces crestada en el dorso y uni-locular, con polini- dios ceráceos, ovalados, comprimidos y apareados, con un retináculo pequeño ó ensanchado, y un caudículo ancho ú oblongo; cápsula roma y oblonga.

Comprende unas 11 especies todas representadas en nues- tra Flora. Son de recomendarse las siguientes:

G. liliacea, Lindl. Morelia, Oaxaca, etc., ó "Azucena del Monte."

G. superba, Lindl. Oaxaca, Morelia, N. V. o "Azucena amarilla." Son de tierra fría.

○ ○ *Hierbas epifíticas ó semi-terrestres:*

∝ *Antera unilocular:*

40.—Lycaste, Lindl. (Ignoramos el significado de este nombre) *Or.lycastea* (M.) Son hierbas epifíticas y acaso terrestres, de tallos cortos, engrosados luego en seudo-bulbos carnosos, envainados en la base, con hojas amplias plegado-venosas. Flores grandes, á menudo vacilantes, en escapos erguidos de ordinario uni-floros, lateralmente oriundos de los seudobulbos. Sépalos casi iguales, erguido-extendidos, algo más anchos los laterales, y á veces gibosos en la base; pétalos ya semejates á los sépalos, ya más cortos y más anchos; labelo fijo al pie de la columna, sesil ó unguiculado, más corto que los sépalos, con sus lóbulos laterales erguidos, anchos en forma de hoz, y el central ancho ó largo y angosto, extendido, entero ó diversamente ciliado, provisto de un apéndice transversal ó callosidad polimorfa; ginostema largucho, arqueado, semi-rollizo, sin alas y pedicelado; clinandrio corto, en raro caso membranáceo-ensanchado; antera terminal, opercular y convexa, con 4 polinidios ovoideos ú oblongos, apareados, provistos de un retináculo pequeñito y un largo caudículo lineal.

Las especies de este género, del que hay 6 en México, por más que 2 de ellas son de carácter dudoso, tienen flores de larga duración, y su cultivo es muy sencillo: Clima templado, un poco de musgo mezclado con algo de tierra abonada y bastante agua, es cuanto necesitan:

L. aromática, Lindl. México. Especie interesante por sus flores amarillas ó anaranjadas muy numerosas, que esparcen un delicado olor de canela.

L. chrysoptera, Mor. México.

L. cochleata, Lindl. México?

L. consobrina, Reichb. f. México?

L. crinita, Lindl. Córdoba, Oaxaca.

L. Deppei, Lindl. Jalapa, Orizaba.

$\infty \atop \infty$ *Antera bi–locular:*

41.—Zygopetalum, Hook. (Su traducción equivale á "pétalos apareados") *Or–zygopetala* (M.) Las plantas de este género son hierbas epifíticas, de tallos cortos, engrosados al fin en seudo–bulbos, con hojas dísticas, rígidas ó membranosas, casi plegadas ó provistas de venas elevadas. Flores vistosas, bracteadas, en escapos sin hojas, pero con numerosas vainas, unifloros ó racimosos. Sépalos casi iguales, extendidos, libres y semejantes á los pétalos; labelo fijo, lo mismo que los sépalos laterales al pie de la columna; sus lóbulos laterales son ya extendidos poco prominentes, ya erguidos y más grandes, abrazadores de la columna, mientras que el central es aplanado, extendido, ancho y á veces ovalado, provisto de una cresta transversal, carnosa y prominente, entera ó lobulada, ginostema encorvado, semi–rollizo, sin alas ó bi–alado y pedicelado, clinandrio oblicuo, entero ó membranoso y en forma de capuz, con el margen franjeado, antera terminal, opercular, convexa ó puntiaguda en el dorso, con 4 polinidios ovoideos y separados por pares, provistos de un retináculo á veces estipitado, cápsula roma ovoidea ú oblonga.

Las 2 únicas especies de nuestra Flora, *Z. bidentatum*, Reichb. f.. y *Z. grandiflorum*, Benth. y Hook., parecen pertenecer á la sección *Huntleya*, Batem.

Las plantas de este género, cuyas flores son grandes, muy hermosas y durables, exigen clima templado y bastante agua.

§ § *Hojas no plegado-venosas:*

△ *Escapos ó pedúnculos axilares y uni-floros:*

⊹ *Labelo indiviso, triangular ú ovalado:*

42.—Dichæa, Lindl. (Es posible que el nombre se refiera á la disposición distica de las hojas. *Fernandezia*, Ruiz y Pav.) *Or. dichaea* (M.) Son hierbas epifíticas sin seudo-bulbos, de tallos largos, por lo común colgantes, cubiertos con las vainas de las hojas, las cuales son dísticas, en general cortas, ásperas ó extendidas. Flores pequeñas ó diminutas, en raro caso medianas, solitarias sobre pedúnculos axilares. Sépalos casi iguales, libres, extendidos, semejantes á los pétalos ó un poco más grandes; labelo fijo al pie de la columna, á veces unguiculado en la base, tan pronto triangular, con sus ángulos á veces dentados, como ovalado, cóncavo é indiviso; ginostema erguido, semi-rollizo, sin alas, prolongado por su base en un pie corto ó muy corto; clinandrio oblicuo, entero ó denticulado; antera terminal, opercular, muy convexa é imperfectamente bi-locular, con 4 polinidios ceráceos, ovoideos, apareados, provistos de un caudículo plano, terminado en nn retináculo pequeño.

De este género hay 5 especies dentro de nuestros límites:
D. echinocarpa, Lindl. Región del Sur.
D. glauca, Lindl. Oaxaca.
D. muricata, Lindl. Jalapa. Enríquez.
D. squarrosa, Lindl. Juquila.
E. trichocarpa, Lindl. Hacienda de El Mirador.

⊹⊹ *Labelo con sus lóbulos laterales erguidos:*

△ *Pedúnculos fasciculados:*

43.—Ornithidium, Salisb. (Del radical *ornis, ornithos*, pájaro.) *Or-ornithidia* (M.) Son hierbas epifíticas, con tallos cubiertos de vainas dísticas é imbricadas, los que emiten luego seudo-bulbos casi ó del todo laterales, terminados en una hoja comunmente larga y contraída en un peciolo por su base. Las hojas son coriáceas, largas ú oblongas; de ordinario dimorfas en cada especie las descritas, y otras dísticas, cortas, articuladas con las vainas y á menudo mezcladas entre sí de un modo irregular. Flores medianas ó pequeñitas, en pedúnculos uni-floros, fasciculados en las axilas. Sépalos casi iguales, agudos y libres, erguidos ó extendidos, semejantes á los pétalos ó más grandes; labelo erguido, tan pronto continuo con la base de la columna, como fijo en el ápice del cortísimo pie de la misma: tiene lóbulos laterales erguidos, paralelos, abrazadores, y el central extendido é indiviso; ginostema carnosito, corto ó largucho, sin alas, ápodo ó muy poco pedicelado; clinandrio oblicuamente truncado; antera terminal, opercular, en forma de capuz é imperfectamente bi-locular, con 4 polinidios ceráceos, ovoideos, apareados, libres ó fijos á un caudículo lineal, terminado en un retináculo pequeño.

En nuestra Flora se halla representado con 2 especies:

O. densum, Reichb. f. Misantla, Sierra San Pedro Nolasco.

O. histrionicum, Reichb. México.

Sus flores son rojas ó blancas, y prosperan fácilmente en clima templado.

△ △ *Escapos ó pedúnculos solitarios:*

† *Retináculo escamiforme, con un caudículo plano y corto:*

44 —Maxillaria, Ruiz y Pav. (Del latín *maxilla*, mandíbula). *Or—maxillaria* (M.) Son hierbas epifíticas, de tallos tan pronto muy cortos, engrosados luego en un seudo-bulbo, provisto de 1 ó 2 hojas, como alargados y cubiertos de hojas dísticas. Son éstas coriáceas, delgadas ó sub-carnosas. Flores grandes ó medianas, en escapos ó pedúnculos solitarios, bipluri-envainados y uni-floros, situados en la base de las seudo-bulbos ó en la axila de las hojas. Sépalos casi iguales, libres entre sí, extendidos ó con menos frecuencia casi erguidos, semejantes á los pétalos ó á veces más grandes; los laterales se hallan adheridos al pie de la columna, donde presentan una prominencia poco saliente; labelo cóncavo y erguido, con una uña muy corta dirigida hacia adentro en el ápice de la columna: sus lóbulos laterales son erguidos, y el central extendido, ovalado-oblongo, algo ó mucho más corto que los sépalos, y provisto á veces de un tubérculo en su superficie; ginostema erguido, grueso, semi-rollizo, sin alas, cóncavo por delante y á menudo encorvadito; clinandrio carnosito, cóncavo y entero; antera terminal, opercular, cónica ó semi-globosa, uni-locular ó imperfectamente bi-locular, y por lo común pubescente, con 4 polinidios ovalados, comprimidos y apareados.

Las *Maxilarias* florecen fácilmente, en clima templado pero no se recomiendan ni por la amplitud de su inflorescencia, ni por la belleza de sus colores. Sus especies, de las cuales hay 17 en México, se distribuyen en 2 series:

a) *Acaules*, Benth. y Hook., y b) *Caulescentes*, Benth. y Hook., cuyas expresiones indican bien la diferencia existente entre ambas. Como complemento citaremos la *M. aurantiaca*, A. Rich. y Gal., de México, la *M. puncto.striata*, Reichb. f., de Colima, y la *M. temifolia* Lindl., de Veracruz.

†† *Retináculo en forma de herradura, sin caudículo*

45.—*Mormolyce*, Fenzl. (Del griego *mormó* fantasma, y *lyke*, lobo). *Or-mormolycea* (M.) Es un género monotípico mexicano, creado para una hierba epifítica de rizoma rastrero y tallos muy cortos, cubiertos de varias vainas, y luego engrosados en un seudo-bulbo globuloso y carnoso que termina en una hoja largucha, coriácea y cortamente contraída en la base. Flores medianas, con una corta bráctea en la base del pedúncu-

lillo largucho, llevadas sobre escapos delgados, pluri.envaina-
dos, pero sin hojas, sencillos y uni.floros, procedentes del rizoma. Sépalos casi iguales, libres y extendidos, algo más
grandes que los pétalos; labelo ascendente, mucho más corto
que los sépalos, de lóbulos laterales erguidos, paralelos á la
columna, y el central corto, extendido ó encorvado y casi calloso en la superficie; ginostema encorvado, erguido, semi-
rollizo, ápodo y sin alas; clinandrio oblicuamente truncado;
antera terminal, opercular, muy convexa, con 4 polinidios ceráceos, ovoideos, soldados ó sobrepuestos por pares.

La especie en cuestión se llama *M. lineolata*, sin localidad
especificada.

△ △ *Escapos ó pedúnculos pluri-floros, axilares ó terminales:*

← *Caudículo corto ó muy corto:*

46.—Polystachya, Hook. (Su traducción equivale á: numerosos racimos, *Encyclia*, Pæpp. y Endl.; *Epiphora*, Lindl.)
Or polystachya (M.) Hierbas epifíticas, de tallos cortos y envainados en la base, al fin engrosados en seudo.bulbos carnosos ó tuberiformes, de ordinario pequeños. Hojas poco numerosas, dísticas, angostas ú oblongas, con muchos nervios,
pero no plegadas, y envainadoras en la base. Flores pequeñas, en raro caso medianas, con brácteas igualmente pequeñas
en un racimo terminal y sencillo, ó en varios racimos cortos,
esparcidos sobre el raquis común, donde constituyen una panoja angosta y floja, pero en ambos casos dispuestos sobre un
pedúnculo terminal, provisto de varias vainas. Sépalos conniventes ó casi extendidos, el posterior libre y los laterales
más anchos, adheridos al pie de la columna; pétalos semejantes al sépalo posterior ó más angostos; labelo articulado con
el pie de la columna, contraído en la base y luego erguido:
sus lóbulos laterales son erguidos, pero poco prominentes, y
el central indiviso, extendido ó encorvado; ginostema muy

corto, ancho, sin alas y pedicelado; clinandrio corto y truncado; antera terminal, opercular, muy convexa, uni.locular ó
imperfectamente bi.locular, con 5 polinidios ceráceos, ovalados, apareados ó unidos en 2, provistos á menudo de un retináculo; cápsula oblonga ó fusiforme, á veces alargada, erguida ó extendida.

A la Flora mexicana pertenecen las 2 especies siguientes,
que valen poco como plantas ornamentales:

P. cerea, Lindl. Oaxaca, y

P. lineata, Reichb. f. Región del Sur.

$\pm$ *Caudículo largo y lineal:*

Ψ *Cápsula erizada:*

47.—Erycina, Lindl. (Nombre mitológico, de *Eryx*, hijo
de Venus y Neptuno.) *Or erycina* (M.) Es un género monotípico mexicano, establecido para una hierba epifítica, de tallos
muy cortos, terminados en un seudo.bulbo sobrepuesto de
una sola hoja. Son éstas poco numerosas y coriáceas, con
vainas dísticas·é imbricadas, al fin gruesas. Flores medianas
ó pequeñitas, cortamente pediceladas, provistas de una bráctea rígida en forma de aguijón y llevadas sobre un pedúnculo
axilar, erguido y ramoso, rígido y delgado. Sépalos casi iguales, agudos, extendidos, los laterales soldados en la base, y
todos semejantes á los pétalos; labelo adherido al rededor de
la columna, extendido, mucho más largo que los sépalos, con
3 lóbulos anchos, petalóideos, contraídos en la base; el central
lleva en su base 2 callosidades en forma de lengüetas, y 2 lóbulos angostos y erguidos en la base del ginostema, que es
muy corto, ápodo y sin alas, con el pico del estilo largo, horizontal y encorvado en el ápice; clinandrio poco prominente;
antera terminal, opercular y uni.locular, prolongada en un
apéndice membranoso, y provista de 4 polinidios ceráceos y

ovoideos, con un largo caudículo lineal y un retináculo ovalado; cápsula oblonga, roma y erizada.

La especie aludida, propia de Acapulco, se llama *E. echinata.*

Ψ Ψ *Cápsula no erizada:*

θ *Rostelo horizontal y muy largo:*

48.—Ornithocephalus, Hook. (Su traducción corresponde á: *cabeza de pájaro.*) *Or.ornithocephala* (M.) Son hierbas epifíticas, de hojas coriáceas ó carnosas, oblongas ó lineales, con vainas dísticas é imbricadas, carnosas y más tarde engrosadas después de la caída de las hojas. Flores de ordinario pequeñas y separadas en el racimo, llevadas sobre pedúnculos axilares, sencillos y acompañados de brácteas dísticas, persistentes, extendidas y dentiformes. Sépalos casi iguales, libres y extendidos, el posterior cóncavo, semejante á los pétalos; labelo sub.sesil, continuo con la base de la columna, de lóbulos laterales gruesos, y el central pequeño ó largo, por lo común vuelto hacia adentro; ginostema corto, carnosito, cóncavo por delante, ápodo y sin alas; clinandrio poco prominente; antera terminal, opercular, imperfectamente bi.locular, algo prolongada en un corto apéndice más allá de las celdas, con 4 polinidios ceráceos, fijos por pares á un largo caudículo lineal, y provistos de un retináculo ovoideo ó pequeño; cápsula roma, ovoidea ó sub.globulosa.

A México pertenecen las 2 especies siguientes:

O. inflexus, Lindl. Oaxaca, Huatusco, etc.

O. iridifolius, Reichb. f. Zacuapán.

θ θ *Rostelo poco manifiesto:*

49.—Cryptarrhena, R. Br. (Su traducción equivale á: "antera oculta." *Orchidofunckia* y *Clynhymenia,* A. Rich.) *Or.cryptarrhena* (M.) Son hierbas epifíticas, de tallos muy cortos, sin seudo bulbos, y hojas numerosas, coriáceo.membranosas, provistas de vainas dísticamente imbricadas. Flores pequeñitas, racimosas, llevadas sobre pedúnculos axilares, erguidos, sencillos y más largos que las hojas; cada flor tiene una bráctea angosta, casi tan larga como el pedunculillo. Sépalos casi iguales, libres, extendidos, agudos y más angostos que los pétalos; labelo continuo con la base de la columna, extendido, de uña larga aquillado.crestada por encima, con 2 lóbulos laterales angostos, extendidos ó encorvados, y un intermedio más corto, más ancho y bi.cuadri.fido; ginostema corto, grueso en la parte superior, ápodo y sin alas; clinandrio muy elevado, oblicuo ó en forma de capuz, denticulado en el margen, con la antera opercular en su interior, convexa, puntiaguda y unibi-locular: contiene 4 polinidios ceráceos y apareados, con caudículos lineales, terminados en un retináculo pequeño; cápsula roma, ovoidea ú oblonga.

La Flora mexicana posee 2 especies:

C. *lunata*, R. Br. Sin localidad especificada. Sus flores tienen
　　tintes muy agradables. También se llama *Aspasia lunata*.

C. *pallidiflora*, Reichb. f. Oaxaca.

SUB-TRIBU 2—ONCIDIEAS.

△ *Hojas plegado–venosas:*

⌇ *Ginostema pedicelado:*

[] *Sépalo posterior libre:*

50.--*Lacaena*, Lindl. (Nombre mitológico. *Navenia*, Klotzsch). *Or.lacaena* (M.) Comprende un par de hierbas epifíticas de tallos cortos, engrosados luego en un seudo.bulbo carnoso, terminado en 2 ó 3 hojas amplias, plegado.venosas y contraídas en pecíolo. Flores grandes, racimosas, con brácteas

casi escariosas é iguales ó algo más largas que los cortos pedunculillos, llevados sobre escapos largos debajo de los seudo-
bulbos, encorvados, sencillos y pluri.envainados. Sépalos casi
iguales en longitud, extendidos los laterales, algo más anchos,
y el posterior libre, semejante á los pétalos, pero más grandes
que ellos; labelo continuo ó articulado con el pie de la columna, inclinado hacia adentro, poco extendido en su ápice: tiene
los lóbulos laterales erguidos, anchos y cortos ó largos y angostos, con el intermedio extendido, estipitado, ancho é indiviso,
ginostema encorvado.erguido, largucho, semi.rollizo, cortamente bi alado y provisto de un pie corto; clinandrio cóncavo
y oblicuo; antera casi terminal, opercular é imperfectamente
bi.locular, con 2 polinidios ceráceos, oblongos, surcados, con
caudículo lineal y retináculo pequeño.

Se halla representado en México con una sola especie,
L. bicolor, Lindl., y es la única que se cultiva. Se la encuentra de Oaxaca á Panamá, y presenta flores amarillas, salpicadas de púrpura y violeta. Exige un clima cálido.

[] [] *Sépalo posterior adherido á la base del ginostema:*

51.—*Gongora*, Ruiz y Pav. (Dedicado al poeta español
Luis de Góngora y Arcote.) *Or.gongora* (M.) Son hierbas epifíticas, de tallos muy cortos y envainados, transformados luego en un seudo.bulbo carnoso, de ordinario con 2 hojas amplias, plegado.vedosas y contraídas en la base. Flores grandes,
pediceladas, con brácteas cortas y angostas, dispuestas sobre
escapos situados en la base de los seudo.bulbos, sencillos y
vueltos hacia abajo, donde forman un largo racimo flexuoso.
Sépalo posterior erguido.extendido, los laterales más anchos,
adheridos al pie de la columna, extendidos, vueltos hacia abajo; pétalos adheridos con el sépalo posterior erguidos ó extendidos; labelo contínuo con el pie de la columna, extendido ó
ascendente, angosto y carnoso: sus lóbulos laterales son grue-

sos, erguidos y diversamente apendiculados, pudiendo ser giboso, replegado ó lateralmente comprimido el intermedio; ginostema ascendente, pedicelado en la base y semi.rollizo en la parte superior, sin alas y desnudo ó bi.cornudo por delante; clinandrio corto y truncado; antera terminal, convexa, á veces puntiaguda por delante, uni.locular ó imperfectamente bi.locular, con 2 polinidios ovoideos ú oblongos, provistos de un caudículo lineal y un retináculo en general pequeñito.

El color de sus flores es generalmente amarillo, mezclado de obscuro y blanco: son en su mayor parte olorosas, y prosperan bien en jardineras.

Las especies mexicanas llegan al número de 4:

G. cassidea, Reichb. f. México.

G. galeatu, Reichb. f. Jalapa, Córdoba, Orizaba.

G. Galeothiana, A. Rich. México.

G. truncata, Lindl. México.

<div style="text-align:center">~~~~ <em>Ginostema ápodo:</em></div>

○ Caudículo plano y retináculo escamiforme:

52.—*Stanhopea*, Frost. (Probablemente dedicado al conde inglés Felipe Stanhope, quien empleó su fortuna en los progresos de las ciencias. *Ceratochilus*, Lindl.) *Or-stanhopea* (M.) Las plantas de este género son hierbas epifíticas, de tallos pluri–envainados, muy cortos, transformados luego en un seudo.bulbo carnoso, sobrepuesto de una hoja amplia, plegado-venosa y contraída en un peciolo. Flores grandes, pediceladas, flojamente racimosas, con brácteas membranáceas en forma de espatas, y llevadas en escapos encorvados ó colgantes, sencillos y acompañadas de vainas espatáceas. Sépalos libres y carnosos, anchos ú oblongos, casi iguales entre sí á los laterales más anchos; pétalos semejantes á los sépalos ó más angostos, á veces ondulados; labelo fijo en la base de la columna, muy carnoso, torcido ú ondulado: sus lóbulos la-

terales por lo común se sueldan en una masa sólida, globulosa
ú oblonga y á veces bi.cornuda por su base, mientras que el
intermedio puede ser apenas distinto como desarrollado, continuo ó articulado sobre la masa sólida anterior, entero, tri-
lobado ó provisto de 2 lóbulos distintos en su base; ginostema
erguido ó encorvado, largucho, en general ápodo y á veces bi-
alado en la parte superior; clinandrio corto, bi.dentado ó
bi.cornudo por delante; antera terminal, opercular, convexa
ó semi.globulosa y uni.locular, con 2 polinidios ceráceos,
oblongos y atenuados en el ápice; cápsula fusiforme.

Las flores de estas *orquídeas* son muy consistentes y como
barnizadas, por más que su duración no pasa de una semana.
En general esparcen aromas delicadísimos, y su aspecto, así
como su manera de florecer son muy notables. Su cultivo es
de los más fáciles, pues basta colocarlas en jardineras suspendidas de modo que las infiorescencias puedan pasar por debajo, y cuidando de darles bastante agua en la época del crecimiento, pero muy poca durante la del reposo:

Como pertenecientes á México se citan las 6 ó 7 especies
siguientes:

S. bucephala, Lindl. Orizaba: sus flores simulan la cabeza.

S. Fregeana, Reichb. f. México.

S. inodora, Lindl. México; el nombre específico alude á su ca-
rencia de aroma.

S. Martiana, Batem. Región Meridional; parecida á la *S. De-
vonienses*.

S. tigrina, Batem. Orizaba, Jalapa. Magnífica especie de grandes flores amarillas con manchas obscuras. Esta reina
del grupo también se llama *Torito*.

S. oculata, Lindl. Región del Sur. Amarillo pálido tirando á
blanco, con puntos púrpura. Se conoce con el nombre vulgar de "Torito."

S. Devoniensis, Lindl. México. Fondo amarillo.claro, con numerosas manchas obscuras.

○ ○ *Caudículo oblongo, ensanchado en retináculo por la base:*

53.—Acineta, Lindl. (Su traducción parece corresponder
á la palabra *inmóvil,* de la partícula privativa *a,* y de *kinetos,*
movimiento. *Neippergia,* Morren.) *Or. acineta* (M.) Hierbas epifíticas, de tallos engrosados luego en un seudo. bulbo carnoso, sobrepuesto de una ó varias hojas amplias, plegado-venosas
y contraídas en peciolo. Flores vistosas, racimosas, acompañadas de brácteas pequeñas y dispuestas en escapos sencillos ó
colgantes, fuertes y sencillos, situados á los lados de los seudo-
bulbos. Sépalos casi del mismo largo, anchos y carnositos, los
laterales cortamente soldados en la base y más anchos que el
posterior; pétalos semejantes á los sépalos ó más pequeños;
labelo carnoso, contínuo con la base de la columna, de uña
angosta y lóbulo central cóncavo, dirigido hacia adentro, articulado ó continuo, indiviso ó tri. lobado, á menudo con apéndices callosos en la superficie; ginostema erguido, encorvadito,
sin alas ó bi. alado en la parte superior; clinandrio oblicuo, con
frecuencia elevado por detrás; antera terminal, opercular, muy
convexa, á menudo bi. dentada por delante, uni. locular ó imperfectamente bi. locular, con 2 polinidios ceráceos y oblongos.

Las mismas observaciones que para el género *Stanhopea.*
Son orquídeas muy hermosas y muy curiosas. En la época de
la vegetación requieren sombra y humedad.

A México pertenecen las 2 siguientes especies:

A. Barkeri, Lindl. Jalapa. Enríquez. Tiene racimos como de
    un pie de largo, y flores de´ un hermoso amarillo ati-
    grado, olorosas y de larga duración.

A. chrysantha, Lindl. México. De mérito menos pronun-
    ciado.

○ ○ ○ *Caudículo lineal y retináculo grande y grueso:*

54.—Cycnoches, Lindl. (Del griego *kyknos,* cisne, y *ocheys,* correa) *Or-cycnochea* (M.) Hierbas epifíticas, de tallos largos y carnosos ó transformados en seudo-bulbos oblongos, provistos de varias vainas, y hojas amplias, plegado-venosas. Flores vistosas, en racimos poblados, llevados por escapos sencillos, erguidos ó vacilantes, procedentes de la base de los seudo-bulbos: cada flor tiene una bráctea pequeña. Sépalos casi iguales, libres y extendidos, semejantes á los pétalos ó poco más angostos; labelo carnoso y extendido, continuo con la base de la columna, contraído en una uña por su base y lanceolado ú orbicular en la parte superior, entero, lobulado, crestado ó franjeado; ginostema alargado, delgado, muy arqueado, ápodo y sin alas; clinandrio elevado por detrás, bífido ó puntiagudo; antera terminal, opercular, uni-locular ó imperfectamente bi-locular, con 2 polinidios ceráceos, ovoideos y surcados.

Las plantas de este género, bastante raras en las colecciones, tienen flores de formas muy curiosas. Exigen mucho calor en la época de la vegetación, y un reposo absoluto con poca agua y temperatura mediada después de la floración.

Dentro de nuestros límites hay 2 especies:

C. maculatum, Lindl. México, y *C. ventricosum,* Batem., Orizaba, Oaxaca, etc., de flores olorosas, amarillo-verdosas y labelo blanco.

△ △ *Hojas no plegado-venosas:*

¿ *Plantas con seudo-bulbos:*

Σ *Labelo con 2 espolones:*

55.—Comparettia, Pœpp. y Endl. (Dedicado al naturalista italiano Andrés Comparetti) *Or-comparettia* (M.) Son hierbas epifíticas, de tallos muy cortos, provistos de 2 á 3 vainas y

engrosados luego en un pequeño seudo-bulbo carnoso, terminado por una hoja coriácea. Escapos sencillos, largos y erguidos, procedentes de la base de los seudo-bulbos, provistos
de flores vistosas, claramente pediceladas, racimosas y acompañadas de brácteas pequeñas. Sépalos del mismo largo, erguido-extendidos, el posterior libre y los laterales soldados
entre sí, y prolongados en un largo espolón libre de los pétalos: son éstos tan largos como el sépalo posterior pero más
anchos; labelo continuo con la base de la columna, prolongado
por su base en 2 espolones largos y lineales, inclusos en el
espolón correspondiente á los sépalos laterales: á los lados
lleva 2 lóbulos erguidos en forma de orejuelas, al cabo que su
parte central es extendida, mucho más larga que los sépalos
y muy ancha; ginostema erguido, carnosito, semi-rollizo, surcado por delante, ápodo y sin alas; clinandrio corto, oblicuo,
agudito en la parte posterior; antera terminal, opercular, muy
convexa y uni-locular, con 2 polinidios ceráceos, ovoideos y
surcados, provistos de un caudículo cuneiforme-lineal y un
retináculo ovalado; cápsula sobrepuesta de un pico y acután-
gula, ovoidea ú oblonga.

Al parecer existe en la Región del Sur la única especie
de este género, perteneciente á nuestra Flora, y la cual se
llama *C. coccinea*, Lindl., planta pequeñita de flores muy hermosas, rojas, mezcladas de anaranjado ó carmín. Florece en
invierno y exige mucha agua y un clima templado.

Σ Σ Labelo con un solo espolón:

56.—*Trichocentrum*, Pœpp. y Endl. (Del griego *trix, trikós*,
crin, y *kentron*, aguijón.) *Or-trichocentra* (M.) Hierbas epifíticas, de tallos muy cortos, engrosados más tarde en un pequeño seudo-bulbo carnoso, sobrepuesto de una sola hoja coriácea. Flores grandes ó medianas, en escapos cortos, pluri-
envainados y uni-bi-flores, situados entre los seudo-bulbos.

Sépalos casi iguales, libres y extendidos, semejantes á los pétalos; labelo soldado en urceolo con la columna, prolongado por su base en un espolón descendente, erguido sobre el urceolo, desnudo ó con 2 orejuelas: sus lóbulos laterales son casi erguidos y poco ensanchados, al cabo que el intermedio es aplanado, mucho más largo que los sépalos y bi-lobado; ginostema corto, ápodo y grueso; clinandrio bi-lobado en la parte anterior; antera terminal, opercular, semi-globosa, imperfectamente bi-locular, con 2 polinidios ceráceos, ovoideos, provistos de un caudículo plano-cuneiforme, y un retináculo ovalado.

En nuestra Flora se encuentran las 2 siguientes especies, poco conocidas en las colecciones:

T. juscum, Lindl. México.

T. Hœgei, Reichb. f. México.

Σ Σ Σ Labelo sin espolón:

o–o *Antera sin apéndices:*

β *Columna adherida al labelo:*

٩ *Flores vistosas:*

57.—Trichopilia, Lindl. (Es verosímil que el nombre aluda al aspecto original del labelo, del griego *thrix*, pelo, y *pilós* sombrero. *Pilumna*, Lindl.; *Leucohyle*, Klotzsch.) *Or-trichopilia* (M.) Comprende hierbas epifíticas, con seudo-bulbos sobrepuestos de una sola hoja carnosa, erguida y plegada en la base. Flores pediceladas, en número de 1 á 5, sobre escapos cortos y sin hojas, pero provistos de varias vainas y procedentes del rizoma: cada flor va acompañada de una bráctea pequeña. Sépalos casi iguales, libres, angostos, erguido-extendidos y á menudo retorcidos, semejantes á los pétalos; labelo de uña adherida á la columna ó abrazadora de la misma

en la parte superior, y lámina extendida, con sus lóbulos laterales poco ensanchados y conniventes, ó continuos con el intermedio ondulado, desnudo ó provisto de algunas laminillas;
ginostema rollizo con la uña del labelo, bi-auriculado ó dentado
á los lados del estigma; clinandrio ampliamente membranáceo,
entero ó tri-lobado y á menudo dentado ó franjeado; antera
opercular, situada en el interior del clinandrio, convexa y unilocular, obtusa ó puntiaguda, con 2 polinidios oblongos, provistos de un caudículo en forma de correa, y un retináculo
pequeño ó cuneiforme; cápsula ovoidea ú oblonga, roma ó muy
poco puntiaguda.

Sus especies florecen con facilidad y abundancia, y en
cuanto á hermosura no temen competencia. Sus flores son
grandes, de colores vivos y muy bonitos. El exceso de agua
en invierno las perjudica sobremanera. El clima que más les
conviene parece ser el templado. México posee dos especies,
ambas hermosas y distinguidas:

T. Galeottiana, A. Rich Oaxaca, y

T. tortilis, Lindl. Veracruz. Flores de color amarillo obscuro,
con el labelo blanco, sembrado en su interior de grandes manchas desiguales.

ββ *Flor pequeñita:*

58.—*Dignathe*, Lindl. (Tal vez alude á las 2 laminillas del
labelo) *Or-dignathea* (M.) Es un género monotípico mexicano,
establecido para una hierbita de tallos muy cortos, cubiertos
de vainas anchas y terminados en un seudo-bulbo que lleva
una hoja pequeñita, peciolada, coriácea, ovalada y provista de
una costilla prominente. Flor única, acompañada de una bráctea escariosa, en el ápice de un escapo apenas más largo que
el pecíolo y situado bajo el seudo-bulbo. Sépalos casi iguales,
libres y extendidos, semejantes á los pétalos ó algo más grandes; labelo giboso en la base, adherido á la columna median-

te 2 laminitas carnosas, con su lámina ancha, indivisa y tan larga como los sépalos; ginostema muy corto, ápodo y grueso; clinandrio truncado; antera con 2 polinidios ceráceos y ovoidᵉos, provistos de un caudículo lineal y un retináculo pequeño.

La especie aludida se denomina *D. pygmœa.* Su nombre específico indica bien su poca importancia como planta ornamental.

⧉ *Columna libre del labelo:*

✥ *Labelo indiviso:*

59.—Brassia, R. Br. (Probablemente derivado del nombre propio "Brassi.") *Or–brassia* (M.) Son hierbas epifíticas, de tallos cortos, terminados en un seudo–bulbo sobrepuesto de 1 á 2 hojas, debajo del cual se hallan otras coriáceas en corto número ó reducidas á sus propias vainas. Flores grandes ó medianas, acompañadas de brácteas cortas ó espatáceas, y dispuestas en racimos flojos, de ordinario poco poblados, llevados sobre pedúnculos sencillos, axilares ó laterales bajo el seudo–bulbo. Sépalos libres, extendidos, angostos, puntiagudos ó provistos de una cola á veces muy larga; pétalos semejantes al sépalo posterior ó más pequeños; labelo sesil en la base de la columna, extendido, plano.indiviso, más corto que los sépalos y provisto de 2 láminitas en su base; ginostema corto, áptero, erguido y ápodo; clinandrio truncado, poco prominente; antera terminal, opercular, muy convexa ó semiglobulosa y uni–locular, con 2 polinidios ceráceos y ovoideos, provistos de un caudículo plano, oblongo ó lineal, y un retináculo variable.

Clima templado. Sus flores, no obstante su color en general verdoso, son bellas é interesantes, particularmente por sus sépalos alargados. Ninguna *Brassia* es de despreciarse.

De este género, dentro de nuestros límités hay 2 especies:
B. caudada, Lindl. México, y *B. verrucosa*, Lindel. Oaxaca.
El color de sus flores es verde-pálido, con el labelo pálido.
Clima templado.

⁘ ⁘ *Labelo con 2 lóbulos laterales:*

a—Ginostema sin alas:

60.—Odontoglossum, H. B. K. (Del griego *odontos*, diente,
y *glossa*, lengua.) *Or–odontoglossa* (M.) Las plantas de este
género son hierbas epifíticas, de tallos cortos, terminados en
un seudo–bulbo sobrepuesto de 1 ó 2 hojas, debajo del cual
hay otras dísticas, coriáceas ó carnositas. Flores vistosas, pediceladas, con brácteas ovaladas ó lanceoladas, en escapos
axilares debajo del seudo–bulbo, ya cortos, con una ó pocas
flores, ya más largos, multifloros y apanojados. Sépalos casi
iguales, extendidos, lanceolados, oblongos ó con menos frecuencia ovalados, semejantes á los pétalos, en raro caso más
angostos; labelo continuo y paralelo con la columna, de lóbulos laterales cortos y erguidos, al cabo que el intermedio es
extendido ó encorvado, angosto ó muy ancho, á veces desnudo y otras crestado ó bi–calloso; ginostema largucho, más
angosto hacia su medianía, á veces ensanchado por su base
en una membrana, pero sin alas en la parte superior; clinandrio ya truncado y apenas prominente, ya provisto de 2 lóbulos ó dientes angostos ó desgarrados, ya en fin, ampliamente
membranoso, lobulado ó denticulado; antera terminal en el
interior del clinandrio, opercular, globulosa ó en forma de capuz, uni–locular ó imperfectamente bi–locular, con 2 polinidios ovoideos, enteros ó surcados, provistos de un caudículo
lineal y un retináculo angosto ú ovalado; cápsula ovoidea ú
oblonga, á menudo sobrepuesta de un corto pico.

En este género parece haber especies que pueden considerarse como híbridos naturales: tal sucede, v. g., con el *O. Andersonii*, al cabo que otras presentan flores dobles según el testimonio de Roezl, quien descubrió en nuestra Patria un ejemplar de esta naturaleza. Es uno de los géneros más hermosos de la familia, ya por la riqueza de su floración, ya por la elegancia de sus inflorescencias. Sus especies son en su mayor parte alpinas, razón por la que exigen un calor bastante moderado. Necesitan asimismo de mucha luz y bastante aire. En estas condiciones prosperan bien y florecen regularmente.

En nuestra Flora hay 25 especies profusamente esparcidas, entre las cuales citaremos sólo unas cuantas:

O. bictoniense, Lindl. Chiapas. Sépalos y pétalos transversalmente manchados.

O. citrosmum, Lindl. Región meridional. Flores rozadas.

O. Dawsonianum, Reichb. f. México. Flores de sépalos transversalmente manchados.

O. Erhenbergii, Kl. Región del Sur. Flores blancas y rosadas.

O. nebulosum, Lindl. Oaxaca. Flores grandes, hermosas sobre toda ponderación.

O. Warnerianum, Reichb. f. México. Flores grandes con manchas obscuras en su fondo.

b—Ginostema alado:

61.—*Oncidium*, Sw. (Tal vez de *ognkósis*, tumor, por los seudo-bulbos globulosos) *Or-oncidia* (M.) Interesante género compuesto de hierbas epifíticas, con tallos cortos ó muy cortos, terminados, aunque no siempre, en un seudo-bulbo uni-bi-foliado. Hojas poco numerosas y á veces nulas debajo del seudo-bulbo, planas, coriáceas ó apergaminadas, excepto en las especies sin seudo-bulbos, que son dísticas y lateralmente comprimidas en la base: en ambos casos cubren el tallo con sus vainas. Flores á menudo vistosas y casi siempre amarillas, en racimos flojos, llevados sobre pedúnculos laterales ó alargados y ramosos en la base de los seudo-bulbos, á veces flexuosos, en raro caso cortos, con una ó pocas flores. Sépalos á menudo casi iguales, extendidos ó vueltos hacia abajo, libres ó los laterales poco soldados en la base, mientras que el posterior es á veces más angosto y más largo; pétalos semejantes al sépalo posterior, en raro caso más grandes; labelo fijo en la base de la columna, continuo, de uña corta y divergente, casi siempre crestado ó tuberculoso en el ápice, con sus lóbulos laterales adheridos á la uña, á menudo cortos, extendidos ó vueltos hacia abajo, en raro caso poco manifiestos, y el intermedio extendido, á veces muy ancho, bifido ó escotado; ginostema corto, grueso y ápodo, pero con frecuencia giboso ó bi-orejudo en la base, al cabo que lleva dos alas petaloideas, en forma de orejuelas en la parte superior; clinandrio tan pronto truncado y muy corto como ovalado y erguido, entero ó bidentado; antera terminal, opercular, muy convexa, semiglobosa ó en forma de capuz, uni-locular ó imperfectamente bilocular, con 2 polinidios ceráceos y ovoideos, provistos de un caudículo plano, angosto y largo, ó muy corto, y un retináculo variable; cápsula más ó menos puntiaguda, ovoidea, oblonga ó fusiforme.

Sus especies, de las que hay 37 con 6 variedades en nuestra Flora, se reparten en las 3 secciones siguientes:

-)(- *Tallos sin seudo-bulbos:*

a) *Equitantia.*—Labelo de lámina más ancha que los pétalos. A ella pertenece el *O. iridifolium* (Lindl.) H. B. K., de la Hacienda de El Mirador, Huatusco.

-)(- -)(- *Tallos con seudo-bulbos:*

b) *Teretifolia.*—Hojas largas, carnosas, rollizas ó poco comprimidas.

c) *Planifolia.*—Hojas planas ó algo cóncavas en la base.

Varias de dichas especies ofrecen un aspecto enteramente original, pues simulan bastante bien una señorita muy ataviada, mientras otras parecen pájaros ó mariposas. Las más son de color amarillo, con manchas achocolatadas, por más que hay algunas cuyo labelo es blanco–rosado. Son fáciles y acomodaticias, y florecen con una relativa abundancia. El *O. ornithorhinchum*, H. B. K., de Orizaba, Oaxaca, etc., y el *O. tigrinum,* Llav. y Lex., de Morelia, son notables por la rareza de sus flores. Esta última se conoce en el lenguaje vulgar por *Flor de muertos.*

○–○
○–○   *Antera apendiculada:*

⌇   *Antera uni–locular:*

62.—-Leiochilus, Knowles y Westc. (Del griego *leios,* liso, y *cheilos,* labio ó labelo. *Cryptosuccus,* Scheidw.) *Or–leiochila* (M.) Son hierbas epifíticas, de tallos muy cortos, terminados en un seudo–bulbo uni–foliado, debajo del cual se hallan unas vainas membranáceo–escariosas, ó pocas hojas planas, angostas ú oblongas, contraídas en pecíolo. Flores pequeñas, tiernas con pedunculillos más largos ó casi iguales á las brácteas angostas, llegadas por escapos delgados, sencillos ó pocas veces casi ramosos y situados bajo el seudo–bulbo. Sépalos casi iguales, extendidos, libres ó los laterales cortamente soldados en la base, semejantes á los pétalos ó un poco más angostos; labelo fijo en la base de la columna, continuo y extendido, de lóbulos laterales redondeados, erguidos ó extendidos, en raro caso poco manifiestos, y el intermedio oblongo ú ovalado al revés, extendido, indiviso y á veces más largo que los sépalos, diversamente carnoso ó calloso entre los lóbulos laterales; ginostema corto, erguido, ápodo y sin alas, pero á menudo bi-orejudo debajo del estigma; clinandrio truncado ó cortamente prolongado en la parte posterior, y rostelo alargado; antera terminal, opercular, uni–locular y prolongada en un apéndice membranáceo más largo que su propia cavidad: contiene 2 polinidios ceráceos, ovoideos ó globulosos, provistos dè un largo caudículo angosto y un retináculo ovalado; cápsula puntiaguda, ovalado–oblonga.

A México pertenecen las 2 especies siguientes:

L. carinatus, Lindl. Jalapa–Enriquez, Zacuapán, y

L. oncidioides, Knowles y Westc. Córdoba, Orizaba.

↑ ↑ *Antera imperfectamente bi–locular:*

63.—Notylia, Lindl. (Ignoramos cuál sea el origen de esta voz.) *Or–notylia* (M.) Son hierbas humildes, de hojas planas, coriáceas ó carnosas, con vainas dísticamente imbricadas, las superiores engrosadas finalmente en seudo–bulbo, carnosos, y las florales reducidas con frecuencia á una vaina espatácea. Flores racimosas y pequeñas, en raro caso medianas, con brácteas ténues, raras veces más anchas, membranáceas é iguales en longitud á los pedunculillos, llevadas sobre pedúnculos axilares y sencillos, provistos de varias vainas. Sépalos iguales y angostos, erguidos ó finalmente extendidos, libres ó los laterales soldados entre sí; pétalos semejantes á los sépalos ó más chicos y más coloreados; labelo continuo con la base de la columna, erguido, de uña corta ó larga, á veces bi–orejuda, y lámina triangular ó aflechada y puntiaguda, con la superficie á veces bi–callosa; ginostema erguido, rollizo ó surcado en la parte anterior, ápodo y sin alas, sobrepuesto de un largo pico correspondiente al estilo; clinandrio pequeño; antera erguida, oblonga, sobrepuesta de un largo apéndice membranáceo y cóncavo; abrazador del rostelo al cual se halla arrimada: contiene 2 polinidios ceráceos y ovoideos, provistos de un caudiculo largo y un retináculo pequeño.

De este género hay en México 12 especies bastante esparcidas, pero que valen muy poco como plantas ornamentales. Son de recomendarse no obstante, las 2 siguientes: *N. vanilla*, Sw., y *N. sativa*, Schiede, de Papantla y Misantla, Veracruz.

○○
○○ *Plantas sin seudo-bulbos:*
○○

∽ *Labelo unguiculado:*

64.—Ionopsis, H. B. K. (Su traducción significa: "aspecto de violeta. *Iantha*, Hook.; *Cybclion*, Spreng.) *Or-ionopsida* (M.) Son hierbas epifíticas, de tallos muy cortos, sin seudobulbos, con hojas poco numerosas, angostas, coriáceas, provistas de vainas persistentes, dísticamente imbricadas. Flores medianas ó elegantes, en racimos flojos, sencillos ó apanojados, ramosos, llevados sobre 1, 2 ó 3 pedúnculos laterales, largos, delgados, rígidos y pluri-envainados: cada flor tiene un pedunculillo largucho, acompañado de una bráctea diminuta. Sépalos casi del mismo largo, erguidos ó extendidos en el ápice, el posterior libre y los laterales soldados en una especie de saco corto por su base; pétalos semejantes al sépalo posterior ó más anchos; labelo fijo en la base de la columna, de uña algo más corta que los sépalos, con sus lóbulos laterales angostos y el intermedio bi-lobado, 2 ó 3 veces más largo que los sépalos, plano y bi-calloso en la base; ginostema corto, erguido, grueso, cóncavo por delante, ápodo y sin alas; clinandrio corto y truncado; antera terminal, opercular, semiglobosa, uni-locular ó imperfectamente bi-locular, con 2 polinidios ceráceos, sub-globulosos, provistos de un caudículo y un retináculo escamiforme; cápsula ovoidea ú oblonga, roma ó puntiaguda.

Dentro de nuestros límites hay 2 especies:

I. brevifolia, A. Rich. y Gal. México.

I. utricularioides, Lindl. Oaxaca, Veracruz. Son plantas delicadas, que exigen un clima templado.

    ❦ ❦ *Labelo sin uña, pero con espolón:*

65.—*Campylocentron* Benth. (Del griego *kampylos*, encorvado, y *kentron*, espolón. *Todaroa*, A. Rich.) *Or-campylocentra* (M.) Comprende hierbas epifíticas, de tallos sin seudo-bulbos, provistos de raíces fasciculadas ó esparcidas, y hojas dísticas cuando existen, á menudo separadas, oblongas, lineales ó rollizas. Flores diminutas, comunmente dísticas, en espigas tan pronto densas, laterales, delgadas y cortas, como poco pobladas y más largas: cada flor lleva una bráctea pequeña y persistente. Sépalos libres, casi iguales, angostos, erguidos, conniventes ó algo extendidos en el ápice y semejantes á los pétalos; labelo sesil en la base de la columna, donde se halla prolongado en un espolón por lo común encorvado; su lámina es oblonga ú ovalada, casi tan larga como los sépalos, con sus lóbulos laterales pequeños ó poco manifiestos, y el intermedio de ordinario entero; ginostema muy corto, ápodo y sin alas, clinandrio poco prominente y truncado; antera terminal, opercular, convexa, roma ó puntiaguda y bi-locular, con 2 polinidios globulosos, ceráceos, provistos de 2 caudículos cortos y filiformes ó reducidos á filamentos elásticos, y un retináculo escamiforme, único ó bi-partido; cápsula pequeña y roma, ovoidea ú oblonga, provista de costillas agudas.

    La única especie de nuestra Flora, propia de Papantla y Jalapa-Enríquez, se llama *C. Schiedei* Benth.

    ❦ ❦ ❦ *Labelo sin uña y sin espolón:*

    〰 *Clinandrio corto y oblícuo:*

66.—*Lockhartia*, Hook. (Dedicado á Lockhart, sabio alemán. *Fernandezia*, Lindl, non Ruiz y Pav.) *Or-lockhartia* (M.) Son hierbas epifíticas sin seudo-bulbos, de tallos fasciculados, sencillos, erguidos, y hojas cortas, erguidas ó casi extendidas, dísticamente imbricadas. Flores pequeñas ó medianas, llevadas sobre pedúnculos uni–bi–floros ó ramoso–apanojados, situados en las axilas superiores: sus pedunculillos son larguchos y las brácteas membranáceas y abrazadoras del tallo. Sépalos casi iguales y libres ó los laterales vueltos hacia abajo, semejantes á los pétalos; labelo extendido desde la base de la columna, más largo que los sépalos, con sus lóbulos laterales larguchos, divergentes ó encorvado–erguidos, y el intermedio oblongo ú ovalado al revés, tri–cuadri–lobulado y muy calloso; ginostema muy corto y ancho, con 2 alas ó 2 orejuelas á los lados del estigma; antera terminal, opercular, convexa, puntiaguda é imperfectamente bi–locular, con 2 polinidios ovalados, libres ó fijos á un pequeño retináculo; cápsula roma y angulosa, ovoidea ó sub–globulosa.

L. elegans, Hook., de la Región Meridional, es la única especie de nuestra Flora. Se recomienda por la elegancia de su aspecto.

~~~~ *Clinandrio amplio petalóideo ó membranoso:*

67.—Pachyphyllum, H. B. K. (Compuesto de las voces griegas *pakys*, gruesa, y *phyllon*, hoja) *Or–pachyphylla* (M.) Comprende hierbas epifíticas, de tallos cortos, ascendentes, muy hojosos, sencillos ó poco ramosos, y hojas dísticas, cortas y carnosas, extendidas ó encorvadas, con sus vainas persistentes é imbricadas. Flores pequeñas, en racimos axilares, y cortos, pauci–floros ó reducidos á una sola flor: tienen pedunculillos cortos y pequeñas brácteas dísticas. Sepalos libres ó apenas soldados en la base, erguidos é iguales ó los laterales algo más largos; pétalos semejantes al sépalo posterior ó más anchos; labelo erguido, fijo en la base de la columna donde es cóncavo y angosto: su lámina es indivisa, tan larga como los sépalos, con 2 laminillas ó callosidades en su parte media; ginostema corto, ápodo y bi–alado; clinandrio obscuramente tri–lobado, continuo con las alas del ginostema: en su interior hay una antera opercular, sub-globosa y uni-locular, con 2 polinidios ceráceos, oblongo-ovoideos, pequeños, libres ó fijos á un retináculo pequeño; cápsula roma, globulosa-triangular. *P. distichum*, H. B. K., es la sola especie de nuestro país. Es recomendable por sus hojas carnosas.

TRIBU III.—PRESCOTIEAS.—NEOTIEAS.

Hierbas terrestres, sin seudo-bulbos. Antera única terminal, posterior, decídua ó persistente, con 2 celdas distintas y paralelas, de polinidios granulosos, pulverulentos ó sectiles.

CLAVE ARTIFICIAL DE SUB-TRIBUS

Polinidios sin retináculo............ *1—Vanilleas.*
Polinidios con retináculo........... *2—Espiranteas.*

SUB-TRIBU 1—VANILLEAS.

§ *Plantas sin rizoma tuberífero:*

* *Hierbas fuertes y muy trepadoras:*

68.—*Vanilla*, Sw. (Nombre científico de las diferentes especies de *Vainilla* que se hallan esparcidas por todo el globo. *Myrobroma*, Salisb.) *Or-vanilla* (M.) Son bejucos fuertes, ramosos y muy trepadores, provistos de raíces adventicias y hojas coriaceas ó carnosas cuando existen, sesiles ó cortamente pecioladas. Flores grandes, acompañadas de brácteas ovaladas, y dispuestas en racimos ó espigas axilares de ordinario cortos. Sépalos casi iguales, libres y extendidos, parecidos á los pétalos; labelo de uña adherida á la columna y limbo ancho, cóncavo y abrazador; ginostema áptero, alargado y ápodo; estigma transversal bajo el rostelo: clinandrio corto ú oblicuamente elevado; antera fija en el margen del clinandrio, convexa, semi-globosa ó cónica, de celdas separadas, con polinidios pulverulento-granulosos, libres ó finalmente sesiles sobre el rostelo; cápsula alargada, carnosa, tardíamente dehiscente.

V. aromática, Sw., parece ser la única especie de nuestra Flora. En algunas partes del país, con especialidad en los Cantones de Mizantla y Papantla, del Estado de Veracruz, se hace con sus frutos un comercio muy productivo. En los plantíos de *vainilla* la fecundación se verifica artificialmente. Como especies dudosas pueden ademas citarse las siguientes: *V. planifolia*, Andrews ó Flor negra y *V. pompona*, Schiede ó Seynexanté.

** *Hierbas terrestres, elevadas y hojosas*:

69.—Sobralia, Ruiz y Pav. (Dedicado á "Sobral," botanico español). *Or-sobralia* (M.) Son grandes plantas de hojas alejadas, coriáceas, plegado-venosas y envainadoras. Flores grandes, poco numerosas, en racimos axilares y terminales, reducidos á veces á una sola flor, acompañadas de brácteas paliaceas. Sépalos casi iguales, erguidos y soldados en la base, parecidos á los pétalos ó más angostos y menos coloreados; labelo erguido desde la base de la columna, con sus lóbulos laterales abrazadores: su lámina, algo saliente, es extendida, cóncava, ondulada ó franjeada, indivisa ó bi-lobada, de superficie lisa ó con dos laminillas a veces crestadas; ginostema alargado, encorvadito, semi-rollizo, ápodo, con ángulos aguditos ó angostamente alados; estigma ancho debajo del rostelo; clinandrio tri-lobado; antera bi.locular, fija en el lóbulo posterior, con 4 (?) polinidios pulverulento-granulosos en cada celda, ligados entre sí mediante un apéndice granuloso, pero independientes al parecer del rostelo; cápsula roma, oblonga ó alargada, rígida ó carnosa.

Son "orquideas" que demandan bastante espacio, clima cálido ó templado, mucha sombra y bastante humedad. En general ofrecen flores enormes por su tamaño, y muy bellas, lo mismo por su color, rosa, blanco ó amarillo, que por su aspecto. Su duracion es reducida, 5 ó 6 días á lo más, pero en compensacion se suceden durante 4 ó 6 semanas. En México hay 2 especies:

S. Galeottiana, A. Rich. Oaxaca, y

S. macrantha, Lindl. Mirador, Orizaba, Chiapas, La Chinantla. Flores muy grandes, de un bello color rosa vivo, matizado de púrpura subido en el labelo, cuyo tubo es amarillo interiormente. Prospera en cajas con tierra turbosa, mezclada con musgo.

§ § *Plantas con rizoma tuberífero:*

△ *Ginostema bi-alado:*

70.— *Arethusa,* L. (Una de las tres "Hespérides"). *Or-arethusa* (M.) Son hierbas terrestres y tuberosas, con un escapo uni-pauci-floro, cubierto de varias vainas sin hojas ó provisto de una hoja angosta. Hojas tardías, en número de 2 á 3, procedentes de yemas distintas. Flores grandes, erguidas ó casi colgantes, con brácteas pequeñas. Sépalos casi iguales, angostos, encorvado-erguidos, coherentes por su base, los laterales oblicuos en el ovario y soldados entre sí en la parte inferior; pétalos parecidos á los sépalos ó algo más anchos; labelo erguido, angosto, soldado en la base de la columna y prolongado en un espolón muy corto y descendente: tiene su lámina indivisa, de ápice extendido y superficie á menudo vellosa; ginostema alargado, erguido, de alas anchas en la parte superior, continuas con el clinandrio ensanchado-membranáceo, dentado ó casi entero; antera cónica, cortamente estipitada y á veces elegante, con 2 polinidios granulosos en cada celda libres ó finalmente sesiles con el rostelo; cápsula largucha.

Dentro de nuestros límites hay 2 especies:

A. grandiflora, Wat. Chihuahua, ó "Vara de San Miguel," y

A. rosea, Benth. Sin localidad especificada.

△ △ *Ginostema sin alas:*

71.—Pogonia, Juss. (Su traducción corresponde á la palabra *barbado.* Con este nombre se conoce también un grupo de peces) *Or-pogonia* (M.) Son hierbas terrestres, de rizoma diversamente tuberoso y hojas tan pronto coetáneas con el tallo, solitarias ó poco numerosas, como tardías y solitarias, procedentes de una yema distinta y entonces con el pecíolo envainado y el limbo ancho. Flores grandes ó medianas, erguidas ó vacilantes, llevadas sobre escapos sin hojas, pero provistos de algunas escamas que nacen de las tuberosidades. Sépalos casi iguales, libres, erguidos ó extendidos, semejantes á los sépalos ó más angostos y más largos; labelo erguido, libre y sin espolón, ya sesil, con sus lóbulos laterales abrazadores, ya contraído en una uña, con su lámina tri-lobada ó indivisa, provista de 2 lineas ó 4 callosidades; ginostema alargado; estigma ancho ú oblongo debajo del rostelo; clinandrio elevado, entero ó denticulado; antera cónica ó semi-globosa, de celdas divididas casi en 2 celdillas por un tabique imperfecto: polinidios solitarios ó bi-partidos en cada celda, granulosos y libres ó finalmente sesiles en el pico del estilo; cápsula ovoidea ú oblonga, erguida ó colgante.

P. Mexicana, Wat., de San Luis Potosí, es la sola especie existente en nuestro país.

SUB–TRIBU 2—ESPIRANTEAS.

+ *Ginostema alargado:*

72.—Corymbis, Thou. (El nombre alude á la naturaleza de la inflorescencia. *Corymborchis,* Thou.; *Hysteria,* Reinw.; *Rhynchanthera;* Blume; *Macrostylis,* Breda; *Chloidia,* Lindl (*Or-*

corymbida (M.) Son hierbas elevadas y terrestres, hojosas y á veces ramosas, con fibras radicales, fasciculadas en un rizoma. Hojas amplias, cortamente pecioladas ó sesiles y envainadoras, provistas de venas elevadas. Flores grandes ó medianas, sub–sesiles y distantes hacia las ramificaciones de la panoja sub–corimbosa y corta, axilar ó terminal: cada flor va acompañada de una pequeña bráctea ovalada. Sépalos y pétalos lineales, conniventes en un tubo, ensanchados superiormente en láminas casi extendidas; labelo erguido, lineal y canaliculado, ensanchado hacia el ápice en una lámina algo encorvada; ginostema largo, erguido y rollizo, con 2 lóbulos ú orejuelas en su ápice; estigma giboso en la base del rostelo, erguido y puntiagudo; clinandrio corto; antera erguida, angosta, puntiaguda, de celdas contiguas, con polinidios granulosos, provistos de un caudículo alesnado, terminado en un retináculo peltado, dependiente del rostelo, el cual es bífido á la caída de los polinidios; cápsula lineal, sub–rolliza, coronada por el ginostema y restos del periantio.

C. flava, Hemsl., de El Mirador es la sola especie que hay en México.

+ + *Ginostema corto ó muy corto:*

× *Clinandrio prolongado en un filamento por detrás:*

73.—Prescottia, Lindl. (Dedicado al historiador americano Guillermo H. Prescott. *Decaisnea*, Brongn.; *Galeoglossum*, A. Rich. y Gal.) *Or–prescottia* (M.) Son hierbas terrestres, con fibras radicales á veces carnosas, fasciculadas en un rizoma, de tallo sencillo, delgado ó elevado, provisto de varias vainas por encima de las hojas que son membranáceas, basilares ó radicales, sesiles ó largamente pecioladas, amplias ó pequeñas. Flores pequeñas ó diminutas, en una espiga densa, acompañadas individualmente de una bráctea más corta. Sépalos membranáceos, soldados en su base por una especie de copa · corta ó tubo largo, pero extendidos y á menudo revueltos en la parte superior; pétalos angostos, delgados, adheridos á la base de la columna; labelo de uña adherida á la copa calicina y lámina erguida, ancha, carnosita, muy cóncava, abovedada en forma de capuz ó enteramente cerrada, con 2 orejuelas en la base y á menudo con la columna en su interior; ginostema muy corto; 2 estigmas casi distintos, erguidos, anchos, membranáceos, escotados ú obtusos, situados en la base del rostelo; clinandrio erguido, puntiagudo y casi prolongado en un filamento de márgenes unidas al rostelo; antera erguida, corta, de celdas divergentes, con polinidios pulverulento-granulosos, fijos individualmente á los lóbulos del estilo; cápsula pequeña, erguida, ovoidea ú oblonga.

La Flora mexicana posee las 4 especies siguientes:

P. Galeottii, Reichb. f. Oaxaca.

P. Lindeniana, A. Rich. y Gal. México.

P. orchidioides, Lindl. Mineral Bolaños.

P. pachyrhiza, A. Rich. y Gal. México.

× × *Clinandrio ensanchado en una especie de copa:*

74.—Goodyera, R. Br. (Derivado del apellido inglés Goodyer. *Peramium*, Salisb.; *Gonogona*, Lindl.; *Tussaca*, Rafin.) Orgoodyera (M.) Son hierbas terrestres de rizoma rastrero, provisto de fibras radicales casi fasciculadas y tallo sencillo, erguido ó ascendente, con hojas más ó menos pecioladas en la parte inferior, ovaladas ó lanceoladas. Flores pequeñitas, dispuestas en una espiga poco poblada ó densa, y acompañadas individualmente de una bráctea más corta que su propia flor. Sépalos casi iguales, los laterales libres, erguidos extendidos, y el posterior erguido, cóncavo, coherente ó connivente en un morrión con los pétatos angostos; labelo sesil en la base

de la columna, ascendente, encorvado, ancho, cóncavo ó giboso, indiviso y á veces velludo ó franjeado en su interior; ginostema sub-rollizo y sin apéndices, corto ó muy corto; estigma cóncavo, ancho, ó dividido debajo del rostelo erguido; cli-
naudrio ensanchado, de márgenes continuos en una especie
de copa con el rostelo; antera erguida, de celdas separadas,
con polinidios oblongos, sectiles, puntiagudos ó prolongados
en un caudículo terminado en un retináculo: después de su
caída el rostelo se presenta bífido ó dividido en 2 largos lóbulos; cápsula roma y erguida, ovoidea ú oblonga.

G. striata, Reichb., de Oazaca, es la única especie de nuestra
Flora. Algunas de sus especies son notables por la hermosura de sus hojas.

× × × *Clinandrio corto:*

⊢⊢ *Cápsula extendida ó colgante:*

75.—Epipactis, R. Br. (Nombre botánico de la *Eleborina*
y especies similares) *Or-epipactida* (M.) Comprende hierbas
terrestres, de rizoma rastrero, tallo sencillo y hojas plegado-
venosas, ovaladas ó lanceoladas. Flores medianas, verdosas ó
purpurinas, vacilantes en el racimo, con brácteas herbáceas
y angostas, siendo las inferiores á menudo más grandes que
sus propias flores. Sépalos libres, extendidos, casi iguales,
apenas más grandes que los pétalos; labelo sesil en la base
de la columna, cóncavo y ancho, con sus lóbulos laterales erguidos y lámina articulada, extendida, ancha, indivisa y en
general ondulado-rizada; ginostema corto, plano ó cóncavo
en la parte anterior; estigma transversal y prominente debajo
del ancho rostelo; antera erguida, ovalada, convexa, de celdas
contiguas, con polinidios pulverulento-granulosos y bi-partidos en cada una, provistos de un retináculo globuloso: cápsula
oblonga y roma, extendida ó colgante.

Al parecer en la Región del Sur vive la única especie mexicana, denominada *E. gigantea*, Dougl.

La especie europea, *E. latifolia*, Willd., se ha recomendado para calmar los dolores producidos por la gota.

‡ *Cápsula erguida:*

o—o *Labelo íefero, provisto de callosidades ó de una doble lámina en su interior:*

76.—Spiranthes, L. C. Rich. (Este nombre alude al aspecto espiralado que puede afectar á veces la inflorescencia. *Aristotelea*, Lau.; *Hidium*, Salisb.; *Gyrostachys*, Pers.; *Cyclopogon*, Prest.) *Or-spiranthea* (M.) Son hierbas terrestres de fibras radicales á menudo fasciculadas en un rizoma corto, carnosas y á veces tuberosas. Flores grandes ó pequeñas, sesiles en una espiga densa ó uni-lateral. Sépalos libres, casi iguales, el posterior erguido, coherente ó conivente con los pétalos en un morrión, pero extendido en el ápice del ovario; labelo sesil ó distintamente unguiculado, erguido, cóncavo y á menudo angosto, adherente con la columna á la cual envuelve, pero con el ápice extendido, indiviso ó tri-lobado; ginostema rollizo; estigma ancho debajo del rostelo que á veces es continuo con los márgenes elevados del clinandrio; antera erguida, oblonga ú ovalada, sesil ó estipitada, de celdas separadas, con polinidios pulverulento-granulosos, á veces provistos de un corto caudículo y siempre de un retináculo: cápsula ovoidea ú oblonga.

Es verosímil que los 32 representantes de la Flora mexicana pertenezcan á las 4 secciones siguientes:

a) *Euspiranthes*, Bent. y Hook. Flores pequeñitas.

b) *Sauroglossum*, Lindl. Flores medianas, en una espiga poco poblada.

c) *Sarcoglottis*, Prest. Flores grandes ó medianas, en una espiga densa ó poco poblada. Sépalos laterales decurrentes en la base.

d) *Stenorhynchus*, L. C. Rich. Flores grandes ó muy grandes, en una espiga densa. Sépalos laterales prolongados en una prominencia por la base, El *S. aurantiaca*, Hems., y el *S. cinnabarina*, Hems., se llaman *Cutzis* en el lenguaje vulgar.

$\overset{\circ}{\underset{\circ}{|}}$ *Labelo superior, de superficie desnuda*:

)+(*Pétalos libres de la columna*:

77.—*Cranichis*, Sw. (Su origen nos es enteramente desconocido) *Or-cranichida* (M.) San hierbas terrestres de fibras radicales casi fascicaladas en un rizoma corto ó rastrero, y hojas basilares amontonadas, anchas, extendidas y membranáceas, sesiles ó largamente pecioladas. Flores pequeñas en una espiga densa ó poco poblada con brácteas cortas ó angostas, y llevadas sobre un escapo sencillo, á veces elevado, provisto de varias vainas. Sépalos libres, casi iguales, el posterior extendido y los laterales de ordinario más anchos, erguidos ó extendidos; pétalos angostos y extendidos; labelo sesil, erguido, cóncavo, abovedado ó giboso, indiviso y abrazador del ginostema, el cual es corto ó muy corto, con el rostelo amplio, erguido ó encorvado, en general más largo que el ginostema cóncavo ó bi-alado por detrás y estigmatoso en la parte anterior; antera erguida, sesil ó estipitada, de celdas distintas, con polinidios pulverulento-granulosos y puntiagudos, colgantes de su retináculo; cápsula erguida, ovoidea ú oblonga.

Esparcidas por diferentes regiones de este género hay en México 9 especies. *C. speciosa*, Llav. y Lex., de Morelia, se conoce también con el nombre de "Flor de Carpas," y con el de "Acatlzauhtli" la *C. tubularis*, Llav. y Lex. de la Región Meridional.

$$\begin{array}{c})+(\\ )+(\end{array}$$ *Pétalos soldados con la columna;*

78.—*Ponthieva*, R. Br. (Probablemente derivado del nombre propio "Ponthieu") *Or-ponthieva* (M.) Comprende hierbas terrestres, lampiñas ó peludas, de fibras radicales, fasciculadas en un corto rizoma, y hojas basilares, ovaladas ó lanceoladas, membranáceas y pecioladas. Flores medianas, cortamente pediceladas. en un racimo poco poblado y á menudo glanduloso-pubescente, llevado sobre en escapo sencillo y alargado: cada flor lleva una bráctea angosta y pequeña. Sépalos libres y extendidos, poco desiguales, ó los laterales más anchos que el posterior y á veces soldados entre sí; pétalos extendidos en el ápice de la columna, más angostos que los sépalos; labelo de uña adherida á la base de la columna, con sus lóbulos laterales auriculados y lámina extendida, ensanchada ó diminuta; ginostema corto ó largucho, sub-rollizo y ensanchado en la parte superior; estigma ancho y excavado debajo del rostelo erguido, detrás del cual se encuentra la antera erguida, oblonga, poco convexa, de celdas contiguas, con polinidios casi bi-partidos en cada una, pulverulento-granulosos y colgantes del retináculo; cápsula roma, oblonga y erguida.

A México pertenecen las 3 especies siguientes:

P. ephippium, Reichb. f. Región Meridional.

P. glandulosa, R. Br. El Mirador, Huatusco.

P. oblongifolia, A. Rich. y Cal. Estados del Sur?

TRIBU IV.—HABENARIEAS–OFRIDEAS.

Hierbas terrestres, de tallo anual, erguido y sencillo, más ó menos hojoso y terminado en una espiga ó racimo. Antera única, de conectivo indistinto del clinandrio, y celdas paralelas ó divergentes, con polinidios granulosos, prolongados en caudículo desnudo, fijo á un retináculo. En esta tribu sólo hay un género con representantes en México.

ÚNICO GÉNERO MEXICANO:

79.—*Habenaria*, Wild. (Derivado de "habena-æ," cuerda, tal vez debido á la naturaleza de sus raices. *Sieberia*, Spreng.) *Or-habenaria* (M.) Las plantas de este género son hierbas terrestres, de fibras radicales carnosas ó con tuberosidades indivisas, con menos frecuencia palmadas, y hojas poco numerosas, largamente envainadoras. Flores grandes ó pequeñas, dispuestas en un racimo ó una espiga, y acompañadas de brácteas variables. Sépalos casi iguales, casi ó del todo libres, erguido–conniventes ó extendidos; pétalos de ordinario más pequeños que los sépalos, pero polimorfos y á veces bi–partidos, labelo continuo con la columna, más ó menos espolonado en su base, de lámina colgante ó extendida, ancha ó angosta, indivisa ó tri–quinti–fida, con sns lóbulos laterales á veces ciliados ó franjeados; ginostema muy corto, ápodo con el rostelo prolongado á menudo entre las celdas de la antera en un lóbulo erguido; estigma bi–lobado ó dos estigmas adheridos; clinandrio erguido, indistinto del conectivo de la antera, la cual tiene sus celdas elevadas, paralelas ó divergentes, con polinidios granulosos en cada una, provistos de caudículos cortos ó alargados, fijos á un retináculo desnudo; cápsula ovoidea ú oblonga, erguida ó encorvada, roma ó puntiaguda.

Es un género muy vasto y universal, del cual en México hay unas 27 especies pertenecientes probablemente á varias secciones que nos abstenemos de mencianar.

A título de curiosidad, citamos las especies siguientes: *H. crassicornis*, Lindl., Oaxaca; *H. Pringlei*, Rob. y Greenm., San Luis Potosí, y *H. subauriculata*, Rob. y Greenm., Oaxaca.

TRIBU V.—CIPRIPEDIEAS.

Hierbas terrestres, en raro caso epifíticas, de rizoma corto ó rastrero y tallo sencillo, 2 anteras perfectas, sesiles ó estipitadas, con celdas paralelas, contiguas, y polen granuloso.

ÚNICO GÉNERO MEXICANO:

80.—Cypripedium, D. ʹ(Libremente interpretado significa *chapín de Venus*, del griego *Kypris*, Chipre ó Venus, y pedilon, calzado. *Criosanthes*, Rafin) *Or–cypripedia*. (M.) Comprende hierbas á veces epifíticas, pero con más frecuencia terrestres, de rizoma corto ó rastrero, y tallo erguido, sencillo, diversamente hojoso. Flores vistosas, pediceladas, en un pedúnculo terminal sencillo y uni-bi-floro. Sépalos extendidos, libres ó los laterales soldados en el ápice debajo del labelo; pétalos libres, tan pronto más angostos como más anchos que los sépalos; labelo sesil, extendido, inflado–calciforme, con dos pequeños lóbulos basilares y en forma de orejuelas, extendidos ó soldados hacia adentro; ginostema corto, rollizo; 2 anteras perfectas, sub–globulosas, sesiles ó cortamente estipitadas, con sus celdas paralelas y contiguas, provistas de polen granuloso: detrás del rostelo se halla un anteridio laminiforme ó carnoso que á veces lleva en su cara anterior 2 celdas imperfectas; el rostelo se eleva entre ambas anteras y es redondeado, triangular ó tri–lobado en el ápice, papiloso–estigmatoso en la base; cápsula oblonga ó alargada, uni–locular, con 3 placentas prominentes hacia el centro de la cavidad.

Es uno de los géneros más encantadores de la familia, pues á la gracia enteramente particular de sus flores debe agregarse la circunstancia de su larga duración. En general exige bastante humedad y clima variable según las especies.

Como pertenecientes á nuestra Flora se citan las especies siguientes:

C. calceolus, L? ó Chitcuuc. Especie probablemente introducida.

C. Irapeanum, Llav. y Lex. ó por otros nombres *Flor de calavera* y *Flor del pelícano,* de Guadalajara, Veracruz, Chiapas, Oaxaca, etc., y

C. turgidum. Moc. y Sess, ó "Pipixiuhatztli," especie acaso igualmente introducida.

CLAVE ARTIFICIAL

DE

TRIBUS, SUB-TRIBUS Y GÉNEROS.

Tribus.

1. { Antera única, posterior, terminal y opercular... 2
Anteras 2, laterales, llenas de polen gra-
nuloso.......................... *Tribu V.-Cipripedieas.* 67

2. { Polinidios sólidos, en masas ceráceas 3
Polinidios granulosos ó pulverulento.
granulosos... 4

.3. { Celdas antéricas distintas y paralelas,
con polinidios sin caudículo y sin re-
tináculo.....................Y... *Tribu I—Epidendreas.* 5
Celdas antéricas casi siempre confluen-
tes en una sola, con polinidios provistos de un caudículo terminado en un
retináculo.....:.................. *Tribu II—Govenieas...* 6

4. { Clinandrio distinto del conectivo de la
antera......................... *Tribu III –Prescoticas..* 7
Clinandrio indistinto del conectivo de la
antera......................... *Tribu IV—Habenarieas.* 66

Sub-tribus.

Géneros.

Géneros.

Géneros.

Géneros.

47. {
Caudículo plano y retináculo escamiforme *Stanhopea.*
Caudículo oblongo, ensanchado en reti-
náculo por la base.... .... *Acineta.*
Caudículo lineal y retináculo granda y
grueso............................ *Cycnoches.*

48. {
Plantas con seudo-bulbos...................................... 49
Plantas sin seudo-bulbos.......................... 56

49. {
Labelo con dos espolones.............. ...... *Comparettia.*
Labelo con un solo espolón............. ...... *Trichocentrum.*
Labelo sin espolón 50

50. {
Antera sin apéndices 51
Antera apendiculada 55

51. {
Columna adherida al labelo................................. 52
Columna libre del labelo........................ 53

52. {
Flores vistosas...................... *Trichopilia.*
Flor pequeñita...................... *Dignathe.*

53. {
Labelo indiviso .... *Brassia.*
Labelo con 2 lóbulos laterales................................. 54

54. {
Ginostema sin alas.................... *Odontoglossum,*
Ginostema alado..................... *Oncidium.*

55. {
Antera uni-locular.................... *Leiochilus.*
Antera imperfectamente bi-locular..... *Notylia.*

56. {
Labelo unguiculado .... *Ionopsis,*
Labelo sin uña, pero con espolón....... *Campylocentron.*
Labelo sin uña y sin espolón................................. 57

57. {
Clinandrio corto y oblicuo... .... *Lochartia.*
Clinandrio amplio, petalóideo ó mem-
branoso..... .... *Pachyphyllum.*

Gáneros.

NOTA.—En este trabajo, lo mismo que en la obra general de que está tomado, hemos admitido y aplicado, en su parte botánica, la *Nueva Nomenclatura para las Ciencias Naturales* propuesta por el Sr. Prof. *A. L. Herrera.* En tal virtud, la fórmula (M.) que se halla después de todo nombre genérico formado con sujeción á dicha *Nomenclatura,* significa: *Monocotiledónea.*

C. Gonzatti.

INDICE ALFABETICO

de las tribus, sub-tribus, géneros, secciones, sinónimos
y nombres vulgares.

Epidendreas

Epidendrum

Epipactis

Epiphora

Equitantia

Erycina

Espiranteas

Eubletia

Eucnemis

Euevelyna

Eulophia

Euothonæa

Euspiranthes

Eustelis

Evelyna

Fernandezia

Flor de calavera

Flor de Corpus

Flor del pelícano

Flor de muertos

Flor negra

Galeandra

Galeoglossum

Ghiesbreghtia

Gongora

Gonogona

Goodyera

Govenia

Govenieas

Gyas

Gyrostachys

Habenaria

Habenarieas

Hartwegia

Hermodactylus

Hexadesmia

Hexadesmieas

Hexalectris

Hexisia

Hormidium

Humboldtia

Huntleya

Hysteria

Iantha

Ibidium

Ionopsis

Irídeas

Isochilus

Itzmaqua

Lacæna

Lælia

Laxifloræ

Leiochilus

Lelieas

Lepanthes

Leucohyle

Liparieas

Liparis

Lirio parásito

Lockhartia   .

Lycaste

Macrostylis

Masdevallia

Maxilarias

Maxilarieas

Maxillaria

Meiracyllium

Microstylis

Monachanthus

Mormodes

Mormolyce

Myanthus

Myrobrama

Navenia

Neippergia

Nemaconia

Neotieas

Notylia

Odontoglossum

Ofrideas

Oncidieas

Oncidium

Orchidofunckia

Ornithidium

Ornithocephalus

Orquídeas

Orthochilus

Pachyphyllum

Pedilea

Peramnium

Physosiphon

Pilumna

Pipixiuhatztli

Planifolia

Pleurotalieas

Pleurothallis

Pogonia

Polystachya

Ponera

Ponthieva

Preptanthe

Prescotieas

Prescottia

Pterochilus

Restrepia

Rhynchantera

Sarcoglottis

Sauroglossum

Sautle

Scaphyglotlis

Schomburgkia
Segne Xanté
Selenipedium
Seraphyta
Sieberia
Sobralia
Spiranthes
Stanhopea
Stelis
Stenorhynchus
Styloglossum

Teretifolia
Thiebautia
Todaroa
Tonaloxochitl
Torito
Trichocentrum
Trichopilia
Tussaca
Tylochilus

Umbellulatæ

Vainilla
Vandeas
Vanilla
Vanilleas
Vara de San Miguel

Zygopetalum

El Congreso de la Tuberculosis celebrado en Nueva York los días 2, 3 y 4 de Junio de 1902 y una visita á los Sanatorios de Bedford y Liberty, N. Y.

POR EL DOCTOR

DANIEL VERGARA LOPE, M. S. A.

Tengo el honor de informar sobre el cumplimiento de la comisión con cuyo cargo se me honró por el Sr. Presidente de la República, nombrándome Delegado al Congreso de la Tuberculosis que se reunió en Nueva York, E. U., los días 2, 3 y 4 de Junio del presente año.

Conforme á lo indicado en las circulares y programas, la reunión tuvo lugar en el Gran Hotel Magestic, ocupándose dos salones; uno en el primer piso, para las deliberaciones y otro en el segundo, en donde se encontraba la exposición ó museo especial anexo que formaba parte de las labores de esta Asamblea.

En la mañana del día 2 instalado ya el congreso, el Presidente honorario Dr. A. N. Bell, pronunció un discurso de bienvenida, y en seguida pronunció otro el Secretario del Congreso y Presidente de la Sociedad de Medicina Degal, Lic. Clark Bell.

El Presidente del Congreso Dr. Henry D. Holton tomó la palabra á continuación de los anteriores señores, y su brillante discurso fué verdaderamente interesante. Exitó en primer lugar á todos los congresistas para que esta reunión resultara realmente útil para la humanidad sufriente, teniendo en cuenta que á la terrible tuberculosis corresponde casi una tercera parte del total de las defunciones que tienen lugar en toda la tierra; y que en toda la Unión Americana existían más de 400,000 tuberculosos, entre los cuales más de 200,000 estaban condenados irremisiblemente á perecer en un corto espacio de tiempo.

Insistió en la importgncia que tiene la higiene pública y la aplicación de leyes sanitarias apropiadas para contrarrestar la difusión del mal, y se pronunció abiertamente en contra de las decisiones del Dr. Koch presentadas durante el verano del año pasado ante el Congreso de la Tuberculosis que tuvo lugar en Londres. Dijo que clínica y experimentalmente se había demostrado que la ingestión de carne ó de leche tuberculosas y de sus productos habían dado lugar al desarrollo de esta enfermedad, y que los casos debidos á tal género de infección bien averiguados por la clínica, ascendían á millares y no dejaban lugar á duda alguna.

Por último, solicitó de los Delegados ahí presentes, los informes que brevemente pudieran dar sobre las modalidades y estadística de la tuberculosis en varios de los Estados de la Unión.

Esto dió lugar á una serie de pequeñas comunicaciones de interés más bien local que general.

El Hon. Moritz Ellinger dió lectura á una comunicación interesantísima y perfectamente fundada del sabio experimentador de Viena, Prof. Dr. Moritz Benedikt. Esta memoria era verdaderamente un juicio crítico sobre los estudios del Dr. Koch, á que acabo de referirme y, en resumen, Benedikt fundando debidamente sus conclusiones dice: que si al Dr. Koch no le dió resultado la inoculación de ganado bovino con los virus obtenidos de la tuberculosis humana, fué porque los virus que usó estaban defectuosamente preparados. Se admira de que el Dr. Koch, sin todos los elementos indispensables para una resolución tan delicada y tan trascendental, se apresure á sacar conclusiones que no vienen sino á sembrar la sorpresa y la duda sobre todo entre el mundo profano, y compara las consecuencias de esta comunicación de Koch con las que acarreó su precipitación para lanzar conclusiones exageradas á propósito de su tuberculina.

Creo que después de lo expuesto por un sabio de la talla de Benedikt, así como por los experimentos á que ha dado lugar en otras manos también muy honorables la opinión del Dr. Koch sobre la no identidad de las tuberculosis bovina y humana, debe seguramente desecharse.

En la tarde del mismo día se trataron asuntos relativos á legislación preventiva entre los cuales se discutieron las proposiciones siguientes:

¿Qué clase de ayuda debe solicitarse del Estado para la profilaxis y curación de la tuberculosis y cómo puede hacerse efectiva esta ayuda?

¿Qué vacilaciones ó dudas tienen los gobiernos, las municipalidades y otros cuerpos sociales para intervenir en contra de la propagación de esta enfermedad, que directa ó indirectamente es causa de la quinta parte del total de las defunciones que tienen lugar en toda la tierra?

¿Tiene derecho el Gobierno para establecer y aplicar leyes que tiendan á prevenir los avances de la tuberculosis?

¿Se debe favorecer esta legislación preventiva y la educación de todos los cuerpos sociales á fin de asegurar el establecimiento de las leyes que tienden á alcanzar este objeto?

Después de larga y acalorada discusión, las proposiciones aprobadas, cuya redacción rectificaré al recibir las actas del Congreso, fueron las siguientes:

El Gobierno y las Autoridades Sanitarias pueden y deben exigir que todo médico dé parte á dichas autoridades de los

casos de tuberculosis de que tenga conocimiento con motivo
del ejercicio de su profesión.

Sobre cada caso los médicos harán ante las Autoridades
Sanitarias una información exacta sobre la posibilidad que
tenga el enfermo para atenderse convenientemente y tomar
todas las precauciones preventivas que eviten la propagación
de la enfermedad.

Cuando los pacientes puedan tomar estas precauciones sin
constituir por lo mismo un peligro para los que le rodean, el
Gobierno no intervendrá sino por medio de una vigilancia
apropiada para saber si las condiciones siguen conservándose
las mismas.

Cuando por las circunstancias del paciente éste constituye
un peligro real para los que le rodean, las autoridades inter-
vendrán obligando el aislamiento en los sanatorios especiales
para tuberculosos sin recursos.

Creo que sería inútil ocuparme sobre lo que hubo en el 2?
y 3er día del Congreso porque con toda exactitud se conocerán
las memorias y discusiones á que hubo lugar al publicarse los
anales de este Congreso; y por otra parte, creo que no se presentó en estos dias algún asunto que sea de importancia tal
que merezca su comunicación inmediata.

En el 2? día del Congreso, presenté y fué leída por uno de
los Secretarios la memoria titulada "Los Sanatorios para tuberculosos en el Valle de México."

La memoria que presenté en nombre del Dr. Liceaga con
el título de "Medidas de defensa en contra de la tuberculosis
tomadas por el Consejo Superior de Salubridad de México,"
no fué terminada su traducción oportunamente y por este motivo fué entregada al Sr. Secretario Clark Bell, ya clausuradas
las sesiones del Congreso.

El Museo anexo era poco abundante en material. El catalógo que se vendía eu el mismo salón al precio de 25 centavos, daba justa idea de su contenido en el que me llamaron sobre todo la atención, algunas radiografías que demostraban focos tuberculosos de los huesos y la tuberculosis pulmonar incipiente; fotografias de los principales sanatorios de los E. U.; máquinas electrostáticas de aplicación á los enfermos tuberculosos; aparatos para la producción y aplicación de los rayos violados eléctricos, y aparatos diversos para la inhalación de sustancias medicinales en los enfermos de la nariz y de la garganta; la colección de preparaciones anatomo–patológicas estaba bien presentada, pero no era ni muy numerosa ni abundaba en casos verdaderamente raros; la exposición se completaba con el conjunto de muestras de varias drogas, de las muchas que produce aquel país.

En la última sesión y por convenir así al progreso de estas reuniones de tanta importancia en la lucha contra la tuberculosis, se confirió á un médico de respetable representación los cargos de Tesorero y de Secretario del Congreso.

Para terminar mi informe creo útil consignar los conocimientos que pude adquirir para el estudio de varias cuestiones relativas á la misma defensa contra la tuberculosis, y el tratamiento de esta enfermedad por algunos de los médicos y en dos de los principales sanatorios especiales que existen en el Estado de Nueva York.

Doce días después de haber llegado el que esto escribe á Nueva York, arribó procedente de Detroit el Dr. S. A. Knopf, M. S. A., autor del folleto que subvencionó el Consejo Superior de Salubridad de México y que tradujo el mismo suscrito.

El Dr. Knopf mostróme desde luego su laboratorio anexo á su sala de consultas, en donde elegante y perfectamente instalados tiene los siguientes aparatos de que hace mayor uso en su práctica.

Un aparato radiográfico que utiliza sobre todo como medio

de diagnóstico y que le presta buenos servicios en la tuberculosis pulmonar incipiente.

Otro aparato eléctrico para la producción del ozono naciente que utiliza el Dr. Knopf en inhalaciones.

Una cámara neumática para aire enrarecido, de fierro y madera, igual al modelo que describe en su libro "Los sanatorios para tuberculosos" y que construyen los fabricantes de cajas fuertes para dinero, Mosler, Bowen y Cook. Esta cámara le presta sobre todo grande utilidad en los casos de dispnea intensa que hace desaparecer por medio de ella, y usándola con constancia por cierto tiempo influye marcadamente activando la nutrición general. Me permito llamar la atención sobre que la aplicación del aire enrarecido en las cámaras neumáticas sobre el organismo tuberculoso, con el mismo éxito que se ha obtenido en los Estados Unidos, ha sido hecha con mucha anterioridad en México por el Sr. Prof. Alfonso L. Herrera, actual Jefe de la Sección de Parasitología Agrícola del Ministerio de Fomento, y el médico que este informe suscribe.

El Dr. Knopf lleva por escrito en libros apropiados la historia clínica de cada uno de sus pacientes, é indica con lápices de color, en un esquema anatómico del torso humano, el sitio y la naturaleza de las lesiones que diagnostica en cada enfermo. Dichos esquemas están grabados en un sello manual de goma pudiendo naturalmente repetirse á voluntad cuantas veces se necesita en el curso de la historia clínica. Adjuntos á este informe pueden verse los de estos esquemas que el Dr. Knopf marcó bondadosamente en mi cartera. Son construídos en la forma que se desea y bastante baratos, por la casa Kny–Sherer, de Nueva York.

El mismo doctor me escribió dos cartas de recomendación para los médicos encargados de los sanatorios de Bedford y de Liberty, lo que me facilitó visitar estos establecimientos en las mejores condiciones para poder hacer su descripción detallada en este informe.

Esto lo calculo de un interés mayor porque es el momento en que, ya despierta la atención en nuestro país sobre la lucha anti-tuberculosa, no tardarán en nacer entre nosotros los sanatorios para tuberculosos, y tal vez, no muy tarde, los sanatorios del Estado para los tuberculosos sin recursos.

En nuestro Valle de México, según he tratado de demostrarlo por medio de variadas publicaciones, existen condiciones de las más favorables desde el punto de vista sanitario para esta clase de enfermos. El valle del Anáhuac, como dije está destinado por la Naturaleza para ser el sanatorio más grande y más benéfico del hemisferio occidental, en donde pueden encontrar alivio para sus males todos los tuberculosos de nuestra República, los de las Antillas y Centro-América, y cerca de medio millón de tuberculosos que existen en los E. U. A.—Es pues indispensable consultar los modelos, estudiarlos y penetrarse de su organización y de sus resultados.

Visité pues tres dispensarios para tuberculosos existentes en la ciudad de Nueva York y en Brooklin; de éstos, uno de los principales el de Loomis, enclavado como está entre las casas de la enorme ciudad, y sin edificio especial, pues una casa habitacion es la que se ha procurado apropiar para el objeto, sin conseguirlo más que medianamente, está lejos de tener las condiciones de higiene que se requieren para estas casas de salud.

En este dispensario existen tuberculosos en períodos ya muy avanzados de su mal, casi todos sin remedio.

El aseo y cuidados especiales para la destrucción de las espectoraciones se toman debidamente y se cuenta además con una cámara neumática igual á la que tiene en su gabinete el Dr. Knopf, para la aplicación del aire enrarecido, en los casos de dispnea exagerada y como tónico fisiológico en muchos de ellos.

No encontrando algo de mayor interés en estos dispensarios que no reunen las condiciones aconsejadas para que des-

empeñen bien su objeto, paso desde luego á describir lo relativo á las visitas que practiqué á los sanatorios fuera de las
ciudades.

El Sanatorio de Montefiore en Bedford se encuentra hacia
el N. E. de la ciudad de N. Y. en el Estado del mismo nombre, á tres horas y media de ferrocarril.

Sanatorio Montefiore, Bedford, N. Y.

Al llegar á la estación de
Bedford, un carruaje le
conduce á uno hasta el Sanatorio, que se encuentra
como á dos kilómetros del
paradero en el vértice de
una suave, fértil y pintoresca colina.

El sitio está perfectamente elegido. En una región
bastante montañosa pero
de suaves pendientes, cu-
bierta de hermosos bos-
ques y de manantiales de
agua potable, en el centro
de terrenos cultivados con
todo cuidado y que produ-
cen hortaliza y cereales para el abastecimiento de la
institución, se levanta todo
blanco, alegre, entre flores
y el follaje de los árboles
el Sanatorio de Montefiore.
Construido en su mayor
parte de fierro y madera,
consta de dos pisos, y cubre un frente de 50 metros.

Su fachada ligera y elegante con vestíbulos abiertos y escalinatas al frente, le da más el aspecto de un hotel de recreo que de una Casa Hospital.

En el centro se encuentran las oficinas de admisión, reconocimientos, sala de operaciones, archivo, biblioteca y comedores para los médicos y empleados, y á uno y otro lado las salas para los asilados, provista cada una de ellas de una pieza para baño, guardarropa y pieza para practicar el lavado y desinfección de escupideras, etc.

En el subsuelo se encuentran las máquinas y dinamos que sirven para distribuir la luz y el calor en los departamentos. En este local, en donde se hace verdaderamente admirable el aseo y la buena iluminación, porque ordinariamente se ve lo contrario, llamó también mi atención unos aparatos registradores é inscriptores que están bien colocados á la vista del encargado de las máquinas, y que sirven para señalar con toda precisión: uno, temperatura del exterior ó atmosférica; otro la del interior de las salas, y otro la propia del departamento de máquinas. En el mismo subsuelo está un horno crematorio para todos los desperdicios, abierto hacia el exterior, de manera que por una compuerta puedan ser introducidas las basuras sin necesidad de entrar al departamento de máquinas.

Una Sala del Sanatorio Montefiore.

Las salas son muy espaciosas, pintadas de blanco, con sus ángulos todos embotados, con 16 camas pintadas igualmente de blanco, buró de fierro con cubierta de cristal y una silla. En el eje de la sala, equidistantes de sus extremos están dos especies de chimeneas ó de columnas huecas, en cuyas paredes hay unas aberturas provistas de una rejilla metálica y una compuerta fácilmente manejable. Esta especie de chimeneas sirven para hacer regular, amplia y constante la ventilación de las salas, pues ejercen un verdadero tiro y la corriente de aire aquí penetra por ellas, aunque bastante suave, es sin embargo suficientemente enérgica para atraer un pañuelo y mantenerlo aplicado contra la rejilla de la abertura. La calefacción se hace por medio de serpentines de fierro, exactamente iguales á los que conocemos en México en las estufas de baños de aire caliente, y cada sala tiene cierto número de ellos. El Dr. Herbert calificó este medio de poco propio, sobre todo porque la forma peculiar de estos serpentines dificulta que puedan asearse perfectamente.

Tuve oportunidad de presenciar en la cocina la preparación y distribución de los alimentos y conocer por esto su magnífica calidad y abundancia sobre todo en carne.

Los enfermos están inscritos en registros en donde con todo cuidado se consignan los resultados de su estudio clínico. En cada hoja de enfermo se encuentra un diagrama en tinta azul como los que he dicho que sirven al Dr. Knopf para señalar la existencia de las lesiones y modalidades que á éstas afectan, ya sea en el pulmón ó en otros órganos.

Ningún enfermo paga, de manera que no hay distinción entre ellos respecto á su instalación, y cuando su estado de resistencia lo permite están obligados á ocupar una parte de su tiempo, más ó menos, según lo que indica su médico, en las faenas ó labores del campo cuyos terrenos pertenecen al mismo sanatorio. Este trabajo al aire libre, bien graduado y vigilado, hace mucho bien á su estado, y creen los médicos del sanatorio que es uno de los factores que más cooperan para el éxito del tratamiento.

En la campiña que rodea al sanatorio hay numerosas y amplias tiendas de campaña, en donde resguardados de los ardores del sol, se encuentran repartidos los enfermos en sus sillas largas. Manera práctica y sencilla de hacer la curación por el reposo al aire libre durante la buena estación.

Para el mal tiempo esta curación puede hacerse en las barandas ó balcones amplios que vienen á ser la continuación del extremo Sur de cada sala.

Los resultados son en general satisfactorios á pesar de que entre los enfermos admitidos los hay en períodos ya muy avanzados de su mal.

En efecto, en el año 1901, los enfermos que salieron del hospital, entre algo más de 300 que constituyeron el número total de admitidos, fueron como sigue:

    Mejorados... 151
    Curados radicalmente ó aparentemente..... 34
    En peor estado...................... 62

Se puede calcular pues en un 10 % el número de enfermos curados, en 30 % el de los mejorados simplemente y 20 % el de los empeorados.

El costo total de este sanatorio ha sido de cerca de 200,000 dollars, de los cuales 50,000 han sido ya cubiertos con donativos de los particulares, y el resto se seguirá cubriendo de la misma manera, como lo demuestra el cuadro siguiente resumen de los gastos y entradas que tuvieron lugar en el mismo año, y útil de consultar, pues que da una buena idea del monto de gastos que origina una institución semejante.

INGRESOS.

Según cuenta de Octubre 1900 á Septiembre 30 de 1901.

Fondos ingresados por donativos, legados, depósitos, etc., ya de particulares ó de asociaciones filantrópicas.................................... $103,865.83

GASTOS.

Efectos de tienda (groceries)............$	9,749 64
Carne.	9,080 41
Pan........	2,394 44
Pescado.................................	440 40
Leche..................................	3,559 05
Vinos y aguardientes....................	171 45
Aguas minerales........................	613 40
Drogas y útiles para curaciones..........	2,102 65
Utiles para médicos....................	1,145 18
Vapor y alumbrado.....................	6,755 05
Hielo..................................	816 07
Ropa y calzado........................	1,079 44
Impresiones, correo y gastos por ferrocarril...	2,503 93
Colecciones............................	1,414 46
Varios	519 98
Sueldos................................	21,899 48
Funerales..............................	363 48
Seguro	166 48
Ropa de cama y camas.................	99 61
Muebles y útiles para la casa	1,732 16
Mejoramientos en el edificio.............	2,249 00
Reparaciones, etc.....................	5,834 89
Para adquisición de la propiedad del sanatorio.	11,500 00
Gastos no especificados.................	5,000 00

Total.........$ 91,190 59

Fondo á favor del Sanatorio....... 12,675 24

Estas cifras nos dan pues una muestra inequívoca de la situación bonancible del Sanatorio y de los magníficos resultados que en él se obtienen en el tratamiento de los pobres tuberculosos.

Los datos anteriores creo que son suficientes para formarse una idea de este hermoso sanatorio, y paso á ocuparme del
otro que visité en Liberty, el Sanatorio Loomis.

Sanatorio Loomis en Liberty, N. Y. Vista Sur.

Este último difiere mucho por diversos motivos del anterior, bien que su objeto en el fondo es el mismo y su situación
topográfica muy semejante. En el Lomis se considera además
el punto de vista especulativo, y esto implica la necesidad de
atraerse la clientela y sobre todo la clientela rica. Naturalmente desde el punto de vista del *confort* y del lujo está provisto de comodidades que no posee aquél, y está dispuesto en
cierto modo de una manera que no siempre es la más conveniente para el principal objeto; la curación de sus enfermos,
y para la mejor profilaxis entre sus empleados. Por ejemplo,
mientras que en el sanatorio de Montefiore no existen tapices
ni cortinas ni alfombras, en el sanatorio Loomis sí existen.
El Sanatorio Loomis se puede decir que es un verdadero ho-

tel al estilo americano, nada falta en él de las comodidades y ventajas que ofrecen los grandes hoteles de Nueva York, y el enfermo puede hacerse la ilusión de que se encuentra más bien en una hermosa quinta de verano que en un hospital.

Hechas estas advertencias paso á describir esta segunda institución.

El edificio está situado sobre la vertiente Sur de una colina de cierta elevación, en un país montañoso y extraordinariamente fértil y pintoresco, á dos millas y media de la población de Liberty y á cuatro horas de ferrocarril de la ciudad de Nueva York. Su altura sobre el nivel de mar es de 800 metros próximamente (2,300 pies ingleses).

En su construcción se ha seguido el sistema de pabellones aislados, con un edificio central para la administración, en torno del cual se encuentran agrupados trece pabellones para enfermos, un casino, una biblioteca, una enfermería ó pequeño hospital, y una capilla.

Vista general del Sanatorio Loomis y Anexos.

Casi todas las construcciones son de madera. En muy pocas de ellas se ve algo de piedra ó de cemento.

Todos los cuartos dormitorios están orientados hacia el Sur y desde sus ventanas que los llenan de luz, se extiende la vista por un extenso y accidentado valle de los más pintorescos, con bosques en todas direcciones surcados de corrientes de agua, y pequeños lagos cuya agua se ve reverberar al sol. Estos lagos contienen abundante pesca, lo que atrae hasta ellos á los asilados, que así practican ejercicios más provechosos para la clase de enfermedad de que son víctimas.

Hay un cuarto de baño y un saloncito de recibir, por término medio para cada cuatro personas. Cada pabellón posee sus verandas ó corredores protejidos con espacio suficiente para permitir el ejercicio necesario durante la estación inclemente. Algunos de los pabellones están destinados para familias que pueden encontrarse de esta manera enteramente aisladas como en casa particular.

El número total de asilados que pueden asistirse en este sanatorio es de 110.

El precio de la asistencia, por semana, siguiendo el plan americano y según la situación de los cuartos, varía de $15, $17.50, $20, $25, $30, $35 y $40. El lavado de ropa y las medicinas se cobran por separado. La asistencia médica y quirúrgica no se cobra aunque no de una manera absoluta; pero por regla general, no se admiten más que enfermos cuya enfermedad está en sus principios.

El terreno en que está el sanatorio está perfectamente canalizado, y como se encuentra formando una pendiente bastante acentuada, y la limpia de sus canales se puede hacer perfectamente con agua abundante y á regular presión, se evita perfectamente su infección por los diversos desechos.

En la parte alta de la colina, el agua pura de los manantiales del bosque es colectada en un gran receptáculo que abastece á las necesidades del sanatorio.

La misma compañía del sanatorio ha establecido en la estación del ferrocarril á orillas de la población de Liberty, dos

poderosos dinamos de los cuales uno no solo basta para proporcionar fuerza y luz eléctrica al sanatorio distante casi una le-
gua, sino para toda la población. De esta manera, como se
paga á la compañía cierta cantidad por tales beneficios, resulta
que para el sanatorio no solamente no hay que gastar en alumbrado y fuerza eléctrica, sino que se obtiene una ganancia que
asegura su sostenimiento.

Las observaciones meteorológicas señalan una temperatura media en verano, 10º á 20º más baja que la de la ciudad
de Nueva York. Los inviernos son fríos y secos, y parece que
no perjudican á los enfermos, quienes se ven solamente obligados á proveerse de ropas de lo más abrigador.

El servicio médico es muy completo. Existe constantemente un médico, que en los momentos en que yo visité el
sanatorio, lo era el Dr. Thomas J. Shannon. Este señor tiene
independientemente de su casa habitación, un consultorio perfectamente arreglado, dividido en dos departamentos, uno de
ellos para la espera de los enfermos. Cuenta además con varios
ayudantes, y para los estudios clínicos existe un pequeño pero
bien instalado laboratorio con útiles para microscopía y bac-
teriología.

Se tiene ahí además una pequeña sala de operaciones verdadero modelo, una pieza para hidroterapia, otra para electro-
terapia, aplicación de los rayos X, y de luz violada; sala con
aparatos especiales para el tratamiento de las lesiones de la
nariz y de la laringe; baños de luz incandescente y de luz de
arco, etc.

El Dr. Shannon se manifestó extraordinariamente compla-
cido de los resultados obtenidos por la aplicación de las corrientes eléctricas y de la hidroterapia, y poco animado con los
que había observado por la luz violada y con los aparatos in-
haladores para las lesiones laríngeas.—*"No good"*—Me decía
al mostrarme estos aparatos.

Departamento hidroterápico.

La descripción de la manera como ví aplicar los baños de agua creo que debe ser interesante, he aquí como se procede.

En el fondo y ángulo de la derecha de la pieza para el baño, se encuentra un aparato entre el cual en E. se sitúa el enfermo, bajo la ducha regadera R.—El profesor que aplica los baños se coloca detrás de una mesa de mármol M en la cual están á la derecha, D, una serie de llaves que arreglan la presión y la temperatura del agua caliente, y á la izquierda I otro grupo de llaves para la presión y temperatura del agua fría. Entre estos grupos de llaves se ven termómetros T. T. y manómetros, m.

Colocado el enfermo en su sitio recibe de la ducha regadera R un baño con agua cuya temperatura es de 35º cent, próximamente y que por grados durante un minuto va aumentando hasta más de 40º. Al llegar á esta temperatura, cesa de aplicarse esta ducha para aplicar la de chorro C á la misma temperatura (104º F). Bañado el cuerpo con el chorro caliente por delante y por detrás por espacio de medio minuto, abren este mismo chorro en forma de abanico, y al mismo tiempo y en la misma forma, aplican la ducha F de agua casi helada, á 4° c. Simultáneamente, pues mientras que el agua caliente recorre el cuerpo de arriba á abajo, el agua fría lo recorre en sentido contrario, y este movimiento ejecutado con bastante rapidez, dura casi medio minuto, después de lo cual cesan de funcionar ambas y queda entonces bañado todo el cuerpo solo por el agua helada que sale de las cuatro filas de regaderitas que tiene el aparato N, N. N, N. El agua de estas regaderitas va progresivamente calentándose durante un minuto hasta llegar á ser otra vez de más de 40° cent. (104° F) y cuando lleva unos instantes de sostenerse esta elevada temperatura se suspende esta corriente para dejar caer inmediata y bruscamente un chorro de la regadera R otra vez á la baja temperatura de 4° c. durante medio minuto, con lo que termina el baño La duración total de éste es pues de 4 á 5 minutos. En seguida viene una fricción enérgica con una toalla seca.

La aplicación alternativa de las duchas frías y calientes, tiene por objeto facilitar la reacción. Cuando ésta no se presenta expontánea y fácilmente, se somete al enfermo al calentamiento previo en una estufa de aire, en la cual queda encerrado hasta el cuello, y en donde la temperatura se eleva á más de 45° por medio del vapor y de lamparillas eléctricas incandescentes. El baño es pues primero, de aire caliente y de luz eléctrica, y después de ducha fria. Si aun á pesar de esto la piel no reacciona sino difícilmente, el baño no se aplica.

Los doctores del Sanatorio Loomis no tuvieron sino alabanzas para este género de tratamiento.

La aplicación de los baños eléctricos son muy gustados por los enfermos. Según su propio dicho se sienten después de su aplicación extraordinariamente animados y tonificados. En efecto, desde que empiezan á experimentar la acción de la corriente se nota que se coloran sus labios y mejillas, su semblante se anima y denuncia bienestar y contento. Esta aplicación se practica por medio de una poderosa máquina electrostática.

Las precauciones que se toman para la destrucción de los esputos son en general las aconsejadas. Cada enfermo tiene á su uso la escupidera de metal y papel, de Seabury y Johnson que describe el Dr. Knopf en su folleto "La Tuberculosis es una enfermedad del pueblo" (Edición mexicana, pág. 29 y 30). Sobre este punto de la destrucción de los esputos he dicho que encuentro el inconveniente grave de la multiplicación de alfombras y tapices, no se ven con frecuencia en las paredes las inscripciones instructivas, reglamentarias y de prohibición que se observan en Montefiore, y yo pude ver una enferma que después de expectorar en su escupidera, limpió sus labios con el extremo de sus dedos y luego éstos en el pañuelo, lo cual indica que por lo menos esa señorita no se había penetrado bien de la razón de las precauciones y del peligro en que de esta manera se ponía ella misma así como á los demás.

Hé aquí un resumen de los resultados obtenidos sobre esta clase de enfermos:

De Noviembre 1º de 1899 á Noviembre 1º de 1900.

Enfermos existentes en el Sanatorio el 1º de Nov. 1899.. 46
„ admitidos desde la misma fecha 112

Total...... 158

Enfermos existentes en Noviembre 1º de 1900........ 67
„ que salieron al parecer curados....... 15
„ con suspensión de los avances del mal 7
„ mejorados..................... 34
„ desmejorados.................. 29
„ que murieron..................... 6

Total...... 158

Aparentemente curados..................... 16 %

En el mismo estado........................ 8 %

Mejorados................................. 37 %

En peor estado............................ 32 %

Muertos .... 7 %

Condición de estos enfermos al ser admitidos
en el Sanatorio.

Estado incipiente sin bacilus.................. 19

..　　　　　,,　　con bacilos.................. 45

,,　　avanzado moderadamente.............. 80

,,　　muy avanzado....................... 14

　　　　　　　　　　　　　　　　―――

　　　　　　　　　　　Total...... 158

Este sanatorio ofrece pues, un 53 % de éxitos, 39 % de inéxitos y un 8 % en que la enfermedad si no mejoró no empeoró tampoco, lo que puede considerarse más bien como un éxito. Semejante estadística es verdaderamente halagadora, sobre todo, si tenemos en cuenta que entre estos enfermos había 94 en períodos avanzados de la enfermedad.

En un sanatorio de paga, y para gente acomodada, se comprende toda la importancia que debe darse á todos los medios de *confort* y distracciones. En consonancia con esto, el sanatorio Loomis está perfectamente provisto de tales recursos.

Posee una capilla de regulares dimensiones.

Un casino con su sala para diversos juegos y diversiones; órgano, piano, mesas de billar, pieza para fumadores, etc.

En un principio estaba prohibido fumar en el sanatorio, pero algunos enfermos no podían permanecer en él, por no prescindir de su vicio, y por esta razón se levantó la prohibición.

Una primorosa, rica y bien instalada biblioteca provista de

obras solamente literarias y de periódicos del día, viene á completar los medios de solaz de que ahí se disfruta.

Biblioteca.

Los enfermos reciben á sus parientes y amigos, quienes pueden permanecer pagando tres á cuatro pesos diarios por persona.

En caso de enfermedad aguda, los enfermos son transportados á la enfermería ú hospital en donde reciben atención médica y están al cuidado de enfermeras, tanto durante el día como en la noche. En estos casos los enfermos tienen que pagar un peso más al día, y si desean estar al cuidado especial de una enfermera titulada, que puede proporcionarse por el Superintendente, tienen que pagar un precio extraconvencional.

Conviene aquí advertir, que como anexo al sanatorio existe una escuela de enfermeras, quienes hacen su práctica atendiendo á los mismos enfermos bajo la dirección de la enfermera en jefe, que es titulada.

Los paseos por el campo, en los bosques, en las laderas y

en los lagos, así como los ejercicios de sport al aire libre, se renuevan constantemente.

A media milla de distancia de este sanatorio y en conexión con el mismo, se encuentra un *pabellón de caridad,* en donde pueden alojarse aquellas personas cuyos recursos son limitados, por el precio de cinco pesos semanarios. Para este precio quedan comprendidos además del alojamiento y alimentos, la asistencia médica, las medicinas y el lavado de ropa.

Este anexo tiene capacidad para 25 personas y en este número solamente son admitidas aquellas cuya enfermedad comienza y que poseen las mejores recomendaciones personales.

El producto de este anexo no basta para cubrir los gastos que origina, y es más bien debido á donativos de particulares como se sostiene.

El equipo y la atención médica son en este sanatorio tan buenos como en el de paga.

Por falta de tiempo no pude ya visitar este anexo.

Con la descripción de este sanatorio doy fin al informe que tuve el honor de rendir ante el Supremo Gobierno, y deseo vivamente haber correspondido en lo posible á la confianza que en mí se depositó.

OBSERVACIONES GEOLOGICAS EN UNA ASCENCION AL CITLALTEPETL
(Pico de Orizaba).

POR EL DOCTOR

ERNESTO ANGERMANN, M. S. A.

(Lámina VII).

A continuación me voy á permitir hablar de unas observaciones geológicas, no enteramente nuevas, pero bastante interesantes para ser mencionadas en esta ocasión.

En la mañana del 20 de Diciembre del año pasado, salí ·con tres guías de San Andrés Chalchicomula, cuya ciudad tiene una altura de 2,443 metros sobre el mar. A caballo llegamos en la tarde á la Cueva de los Muertos, límite de la vegetación arbórea á 3,900 metros de altura. Subimos todo el día atravesando un paisaje pintoresco. Se trataba de llegar al cono propiamente dicho del volcán, que se levanta enmedio de una base ancha de tobas y cenizas. Esa base se levanta en escalas, no bien marcadas, pero siempre ·observables, indicando así la sucesión de las varias fases de erupción de intensidad cadente. Luego la erosión modeló dicha base, grabando en su material blando hondos barrancos y formando lomas y cúspides numerosas. La Cueva de los Muertos, donde pasamos la noche se encuentra ya inmediatamente al pie del cono del verdadero volcán y está formado por la cavernosidad de una corriente basáltica, que aquí termina. La subida se hizo ·por la falda austral ·del volcán, siguiendo la ruta de una corriente basáltica hasta al mismo cráter que no ofrece ningunas dificultades técnicas. Además en este lado había entonces muy poca nieve de manera que solamente la poca densidad de la atmósfera en más de 5,000 metros de altura causó algunas molestias, y exigía bastante energía para resistir á la inclinación violenta á dormir.

Saliendo á las cinco de la mañana de la cueva alcancé á las doce con dos guías la cumbre, es decir, el límite del cráter. Mi barómetro aneroide indicó la altura de poco menos de 5,500 metros, altura que está bien de acuerdo con las medidas ya conocidas. Del promedio de ocho diversas medidas independientes de viajeros que visitaron la cumbre del Citlaltépetl, resulta una altura de 5,482 metros sobre el Golfo de México, mientras que obtuvimos por el mismo método para el Popocatépetl la altura de 5,406 metros, y para el Iztaccihuatl 5,100 metros. Resulta que el Citlaltépetl es el más alto de los tres volcanes y con esto la cumbre más alta de la República Mexicana. La roca que compone el cono de la cumbre es compacta y sumamente dura, de color gris de perla–rojizo, y la determiné como una andesita de anfibolita. Blocks enormes de esta roca cubren la falda del cono en la cumbre, y resplandecen en el sol como blocks de acero de bronce. La figura de la cumbre es un hermoso cono, que parece acercarse por la actividad de la erosión, más y más á la figura de una pirámide triangular. La cuestión, si existe ó no una caldera, es decir, un antiguo cráter del cual se levantó la cumbre actual, es difícil de decidir. La Sierra Negra seguramente no lo es, sino representa un volcán vecino é independiente con su propio cráter. Pero me parece que un crestón que se halla en el lado oriental es un resto de la antigua caldera. También al W. del Pico se encuentra un lomo, suavemente encorvado hacia el E. con una pendiente bastante fuerte hacia el volcán y una inclinación suave hacia el Poniente, es decir, hacia afuera. Numerosos conos volcánicos al N. W. de San Andrés Chalchicomula, representan en mi concepto, volcanes parásitos que se levantaron en una época antérior, en la falda del volcán principal y original.

Respecto á la actividad del Citlaltépetl, Mühlenpfordt cuenta que estuvo en actividad de 1,545 á 1,565, desde cuya época se encuentra en estado de solfataras. Observé una solfatara en la misma cumbre, punto en que la nieve había desaparecido. La temperatura del suelo era de cerca de 25° c; el suelo estaba cubierto de una substancia blanca-amarilla, constituída de sílice, azufre y diversas sales. No observé ningún olor á ácido sulfhídrico ó sulfuroso, y deduzco de esta observación, que se trataba de exhalaciones de vapor de agua. Muy interesante es el cráter, es una garganta de varias centenas de pies de profundidad. La figura de la abertura es oval, con ejes de 200 y 300 metros respectivamente, es decir, de muy pequeñas dimensiones. Como todo el borde estaba cubierto de nieve, no pude acercarme bastante para ver el fondo del cráter. Pero llama la atención que la figura de éste no tiene nada semejante á los cráteres típicos de forma de embudo. Las paredes son de una roca rojizo-amarillenta, y parecen alteradas por la alta temperatura á la cual han estado expuestas.

Para concluir, diré unas cuantas palabras sobre la génesis de nuestro volcán y la importancia que tiene con sus masas producidas como elemento orográfico en el borde oriental de la Mesa Central.

La Geología moderna ya no admite la suposición de que las lavas que constituyen los volcanes, saliesen de grandes profundidades, ó tal vez de partes céntricas de nuestro planeta, sino supone la existencia de ciertos focos encerrados en el carapacho sólido terrestre. También la teoría de la necesidad de grietas preexistentes para dar salida al magma, ha sido abandonada por muchos autores. Me refiero al interesante trabajo del Dr. Böse, miembro de esta Sociedad, sobre la independencia de los volcanes de grietas preexistentes, que se publicó en las Memorias de nuestra Sociedad. [1] Dice l. c. "Tampoco se puede probar la grieta que debia correr de Tehuacán al Piço de Orizaba, al contrario, allí sigue con perfecta concordancia la caliza de Escamela sobre la caliza de Maltrata......ninguna fractura es visible." Esta observación de un autor que ha estudiado detalladamente las inmediaciones del Citlaltépetl, y con preferencia la pendiente de esta parte de la Mesa Central, es de mucho interés.

Mis propios estudios en el tramo que comprende el terreno entre el Citlaltépetl-Tehuacán y Chalchicomula, comprueban dicha opinión.

La clasificación moderna de los volcanes está fundada, según Stübel, en su génesis, y aplicándola á nuestro volcán, me inclino á referir el Citlaltépetl al grupo de los volcanes con caldera y con un cono de erupción más moderno en la caldera. Es probablemente un volcán monógeno, que debe su origen á una sola erupción de larga duración. Es una teoría que confirmó Stübel en los volcanes del Ecuador, que todos los grandes volcanes son de origen monógeno.

No se puede negar que la situación del Citlaltépetl, como si estuviese en el mismo margen de la Mesa Central, pueda seducir á un observador, que viaja en el ferrocarril de México á Veracruz, á la suposición de que dicho margen representa una línea de dislocación, sobre la cual se verificó el hundimiento de la faja costeña, y que las lavas encontrando una línea de menor resistencia, salieron sobre la dislocación y formaron un volcán.

Pero presento la observación más clara y valiosa que pude hacer en la ascensión, observación que suprime en el acto dicha teoría. Subiendo las enormes y pesadas faldas del cono principal, el turista se abstrae más y más de la influencia que

(1) Memorias, t. XIV, p. 210.

El Citlaltepetl ó Pico de Orizaba.

los accidentes del terreno le imponen; ya tiene á sus pies los restos de la antigua caldera, y su vista abarca más y más como á vuelo de pájaro. La configuración original del terreno, borrada por elementos topográficos accesorios y subordinados, se le presenta en sus rasgos elementales, y con una sola mirada se explica la historia geológica del inmenso paisaje. En estas contemplaciones se ve uno ayudado por la coloración diferente de las diversas formaciones geológicas, que le hace distinguir fácilmente las rocas sedimentarias grises, claras y pálidas de las tobas, cenizas y lavas volcánicas, ferruginosas, pardas y coloradas. Las sierras cretáceas calcáreas se representan como olas ú ondulaciones ligeras del rumbo N 45° W y con sorpresa nota el observador la enorme potencia de las masas volcánicas acumuladas. La línea tectónica anteriormente sospechada, desaparece; la pendiente aparentemente tan abrupta, que separa la Mesa Central de la costa se explica por sí misma. Se reconocen las montañas cretáceas de Orizaba, como continuación natural de las lomas y serranías de la Mesa Central y casi en el mismo nivel. El borde tan pintoresco de la Mesa Central se descubre como una valla, artificial por decir así, formada por las enormes masas de productos volcánicos del gigante Citlaltépetl. Estas capas denudadas y provistas de barrancas hondas cubren la formación cretácea no dislocada, ó por lo menos poco y originan así tantas diferencias de altura y falsas configuraciones del terreno. Las investigaciones laboriosas del geólogo sistemáticamente elaboradas, están comprobadas en una sola ojeada que se dirige de una altura excepcional desde este volcán. Así ofrece una ascensión al Citlaltépetl, fuera de los placeres que proporciona una naturaleza grandiosa, explicaciones casi intuitivas de problemas científicos.

LOS PLANTIOS DE ORNATO

POR EL DOCTOR

JESUS DIAZ DE LEON, M. S. A.

Segundo Naturalista de la Comisión Geográfico-Exploradora.

CAPÍTULO 1°

PLANTÍOS DE ORNATO.

En un estudio de selvicultura, aunque sea muy elemental, puede estimarse como un complemento casi obligado, un artículo consagrado á las esencias de ornato especial, pues tanto en las poblaciones cultas en donde se propagan cada día más y más los plantíos ornamentales, como en las residencias rústicas en donde los propietarios gustan de recrear su vista en calles ó bosquecillos de adorno cerca de las habitaciones ó en los sitios de paseo, se hace indispensable un conocimiento más extenso de las esencias que llenan las condiciones de rusticidad, belleza y crecimiento rápido que sean de fácil aclimatación para realizar los fines utilitarios bajo el punto de vista de la higiene y la belleza estética ornamental.

Los plantíos ornamentales se dividen en dós grandes categorías según que estén destinados al uso común en las ciudades ó que sean de propiedad particular en las haciendas.

Los *plantíos públicos* en las ciudades ó en sus alrededores forman las calles para el tránsito ó los paesos, ó en las plazas, parques ó circuito de los establecimientos públicos.

Los plantíos públicos tienen por objeto:

I. Imprimir un aspecto agradable y hacer atractivos algunos sitios destinados á paseos públicos.

II. Procurar en las grandes arterias de circulación ó paseo, ciertos lugares donde haya sombra y abrigo contra la insolación á que se está expuesto en los países meridionales en la estación del verano.

III. En los climas cálidos y secos especialmente, á dar frescura al ambiente y dulcificar la temperatura cerca de las habitaciones. En los climas húmedos en donde las lluvias son muy persistentes, los plantíos ornamentales no deben estar cerca de las habitaciones porque sostienen y aumentan la humedad del suelo que puede ser perjudicial á los moradores de las habitaciones.

En el campo los plantíos se hacen formando líneas de árboles á los lados de los caminos públicos ó bien en los sitios que conducen á las residencias de propietarios de fincas rústicas ó bien formando paseos, bosquecillos, cerca de las habitaciones, de las presas, á los lados de los canales de irrigación, etc., etc.

En el campo estos plantíos satisfacen á las siguientes necesidades:

I. Utilizar algunos terrenos improductivos dándoles valor y pudiendo obtener un beneficio de las maderas aplicables á la industria.

II. Formar sitios de recreo que hermosean y dan vida á muchos sitios áridos ó mal sanos antes.

III. Procurar sombra no solo á los viajeros sino también á los animales.

IV. En los caminos se evita que la sequía destruya el terreno desagregando las masas térreas que forman el suelo.

En algunos países se ha ensayado el plantío de árboles

frutales en los caminos, como por ejemplo, los cerezos de los
alrededores de Mulhouse, y afirman todos los interesados en
este asunto que esta clase de plantíos pagan por sí solos todos
sus gastos tanto de creación como de conservación y de fomento. Si en algunos se ha fracasado por completo, atribúye-
se el hecho á la torpeza en la elección de esencias con relación
al suelo y también á la falta de cuidados apropiados á estos
plantíos.

En nuestro país no será posible todavía introducir los plantíos de frutales en las vías públicas, paseos y caminos, así es
que nos concretaremos á estudiar las esencias que convienen
para ornamentación en los paseos públicos y en las residencias privadas Las esencias que ya hayamos estudiado bajo su
aspecto forestal solo las indicaremos si son propias para ornato.

Las esencias más convenientes para formar lineas de árboles en las calles de las ciudades, en los paseos, avenidas,
etc., etc., son las que pasamos á reseñar brevemente.

I.

Ailanto.—Barniz del Japón.—Familia Zanthoxyleas.

Ailanto significa en chino árbol del cielo, pues en el Imperio Celeste alcanza una altura considerable y su copa parece
remontarse al cielo. En Europa se le llama Barniz del Japón
(Vernis du Japon) porque se creía que el jugo extraído de las
incisiones de su corteza era el barniz del Japón.

AILANTO.

Ailanto glanduloso (Ailanthus glandulosa, Desf.)

Arbol asiático del Japón y Mongolia, aclimatado en París,
en los jardines reales en 1751.

Es un árbol de gran talla, de aspecto muy hermoso, tallo
recto y cilíndrico que termina en una copa frondosa, redon-

deada. La madera es blanca, mucha médula, vidriosa, los fuertes vientos desgajan sus ramas.

La madera del ailanto es de poca estimación, pero como árbol de ornato tiene algunas cualidades. El follaje es parecido al del Nogal negro de América, sus hojas son grandes, alternas, compuestas de quince á treinta y un foliolos sexiles y opuestos. La foliación primaveral es tardía pero persistente en el otoño. Las flores aparecen en panojas verdosas, unisexuales y agrupadas en sujetos distintos. Las flores macho esparcen en cierta época un olor desagradable, por cuya razón se ha aconsejado la elección de árboles de flores hembras en los paseos públicos.

El ailanto es la despensa de un gusano de seda que no ha podido explotarse industrialmente porque hay aves que persiguen este insecto como alimento favorito.

Una de las desventajas que tiene el ailanto es la emisión de numerosos renuevos que pueden causar perjuicios á los muros que se encuentren cerca. Por lo demás, este inconveniente puede utilizarse en conservar lo movilidad de los suelos recién abiertos al cultivo, pero lo que lo hace más estimable es su crecimiento rápido, pudiendo formarse en poco tiempo una avenida. Tiene también la desventaja de que no todos los sujetos son de igual vigor y por lo mismo las líneas se ven irregulares.

Esta esencia se desarrolla bajo cualquiera exposición, pero le son más favorables las cálidas y abrigadas, y especialmente hay que protejerlo de la acción de los vientos fuertes que hacen destrozos en las copas.

La cualidad fundamental se tiene en su rusticidad, pues progresa sin inconveniente en los terrenos malos, poco profundos y muy áridos. En los suelos compactos y húmedos se pudren sus raíces.

Estas emiten yemas con mucha facilidad, pues cuando se destruye un árbol las que quedan en el suelo dan al poco tiempo nuevos vástagos. Se multiplica por hijuelos y por bontures.

La forma natural de su copa es redonda, pero practicando el recorte se le puede dar una forma ovóidea ó en cúpula, las únicas que se pueden conseguir en esta esencia.

Como árbol de ornato tiene pues las siguientes ventajas y desventajas, que en caso de elección deben tenerse en consideración.

Ventajas.—"Para los plantíos de ornato, en las grandes vías públicas, en el interior de las ciudades, en donde se le encuentra con frecuencia, es un árbol precioso, atendiendo á la belleza de su porte, de su follaje, que procura mucha sombra y que no está expuesto á las destrucciones de los insectos, así como también á su reparación fácil, á su crecimiento rápido y por último, á su rusticidad que tiene pocas exigencias relativas á la naturaleza del terreno." (Nanot. Plantationts d'alignement).

Desventajas.—Las desventajas que se le han reprochado al ailanto son: la de esparcir un olor desagradable en la época de la floración, de ser algo tardío el vestido de su copa, de emitir renuevos que pueden causar daño en los muros ó en los cultivos cercanos y por último de no formar siempre líneas regulares.

CATALPA.

Familia de las Bignoniáceas.—Catalpa común, Catalpa de hojas de lila. (Catalpa syringæfolia, Sims).

Arbol descubierto por Catesby en la Carolina en 1726 é introducido poco después en Europa.

Arbol de mediana talla pero no inferior á 7 ú 8 metros. Tronco esbelto, se ramifica formando una copa semejante á un parasol. La madera es tierna, porosa y quebradiza, tiene poca importancia industrial.

El follaje es muy espeso y de un verde muy bello, pero

muy tardío en aparecer y procoz en su caída. Hojas opuestas, cordiformes, grandes, pubescentes por debajo, algo parecidas á las de la Paulownia.

Las flores blancas con manchas purpurinas en el centro, son muy hermosas reunidas en panojas y apareciendo algo tardíamente, pero á la inversa de las del ailanto, exhalan un perfume débil, pero agradable. Los frutos son bayas casi cilíndricas.

El catalpa tiene raíz pivotante de reparación muy fácil, crecimiento violento, acentuándose en los primeros años.

Exige exposición abrigada de los vientos que rompen sus ramas y desgarran sus hojas. El suelo que le conviene debe ser de consistencia mediana, fresco y profundo. La mejor manera de reproducir el catalpa es por semilla.

Su copa no admite más forma que la redonda achatada superiormente. La belleza de sus flores hacen este árbol propio para las calles de jardines y parques públicos ó particulares.

CEDRELA.

Cedrela de China (Cedrela sinensis, Juss).—Familia de las Cedreláceas.

Esta planta tiene tanta semejanza con el ailanto por su follage y desarrollo que al principio se le llamó *Ailanthus flavéscens, Carr. Ailanthus lutescens, Hort.*

La madera es coloreada, aromática, pero también quebradiza como la del ailanto. Follage verde lustroso superiormente, pálido por debajo, bastante hermoso. Su copa muy bien acabada presta mucha sombra. Flores hermafroditas, aglomeradas en panojas terminales, sin olor. Fruto una cápsula.

El cedrelo no crece tan alto como el ailanto y es más lento en su desarrollo. Arbol ornamental propio para paseos, por su follage que es muy hermoso y dá mucha sombra.

ENCINA

Familia de las Cupulíferas.

El nombre *quercus* de la encina es de origen celta *kaer quez* que significa árbol bello.

Encino pedunculado (Quercus pedunculata, Willd). Esta especie se desarrolla en muchos lugares expontáneamente, en los llanos y valles.

Arbol de porte magestuoso, con tronco recto y cilíndrico, copa ovoidea, piramidal que la forman pocas ramas pero rectas y gruesas. Su follage procura buena sombra, pero está expuesto á ser devorado por los insectos. Sus frutos (las bellotas) son útiles como alimento para algunos animales. Raiz pivotante, en los sujetos jóvenes ofrece ramificaciones laterales en los árboles bien desarrollados. Se multiplica por semilla y exige suelo de consistencia media, fresco y profundo.

Esta esencia es eminentemente sociable, por lo que no es á propósito para formar hileras en las calles y avenidas de las ciudades. Pero en los campos los propietarios pueden formar encinares, bosquecillos de muchas calles ó lineas contiguas que á la vez que formen un lugar de recreo se tiene una fuente de explotación en la madera que es de las más estimadas.

Encino rojo.—(Quercus rubra, Linneo).

Hojas de forma variable, grandes, de verde lustroso cuando tiernas, después verde rojizo, luego rojo en el otoño y por fin amarillo antes de la caída.

Encino coccineo. (Quercus coccinea, Wagler).

Mucha semejanza con la anterior.

Encina tintórea.—(Quercus tinctorea, Linneo).

Corteza negruzca que encierra una materia colorante muy estimada.

Encina palustre.—(Quercus palustris, Duroi).

Hojas verdes que pasan al rojo anaranjado en el otoño.

Estas cuatro esencias deben ensayarse en mezcla como árboles de ornato para formar hileras en las calles, las avenidas y paseos, pues son árboles muy bellos y vigorosos que dan un golpe de vista magnífico por los matices de su follage. Son rústicas y vienen bien en cualquier suelo, pero mejor todavia si es ligero y fresco.

SICOMORO.

Familia de las Aceríneas.—*Sicomoro*. (Acer pseudo-platanus, Linneo).

De todas las especies de sicomoro, ésta es la única que conviene en los plantíos de líneas en las calles, avenidas, en cualquier sitio de paseo en el interior de las ciudades. Crece con rapidez y alcanza una altura muy regular, su follaje no está expuesto á ser destruído por los insectos y dá mucha sombra. Tronco cilíndrico con ramas vigorosas que forman una copa ovoidea. Su follaje se presta á darle todas las formas y se puede utilizar para formar calles cubiertas. Se reproduce por semilla. La madera es estimada tanto como la del nogal, aunque es de color blanco.

FRESNO.

Familia de las Oleáceas.

La palabra latina fraxinus es de origen griego φραξιs *phraxis*, separación, y se refiere á la facilidad con que se divide la madera.

Fresno común. (Fraxinus excelsior, Linneo).

Este es un árbol poco ó nada ornamental, pues bajo el punto de vista estético es poco decorativo teniendo el inconveniente de dar poca sombra y de exhalar un olor repugnante cuando lo invaden las cantáridas. Como esencia económica es útil pues su madera es estimada.

Fresno florido. (Fraxinus ornus, Linneo).

Tiene flores en corola de las que carecen las del excelsior.

Arbol de segunda magnitud pues no pasa de 8 á 10 metros de altura pero es notable para ornato por sus flores blancas, pero su porte lo excluye de las grandes avenidas ó calles donde se requieren árboles de primera magnitud.

HAYA.

Familia de las Cupuliferas.

El nombre fagus viene del griego φαγω *yo como*, por alusión á sus frutos comestibles.

Haya común. (Fagus sylvatica, Linneo).

Esta esencia no se' utiliza en los plantíos de ornato. Se recomienda para los parques y jardines, una variedad, el haya purpúrea (Fagus purpurea) de segunda magnitud, follage rojo-negro que da un hermoso fondo á los paisajes en los jardines.

CASTAÑO.

Familia de las Hipocastaneas.

Castaño de la India. (Oesculus hippocastaneus, Linneo).

Castaño de flores dobles. (Oesculus hippocastaneum, flore-plena).

Castaño rojo. (Oesculus rubiconda, Herb).

El castaño tiene poca estimación económicamente, pero como árbol de ornato se planta en los boulevards, avenidas y paseos. En muchos casos debe preferirse cuando se quiere mucha sombra y agradable vista por las flores. Su crecimiento es rápido y bastante rústico para soportar el humo y aire viciado de las grandes ciudades. El *flore-plena* es el más decorativo y plantado en suelo fresco y de calidad, adquiere un gran porte. "En las avenidas y paseos produce un efecto espléndido y dá mucha sombra" Nanot.

El *rubicunda* solo conviene para formar avenidas de segunda magnitud y para embellecer los paseos.

NOGAL.

Familia de las Juglándeas.

La voz *juglans* con que se distingue el nogal está formada de las voces latinas *Jovis glans* ó bellota de Júpiter.

Nogal negro. (Juglans nigra, Linneo).

La madera de este árbol toma un tinte negruzco expuesta al aire. Este árbol fué llevado de los Estados Unidos á Europa en 1656. Es un árbol soberbio, de gran porte, tronco recto y cilíndrico, sus ramas muy extendidas forman una copa bastante amplia. La madera es muy superior á la del nogal común, pues es más densa y tenaz, prestándose mejor al pulimento.

El nogal es calcícola, es decir, que prospera mejor en los suelos calizos, frescos, profundos y de mediana consistencia.

El nogal negro tiene muchas ventajas sobre el común, su madera es superior, su porte y su follage más hermosos. Pero en la República conviene más por ser más rústico y tener crecimiento más rápido.

Se multiplica por semillas. Nunca se debe podar el ramo terminal porque se perjudica la dirección recta del tronco.

En la zona templada de la República, el nogal negro conviene como esencia económica y también como árbol de ornato para líneas de las avenidas y calles de los paseos públicos.

En las residencias particulares se debe ensayar el cultivo de este árbol que proporcionará dinero y recreo á los propietarios.

El nogal común (Juglans regia, Linneo) no conviene como árbol de ornato, pero en donde prospera bien se le puede ingertar el nogal negro que crece más rápidamente y ofrece mejor producto industrial.

OLMO.

Familia de las Ulmáceas.

Olmo rústico. (Ulmus campestris, Linneo).

Este árbol es de primera magnitud, de porte soberbio, ramas vigorosas que forman una copa ovoidea ó redondeada y extendida. El follage es precoz y dá una sombra completa, resiste el aire viciado y el humo de las ciudades frabriles. La madera es elástica, tenaz, dura y algo rojiza.

Vegeta bajo todas las exposiciones y en los climas meridionales se le deben procurar las más frías, porque es sensible al mucho calor.

"Es un árbol que se recomienda para los plantíos económicos en los caminos y para los de ornato en los boulevards, etc. El árbol es decorativo de cubierta espesa, madera resistente y de buena calidad, su reparación y su crecimiento nada dejan que desear, prospera en todas las exposiciones y no exige un suelo profundo, soportando bien la poda y aceptando todas las formas que se le den. Sería una esencia maravillosa si los insectos no tuviesen por ella una predilección funesta, especialmente cuando se halla plantado en el interior de las ciudades, en donde el suelo es de muy mala calidad." Nanot. Op. cit.

Como planta de ornato tiene pues dos inconvenientes que tal vez podrán remediarse, mejorar el suelo donde se planten y encontrar un medio destructor de los insectos que devoran las hojas y abren galerías en la corteza y la madera del olmo.

Hay una variedad que puede utilizarse como planta de ornato en sustitución del anterior, esta es el olmo retorcido (Ulmus tortuosa, Host). M. Du Breuil lo recomienda en términos concisos como árbol de ornato para formar avenidas "Bella variedad del olmo, árbol vigoroso, follage hermoso de color verde subido. Esta variedad es menos atacada que las otras por los insectos xilófagos. Solo teme las arcillas compactas. Se multiplica por ingerto en el olmo común. Vive en todos los climas."

También se multiplica por semilla ó por acodo en arco.

PAULOWNIA.

Familia de las Escrofularíneas.

Este árbol fué dedicado á la princesa Paulownia de los Países Bajos.

Paulownia imperial. (Paulownia imperialis, Sieb).

Este árbol es originario del Japón en donde es hasta venerado, fué introducido en Europa por M. de Cassy quien regaló dos semillas al Museo de París en 1834.

Es un árbol de talla media pero su tronco se divide á poca altura en dos ó tres ramas vigorosas que se extienden oblicua ú horizontalmente formando una copa de follage espeso que da buena sombra. Las flores aparecen poco después de la foliación y forman en los extremos de las ramas, racimos colgantes de color azul lila y exhalan un perfume suave semejante al de la violeta.

"Es un árbol de ornato notable por su follage muy bello y sus flores. Se puede plantar en los boulevards interiores si el suelo es favorable á su vegetación alcanzando entonces dimensiones regulares; ejemplo: los árboles plantados en la avenida Carnot. Para adornar las avenidas de segunda magnitud, las calles de los parques y jardines, las plazas pequeñas, los corredores de los establecimientos públicos, es donde conviene especialmente." Nanot.

ÁLAMO.

Familia de las Salicíneas.

Como esencia de ornato solo nos ocuparemos del álamo piramidal, vulgarmente álamo de Italia (Populus piramidalis, Ros).

Es un árbol vigoroso que tiene un golpe estético muy hermoso, pues su tronco recto se eleva á grande altura sin subdividerse en ramas. Las ramas siempre muy delgadas son erguidas y dan al conjunto una forma piramidal muy esbelta.

En los plantíos solo convienen los sujetos machos. No puede elegirse como esencia económica, pero es muy propia para formar grandes cortinajes de follage que tengan por objeto atraer la vista de los transeuntes en los parques, avenidas ó grandes calles de los paseos públicos.

Exige suelo húmedo como todas las especies de Ulmus.

PLANERA.

Familia de las Ulmáceas.

Este árbol fué dedicado á Planer, botánico de Erfurt. En el Cáucaso se le llama *Zelkouha.*

Planera dentada. (Planera crenata, Desf).

En los países meridionales alcanza la primera magnitud pero ordinariamente es de la altura del olmo campestre. El planera se asemeja por su follaje á los olmos. La madera es de primera calidad utilizada en construcciones navales, pero por el color es buena para construcciones de muebles. Su cualidad principal depende de que no es atacada por los insectos. Su follage da tanta sombra como el de los olmos.

El suelo que conviene al planera para que prospere debe ser de consistencia media, profundo y seco.

En Europa se trata de sustituir los olmos con planeras por razón de ser inatacables por los insectos. Pero los inconvenientes que se le arguyen á las planeras es de ser exigentes respecto al suelo, condición que no se satisface en las vías públicas de las ciudades, así como el tener un desarrollo lento en la juventud del árbol y sobre todo, de no ser siempre de primera magnitud.

PLÁTANO.

Familia de las Platáneas.

El nombre de este árbol viene del latín *platus*, ancho, por alusión á la copa bastante extendida que tiene.

Plátano de Occidente (Platanus occidentalis, Linneo). *Plátano de América ó de Virginia.*

Este árbol es natural de los Estados Unidos, es de gran porte, vigoroso, tronco recto y cilíndrico, con una corteza lisa de color blanquizco, pero se desprende en grandes porciones. Sus ramas son largas semiverticales, forman una copa cónica. Su madera se utiliza principalmente en la calefacción porque desarrolla mucho calor. Tiene un follage verdaderamente hermoso y aunque tardío persiste mucho tiempo dando una extensa sombra. Las hojas son alternas, grandes, con tres lóbulos triangulares separados por escotaduras muy abiertas, de color verde brillante y de consistencia coriácea.

La raíz del plátano es pivotante y profunda cuando el sujeto proviene de semilla. Es exigente, pues para desarrollarse bien necesita suelo rico, muy profundo y fresco. En las riberas de los rios adquiere un desarrollo considerable. En suelo seco no prospera.

El plátano occidental es de los primeros como especie monumental para líneas "es un árbol notablemente bello, con follage muy extenso que ofrece mucha sombra, su separo es muy fácil aunque tenga edad avanzada y su crecimiento es rápido, es bastante rústico, se acomoda á la vecindad de las casas y soporta la poda, tomando todas las formas; por último los insectos no lo deterioran, el único reproche que se le puede hacer es el de ser exigente respecto á la naturaleza del suelo. Para las plantaciones económicas en los caminos, etc., solo ocupa el segundo lugar á causa del escaso calor de su madera" Nanot.

PTEROCARYIO.

Familia de las Juglándeas.

El nombre viene del griego πτερόυ ala y καρπός fruto, haciendo alusión á sus frutos que son alados.

Pterocaryio de hojas de fresno. (Pterocaryia fraxinofolia, Spach).

Pterocaryio del Cáucaso en donde es su patria.

Arbol hermoso, de mediana talla, tronco recto, que lleva una copa cónica muy densa, formada expontáneamente. Follage muy bello, tardío pero persistente. Hojas semejantes un poco á las del nogal de América. Crece con la rapidez de este último y no es atacado por los insectos. Es rústico pero en una buena exposición y algo abrigado prospera mucho mejor, necesitando un suelo de buena calidad, de consistencia media, profundo y fresco. Se le propaga fácilmente por el acodo en arco.

Es un árbol muy conveniente siempre que el terreno sea favorable para los plantíos ornamentales en lineas, pues la belleza de su follage y la regularidad de la copa son detalles de estética que deben tenerse en cuenta. Solo tiene un inconveniente de no ser de primera magnitud.

ACACIA.

Familia de las Papilonáceas.

Arbol dedicado á Robin, por lo que se le llama también Robinia.

Acacia común. (Robinia pseudo–acacia, Linneo).

Es árbol de origen americano, según Nanot, llevado á París en 1601, y aún existe en el Jardin de Plantas el que plantó en 1636, V. Robin.

Arbol de gran talla pero de tronco irregular en su dirección, las ramas muy alargadas forman una copa ancha. Sus

flores en racimos blancas y de olor agradable. Prospera en
suelo ligero, pedregoso y algo fresco. Tiene el mérito de poder desarrollarse en los suelos más malos, arenosos y secos.
Su rusticidad lo recomienda, pues, como planta de ornato para
los caminos, largas avenidas que tienen suelo de mala calidad,
utilizándose económicamente por la calidad de su madera y
por su rápido desarrollo. Dá poca sombra, pero como árbol
ornamental, en donde no puede prosperar ninguna otra esencia por el terreno de mala calidad, es un recurso que no debe
despreciarse.

Para plantíos en líneas conviene mejor la Robinia Besso-
niana ó la Robinia monophylla que son variedades de la anterior.

TILOS.

Familia de las Tiliáceas.

Arboles propios de Europa en donde se desarrollan expontáneamente en las montañas, en los valles y se cultivan como
árboles de ornato en muchas ciudades. Puede vivir á una altura de 1,100 metros sobre el nivel del mar.

Es árbol de gran porte y tronco recto, corteza lisa en los
individuos jóvenes, desgarrada en los que han alcanzado todo
su desarrollo. Follage espeso que da buena sombra. Las flores
se agrupan en corimbos, son blanco-amarillentas y exhalan
olor agradable.

Hay dos especies de tilos de Holanda:

Tilo de Holanda de foliación tardía.

Tilo de Holanda de foliación precoz.

Es preciso no mezclar estas dos variedades en una misma
línea de ornamentación.

He aqui los consejos de Nanot sobre los principales tilos
ornamentales:

Tilo de Holanda, Tilo de grandes hojas. (Tilia hollandica
ó Tilia platyphylla, Scop).

"Es el árbol por excelencia para plantar en las calles de los parques y jardines que deben dar mucha sombra en poco tiempo."

"En los boulevards interiores rara vez es empleado, porque no siendo bueno el suelo por lo común, vegeta mal y pierde sus hojas en Julio á causa de la vecindad de las casas que elevan mucho la temperatura ambiente."

Tilo plateado. (Tilia argentea, Desf.)

"Es más apto que el tilo de Holanda para ser plantado en las avenidas, porque es mucho más vigoroso, más notable por la belleza de su porte, de su follage y porque conserva sus hojas más largo tiempo."

Tilo de América de Parmentier. (Tilia americana parmentieri).

"De todos los tilos es el que más conviene para los plantíos en líneas de los boulevards á causa de su belleza, de su gran vigor y de la persistencia de sus hojas. Se le multiplica ingertándolo sobre el tilo de los bosques (Tilia sylvestris)."

Lirio dendron, Ahuehuete, Pirú, Álamo, Troeno.

Todos estos son árboles que se encuentran en muchas ciudades de la República formando calles en los parques, jardines, paseos de larga carrera, frentes de las casas, etc., y sobre los cuales no nos extendemos más por no permitirlo los limites de este capitulo, pero la observación y la experiencia enseñarán más de lo que aqui pudiera decirse sobre ellos.

CAPITULO 2º

PLANTÍOS DE ORNATO.

(Continuación)

A los plantíos de ornato corresponden algunos detalles que no es debido pasar en silencio una vez que nos hemos ocupado de este asunto.

Así como para formar montes es preciso reflexionar sobre

la elección de las esencias, para los plantíos. en líneas ornamentales este requisito es de rigor. El descrédito en que han
caido algunas esencias, como los eucaliptos, que estuvieron
en voga hace algunos años en la República, los malos resultados obtenidos con esencias importadas, se han debido exclusivamente á dos factores capitales: mala elección de las especies arbóreas y ningún estudio de su adaptación al suelo. El
fracaso era seguro, el gasto inútil y el descrédito injustificado
de las esencias, el resultado final.

En los plantíos de ornato en lineas para formar calles, la
elección de las esencias está sujeta á las reglas siguientes:

1. *Deben elegirse aquellos árboles que provengan de un suelo
semejante en su constitución al destinado para hacer el nuevo plantío,* pues de este punto generalmente poco atendido depende
en gran parte el éxito del plantio en proyecto.

2. Deben preferirse siempre las esencias cuyo tempera-
mento rústico sea bien reconocido. El grado de rusticidad en
tesis general se advierte por la resistencia mayor á los rigores
del invierno en la localidad donde vegetan.

3. Debe atenderse á la exposición en donde prosperan
mejor para ver si se les puede educar en las mismas condiciones.

Estas reglas son susceptibles de modificarse según las condiciones de cada localidad; así por ejemplo, en la exposición
del Norte perjudica á las plantas los vientos fríos y secos, pero
en los climas meridionales esta exposición es la mejor, en razón de lo mucho que se calienta el suelo y el viento frío los
refresca.

4. Al hacer la elección debe tenerse en cuenta la altura y
no plantar árboles en donde no puedan prosperar por causa
de la elevación sobre el nivel del mar.

5. Siempre, salvo razones particulares en contrario, deben
preferirse las esencias que tienen crecimiento más rápido.

Las esencias de crecimiento más rápido son:

Ailanto, Alamo, Plátano, Paulownia, Castaño, Robinia.

De crecimiento rápido son:

Catalpa, Cedrela, Nogal negro, Planera, Arce, Fresno, Pterocaria, Olmo y Tilo.

De crecimiento lento:

Encino, Haya, Sabino.

6. En los paises meridionales expuestos á un sol ardiente, deberán elegirse las esencias de sombra, pero en los lugares húmedos, los árboles de cubierta rala son mejores.

Las esencias de mucha sombra son:

Ailanto, Catalpa, Cedrela, Arce, Haya, Castaño, Olmo, Paulownia, Planera, Plátano y Tilo.

Esencias de poca sombra:

Encino, Fresno, Nogal, Alamo, Pterocaria, Robinia.

7.—A la condición de follage espeso debe añadirse la de ser precoz y que se distingan los árboles por la belleza de su porte, sus copas ó sus flores.

Arboles de follage precoz:

Arce, Castaño, Olmo, Alamo, Planera, Tilo.

Arboles que se recomiendan por la hermosura de su follage:

Ailanto, Cedrela, Nogal negro, Paulownia, Plátano, Robinia de una hoja, Tilo plateado, Tilo de América.

8. Cuando se tenga que hacer un plantio en lineas á los lados de las vias de paseo en todo vehiculo, se elegirán aquellos árboles cuya copa se desarrolla á bastante altura y no tengan ramas colgantes.

9. También debe tenerse en cuenta si el lugar en donde se va hacer el plantio hay emanaciones de gases ó domina el aire viciado. Las esencias que no sufren en el aire viciado y el humo de las fábricas son:

Ailanto, Olmo, Plátano, Alamo, Robinia, Tilo, Arce, Castaño.

10. No deben elegirse árboles que tienen poca vida pues la decrepitud obliga á replantaciones y gastos continuos.

11. Desde el punto de vista estético deben elegirse esencias que no sufran con el recorte pues con frecuencia se les da una forma especial á los árboles.

12. Una de las condiciones más esenciales es la de no mezclar diversas esencias en un mismo plantío de ornato en líneas, porque perjudica á la estética. La unidad de esencias es una regla fundamental.

No siempre se pueden realizar todas estas condiciones en una elección, pero queda al buen criterio de los encargados de dirigir una plantación de ornato en líneas, de tener en cuenta todos los factores que más contribuyan á asegurar una arboleda uniforme en altura, de crecimiento rápido y de golpe de vista muy agradable.

Por lo demás otros detalles de plantación, locación y cultivo deben estudiarse en los tratados especiales.

APÉNDICE.

Habría que arreglar una obra independiente de la selvicultura si pretendiésemos ocuparnos de todos los puntos que comprende el plantío de árboles en líneas, pero si bien no hacemos referencia alguna al emplazamiento, número y forma de las lineas, así como del número de árboles en cada línea según el sitio del plantio, de la preparación del suelo y de todos los detalles de la plantación hasta dejar el vástago en vía de desarrollo, sí queremos aunque sea dar unos apuntes sobre una de las operaciones que se refieren á la conservación de los plantíos de ornato.

La conservación de los plantíos comprende muchas operaciones más ó menos delicadas pero todas importantes, son:

I. Recorte de los árboles.

II. Riegos.

III. Restauración y rejuvenecimiento de los árboles.

IV. Sustitución de los árboles que se han perdido.

V. Tratamiento de las enfermedades.

VI. Destrucción de los insectos.

De todas estas operaciones solo nos ocuparemos en apuntar una que á nuestro entender es poco conocida y practicada en la República, esta es el *recorte*.

El recorte, que los franceses llaman *élagage*, es una operación que consiste en cortar parcial ó totalmente algunas ramas, con el fin de que la copa vaya tomando una forma determinada.

Esta operación se practica periódicamente si el árbol está en vía de crecimiento, ó en una sola vez, cuando ha llegado á su completo desarrollo.

El recorte se practica de diversa manera según que el árbol se cultive solo por su madera, que sea un árbol frutal ó que sea esencia de ornato.

Solo nos ocuparemos de esta última.

CAPITULO 3?

Ante todo debe atenderse á la época del recorte, que siempre deberá preferirse hacerlo desde los primeros años de la vida del árbol. Es conveniente esperar á que el árbol dé muestras de un desarrollo natural vigoroso para que con los cortes tan numerosos que hay que practicar en su copa no sea motivo de una degeneración ó la muerte. Respecto á la frecuencia de los recortes nada se puede decir en tesis general, pues estos dependen de la especie que se recorta y la forma que se quiere dar á la copa.

El recorte debe repetirse en los ramos tiernos, cuya supresión no perjudican á las funciones de la respiración vegetal arrebatándole un buen número de hojas, ni determinando cicatrices que ya en ramas de 8 á 10 centímetros de diámetro son difíciles de hacerse y generalmente las heridas en los cortes (en este caso), determinan la descomposición de los tejidos expuestos al aire mucho tiempo.

En las maderas blandas el recorte determina heridas que cicatrizan con más dificultad que en las maderas duras, otra razón para operar solo en ramas muy tiernas.

El recorte hecho á los árboles de ornato lleva por objeto:

1. Favorecer el desarrollo del árbol y que poco á poco vaya adquiriendo una forma agradable.

2. Procurar que la sombra sea más perfecta y que llene condiciones determinadas según la localidad del plantío.

3. Evitar que algunas ramas ó una parte de la copa, ocasionen molestias en las calles de tránsito ó se echen sobre las ventanas de las casas vecinas; en algunos casos el recorte tiene por objeto dar luz en determinado sentido y sombra en otro.

4. El principal fin del recorte es conservar la uniformidad en el plantío y poder atender á su conservación vigilando individualmente los árboles.

Los principales recortes que se practican en los árboles de ornato son:

I. Recorte en forma de cortina.

II. „   „   „   „   „   deprimida.

III. „   „   „   „   copa.

IV. „   „   „   „   cono.

V.   „   „   „   „   ovoide.

VI. „   „   „   „   cúpula.

Para practicar el recorte en cortina es indispensable que los árboles se encuentren unos de otros á la distancia de 4 á 6 metros cuando más y podados en las caras que son paralelas á la línea que forma el plantío. (fig. 1) lo que facilita el desarrollo en longitud y con muy escaso espesor. Al reunirse los ramos de cada árbol van formando un

Fig. 1. Recorte en cortina.

manto continuo de vegetación que parece una cortina ondulada. Las esencias que más convienen para esta forma son el castaño, el tilo y el olmo.

"En el momento de la plantación es preciso tener cuidado de colocar las ramas principales en el sentido longitudinal, los sujetos que tienen las ramas de la copa dispuestas en abanico son los que mejor convienen."

"En el primer recorte, un año ó dos después de la plantación, se cortan con una especie de hoz lo más cerca posible del tronco todas las ramas que se hallan hacia adentro ó afuera de la calle y solo se conservan íntegras las ramas que se dirigen en el sentido de la longitud de la linea de plantación." Nanot.

Este recorte se repite cada invierno y cuando los árboles han alcanzado la altura que se fije á este cortinaje vegetal, se recorta la parte superior de las copas de manera que forme esta superficie una línea regular recta y en las caras laterales se procura también que el recorte produzca una superficie bastante uniforme.

Como su nombre lo indica, este recorte tiene por objeto interceptar la vista hasta una altura de 5 á 6 metros.

El recorte en forma de cortinaje de medio punto tiene por objeto formar avenidas ó calles, cubiertas, sombreadas siempre por el follaje de las copas que forman una bóveda. El cuidado y operaciones se tienen y se practican con estos árboles lo mismo que con los anteriores, solamente que hay una ligera modificación en la manera de dar la forma. Las copas de los árboles se dejan crecer hasta que por su propia naturaleza alcanzan el máximun de crecimiento y entonces es cuando se hace el recorte en la parte superior para obtener una superficie uniforme.

Los recortes anuales se hacen como en los que se practica la forma de cortina simple, solamente que en los primeros años las ramas de la copa no deben tocarse porque entonces

impiden que la luz favorezca el desarrollo de las ramas inferiores. Estas cimas no deben confundir sus ramas sino hasta
que el árbol ha dejado de crecer. Los árboles recortados en
forma de cortina en medio punto deben tener la forma de la figura 2.

Los árboles más convenientes para formar avenidas cubiertas son: Arce, Castaño, Olmo, Plátano, Tilo de Holanda, Tilo plateado.

En nuestro país hay alamedas que forman calles cubiertas muy hermosas, saucedas, &. Pero es de advertir que estas calles se han cubierto de una bóveda de follaje debido al desarrollo de las copas de

Fig. 2. Recorte en forma de cortinaje en medio punto.

los árboles que por la distancia á que están plantados han podido confundirse en su circunferencia, pues no ha habido intención preconcebida de formar dichas bóvedas por procedimientos artificiales como los que nos ocupan.

El recorte en forma de copa es muy laborioso y solo se puede utilizar en árboles que no pasen de tres á cuatro metros de altura. Se emplea en los arbolitos que forman las calles secundarias de los paseos y jardines públicos, porque se dá al sujeto una forma muy agradable y además procura mucha sombra.

El recorte en copa se practica en Europa en los jardines frutales, en árboles que por su naturaleza tienen una copa esférica en cuyo seno no penetra la luz. Los ciruelos, cerezos y muchas variedades de manzanos sirven para este tratamiento estético.

Un árbol recortado en forma de copa tiene un tronco de tres metros de alto, de donde parten seis á ocho ramas dispuestas en embudo que permiten que sea alumbrado el árbol tanto interior como exteriormente.

Esta forma se obtiene después de tres ó cuatro podas ó recortes en los primeros años, lo que constituye el período de formación. En este período de tiempo se podan cada año las ramas principales para que puedan bifurcarse y hacerlas tomar una dirección oblicua. Así, pues, artificialmente se van haciendo nacer las ramas que se necesitan, y cuando se tiene el esqueleto que se desea, ya no queda más operación que un recorte cada año para que el árbol vaya tomando la forma de copa.

Recorte para la forma de copa.

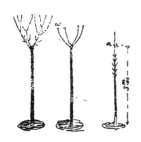

3er. recorte 2º recorte 1er. recorte
Fig. 3.

En el primer recorte, cuando el tallo tiene una longitud de 3.ᵐ 30 se corta la extremidad de la flecha, como lo indica la fig. 3 en a (1ᵉʳ recorte) al año siguiente se cortan las flechas de las cuatro ó seis ramificaciones que se han dejado crecer como se ve en a' fig. 3 (2º recorte). Por último, al año siguiente se recortan los extremos de las ramillas para que el cono tenga una base uniforme (3ᵉʳ recorte, fig. 3) hasta que las ramas del árbol ya siguen la dirección que se les ha obligado á tomar y se define la forma requerida. Los cuidados de conservación consisten después en suprimir las ramas secas ó deformes, podar las ramas que toman demasiado vuelo y los ramillos que de cualquier manera que sea alteren la forma del árbol.

Esta forma tiene algunos inconvenientes, siendo los principales que cuando se destruyen algunas de las ramas principales se pierde la forma del árbol completamente; además para

que se conserve esta forma se requiere un cuidado constante en cada uno de los árboles que la tengan (Fig. 4).

El recorte en forma de cono es de los más esbeltos y conformes á las leyes de la estética arbórea, porque es una forma que muchas especies la tienen por su naturaleza.

Para obtener la forma cónica se practican recortes progresivos hasta que el tronco tiene una altura de 3.^{m}50. Los árboles pueden alcanzar una altura total

Fig. 4. Manzano recortado en forma de copa.

de 10 á 15 metros (Fig. 5) y aun más según el vigor del árbol y las buenas condiciones del suelo. Una vez que se le ha dado la forma como se ve en la figura 5 ya no hay más trabajo que emparejar las prolongaciones y desigualdades de las ramas cada dos años.

En Europa se objeta á esta forma el que los árboles alcanzan una altura considerable y obscurecen, interceptando la luz, las habitaciones hasta del quinto piso. Esto no sería de temer en algunos paseos de la República, como en la Calzada de la Reforma, por ejemplo, en donde no habría este inconveniente debido á la amplitud de la calzada y la disposición dé las magníficas residencias que hay en todo el trayecto por ambos lados.

Fig. 5. Recorte en forma de cono.

La sombra que produce esta forma es escasa y esta sí
será una objeción de peso cuando uno de los fines en el recorte ornamental sea el obtener sombra. Además, para conser-
varles una forma con regularidad hay que podarlos ó escamon-
darlos cada año.

El recorte en forma de ovoide da al árbol el aspecto representado en la figura 6. El tron-
co tiene 3.^{m}50 á 4.^{m}00 y la copa
toma la forma de un huevo.

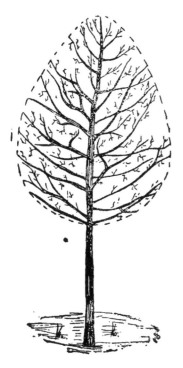

Esta forma requiere tres operaciones que suponen un periodo de tiempo cada una. Primero
se forma el tronco, el sostén,
luego se va formando la copa, y
por fin el cuidado de conservación para impedir que pierda la
figura que se le ha obligado á
tomar.

Para la formación del tronco
hay que atender al sitio en donde están plantados los árboles,
pues en las calzadas, avenidas
y calles de paseo ó de tránsito
no puede tener el tronco menos
de 4.50, para que los grandes
vehículos no maltraten las pri-

Fig. 6. Recorte en ovoide.
Plátano recortado.

meras ramas de la copa, especialmente para facilitar la iluminación solar á.los entresuelos de las habitaciones cercanas.
Esta altura del tronco permite también una fácil aereación y
bajo el punto de vista higiénico una evaporación regular de
la humedad del suelo.

En las calles de los parques ó plazas públicas y paseos,

no se necesita una altura del tronco tan grande, en la mayoría de los casos bastará con una de 3.50 metros.

Mientras se forma el tronco se recortan las ramas cada dos años, pues así solo se tienen ramas delgadas que podar cada vez, y además el crecimiento del árbol es más violento porque todas las energías vitales se utilizan en el desarrollo del tronco y de las ramas que han quedado para formar el ovoide.

En los primeros recortes se cuidará de no dejar al árbol ramas dobles ó verticiladas (como se ve en la fig. 7) en toda la mitad superior del tronco.

La cabeza termina en una sola rama y la forma general debe tener un diámetro transverso igual á los $\frac{2}{3}$ del vertical.

Las operaciones necesarias en el recorte para ovoide son:

I. Formar la flecha.

II. Suprimir ramos may bajos.

III. Acortar ramas demasiado largas.

IV. Suprimir las ramas dobles ó verticiladas.

Fig. 7. Recorte en ovoide. — Período de formación del tronco.

Estas operaciones son las mismas que se practican en los recortes llamados progresivos. Conviene aqui hacer patentes los principales puntos relativos á la utilidad de estas operaciones en los árboles de ornato.

I. El establecimiento de una sola flecha favorece el crecimiento en altura y da más esbeltez al árbol.

II. Para que el tamaño del tronco sea proporcionado á la altura del ovoide hay que cortar las ramas que se desarrollan en la mitad inferior de dicho tronco, lo que permite á la vez, un crecimiento en altura más rápido.

III. Cuando nacen grupos de ramas en un mismo punto al rededor del tallo es preciso recortar entresacando y dejando solo las más necesarias al conjunto. Así se evita que las energías del crecimiento se desvíen hacia un punto determinado y que la aglomeración de ramas cause un efecto de vista desagradable.

IV. Las grandes ramas laterales deben acortarse para que no desvié el crecimiento en circunferencia predominando sobre el de altura.

La duración del periodo de formación del tronco es muy variable, pero puede asignársele por termino medio de diez á doce años.

Terminada la formación del tronco hay que ocuparse en la formación de la copa del árbol. Su ramaje bien desarrollado debe tener una forma ovoide cuyo diámetro transverso sea igual á los $\frac{2}{3}$ del diámetro vertical.

En principio, como afirma Nanot, *las dimensiones de la cima así como las que se han de reservar entre los árboles, deben ser tanto más grandes cuanto que el suelo sea más fértil y que la esencia llegue naturalmente á un desarrollo mayor.*

El recorte para la formación de la copa se verificará cada dos años y aun cada tres si el desarrollo es regular y no se observan anomalías ni desviaciones en el crecimiento de las ramas, sino que se vea que el árbol va tomando la forma requerida y su desarrollo continúa con rapidez.

En el período de formación de la copa el tronco debe terminar en un solo ramo, la flecha; sus ramas no deben ser dobles ni verticiladas, la forma será la de un ovoide cuyo diámetro transversal sea igual á los $\frac{2}{3}$ del vertical. Las operaciones de este período tienen por objeto lo siguiente:

I. Conservar la flecha impidiendo su bifurcación para que pronto alcance el árbol su mayor altura.

II. Procurar que el árbol conserve un golpe de vista muy atractivo.

III. Las ramas laterales se recortan para favorecer el crecimiento en altura. Este recorte es el más importante porque

es el que define la forma ovoidal de la copa. Cuando el jardi-
nero es inexperto para guiarse por la simple vista entonces
se recurre al *dendroscopio* del Conde Des Cars el cual consiste
sencillamente en un cartón ú hoja de lata que lleva entresa-
cada la forma ovoidal del árbol como lo muestra la figura número 8. El arboricultor ve al través de este recorte la copa
del árbol y fija la línea que circunscribe el ovoide á la copa
podando en seguida las ramas que están comprendidas en el
trayecto de esa línea.

El término del segundo período se fija cuando la flecha
ha llegado no precisa-
mente al término del
mayor crecimiento
del árbol, sino á la al-
tura que se ha fijado
al plantio en general;
así será de doce metros
la altura cuando los ár-
boles están plantados
á cinco metros de dis-
tancia unos de otros.

Cuando los árboles
han alcanzado todo su
desarrollo tanto en al-
tura como en frondo-

Fig. 8. Dendroscopio del Conde Des Cars.

sidad de la copa, se considera que han entrado en pleno periodo de conservación. Los ejemplares sometidos al recorte
ovoidal conservarán esta forma siempre que cada dos ó tres
años se practiquen las operaciones siguientes, todas encami-
nadas á la conservación de la forma y hermoso aspecto del
arbol:

I. Es conveniente que la flecha no siga creciendo luego
que ha llegado á una altura determinada en cuyo límite se

corta ó se poda si ya ha sido cortada en el período de formación. El corte de la flecha termina el crecimiento en altura y
favorece el desarrollo de las ramas laterales que van adquiriendo más vigor y haciendo· más espeso el follaje en la circunferencia de la copa, porque el árbol en lugar de gastar su
savia en crecer en altura, gasta las mismas energías en desarrollarse lateralmente en sus ramas inferiores.

II. Algunas veces es preciso podar las ramas laterales
que se desarrollan de un modo extraordinario bien sea que la
orientación, exposición ó cualquiera otra circunstancia favorezca su crecimiento, pero el resultado es que la copa pierde
su regularidad y lo que es peor todavía, el equilibrio fisiológico en el desarrollo armónico de todas las regiones que constituyen la foliación del árbol. Si estas ramas se encuentran
en las zonas inferiores pueden hasta ser molestas interrum-
piendo el tráfico, echándose sobre las ventanas si están los
árboles cerca de las habitaciones. Estas ramas se cortan siempre en el punto que corresponde á la línea que circunscribe
al ovoide.

III. En la época de la poda ó recorte de conservación, se
tiene cuidado de quitar todas las ramas rotas ó muertas haciendo los cortes donde comienza la corteza sana de dichas
ramas y muy especialmente, si hay yemas en las mismas ó
algunos brotes de refuerzo en las cercanías de las ramas po-
dadas. Las ramas secas se deben cortar mejor al ras del tallo,
cuando toda la rama ha sido atacada en su vitalidad.

" El recorte en ovoide, dice M. Nanot, que conviene á los
árboles de cima esbelta como en el plátano, el olmo, el arce,
etc., es el más apropiado para los plantíos urbanos, los sujetos ofrecen una forma graciosa y regular, procuran bastante
sombra y no perjudican el tráfico, puesto que las ramificaciones inferiores se hallan dirigidas hacia arriba."

" La ventaja principal en este recorte es que da á los árboles una forma natural y por lo tanto evita que los arbori-

cultores maltraten las ramas de los sujetos para obligarlos á
tomar formas que no son naturales."

RECORTE EN FORMA DE CÚPULA.

El recorte en forma de cúpula como su nombre lo indica,
es un árbol que ofrece una
copa hemisférica sostenida
por un tronco de 3.^{m}50 á
4.^{m}50 de altura. La copa tiene un diámetro transverso
igual á 1½ ó 2 veces su altura (Figura 9).

Esta forma pasa también
por el período de formación
del tronco, el de formación de
la copa y el de conservación.

Una previsión indispensa-
ble es la de elegir la distancia
conveniente desde el momen-

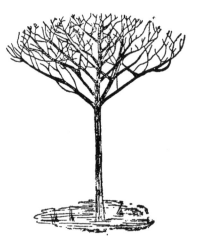

Fig. 9. Ailanto en forma de cúpula.

to en que se hace el plantío de asiento, es decir, en el lugar
en donde han de crecer indefinidamente como esencias de ornato.

La distancia que debe haber entre unos y otros tiene que
ser proporcional al desarrollo que sea característico á la especie de que se trate, pues cuando hayan alcanzado su crecimiento completo deberá tener la copa un diámetro igual á la
distancia que los separa y un tronco con no menos de 3.^{m}50
de altura.

En el segundo período las operaciones principales serán
pues las siguientes:

Ante todo la supresión de la flecha que tiene el mismo
objeto y se apoya en los mismos razonamientos ya expuestos
al tratar de la forma anterior.

La supresión de las ramas laterales cuando son superfluas ó inútiles ó la poda de las que pasan la línea de la forma requerida. Al hacerse esta poda se cuida más bien de favorecer el crecimiento de los brotes que llevan la dirección que se desea para que la forma cupuliforme de la copa vaya desarrollándose casi expontáneamente. Por esta razón aquellas ramas que toman una dirección francamente oblicua no se les poda sino cuando han pasado la longitud media que tengan las otras ramas para evitar desproporciones en la figura. En esta forma deben conservarse las ramificaciones verticiladas que suceden con frecuencia á la poda porque estas favorecen el desarrollo en anchura de la copa, que es una de las condiciones para que la cúpula tenga una conformación elegante por la densidad de la copa (Figura 8).

Los cortes para la conservación de la cúpula se repiten cada dos años hasta que ya la copa se encuentra perfectamente desarrollada, pues desde ese momento solo hay que preocuparse de la conservación de la forma que ya demanda solo mucha atención pero poco trabajo. Decimos que poco trabajo porque es bastante con practicar una monda en cada invierno pero únicamente en la superficie de la cúpula.

Todas aquellas esencias que por su naturaleza tienen una cima redondeada, son aptas para la forma en cúpula como la Acacia, Ailanto, Catalpa, Castaño, Paulownia, etc., etc., y es propia cuando se encuentran plantados los árboles en líneas regulares en los paseos y avenidas.

Fin del tomo 21 de Memorias.

Indice del Tomo 21 de las Memorias.

Table des matieres du tome 21 de Mémoires.

407

REVISTA CIENTIFICA Y BIBLIOGRAFICA

Société Scientifique "Antonio Alzate."

REVUE

SCIENTIFIQUE ET BIBLIOGRAPHIQUE

PUBLIÉE SOUS LA DIRECTION DE

RAFAEL AGUILAR Y SANTILLAN

Secrétaire perpétuel.

1904

MEXICO
IMPRIMERIE DU GOUVERNEMENT FÉDÉRAL
—
1904

Sociedad Científica "Antonio Alzate."

REVISTA
CIENTIFICA Y BIBLIOGRAFICA

PUBLICADA BAJO LA DIRECCIÓN DE

RAFAEL AGUILAR Y SANTILLÁN

Secretario perpetuo

1904

MÉXICO
IMPRENTA DEL GOBIERNO FEDERAL EN EL EX-ARZOBISPADO
(Avenida Oriente 2, Núm. 726.)
—
1904

Sociedad Científica "Antonio Alzate."

MEXICO.

Revista Científica y Bibliográfica.

Núm. 1-4.   1904.

SESIONES DE LA SOCIEDAD.

Noviembre 9 de 1903.

Presidencia del Sr Ing. Joaquín de Mendizábal Tamborrel.

BIBLIOTECA.—Entre las publicaciones recibidas el Secretario perpe-tuo hizo notar las obras enviadas por las librerías Gauthier-Villars y C. Bé-ranger, de Paris, la Carta Corográfica del Distrito Federal (1 : 50 000) pu-blicada por el Ministerio de Fomento, y las Tablas de Multiplicar por el Ing. Joaquín de Mendizábal Tamborrel.

TRABAJOS.—Dr. A. J. Carbajal. *Los Laboratorios Zimotécnicos ó de Fermentación.* 2ª parte. (Memorias, XIX, 159).

~ Dr. J. Santos Fernández. *Cambios de refracción en los diabéticos,* (Pre-sentado por el Dr. M. Uribe Troncoso, M. S. A.).

El Secretario que suscribe, aludiendo á un estudio que anteriormente presentó á la Sociedad. hizo una rectificación de un hecho asentado por el Sr. Ing. D. Santiago Ramírez en su interesante obra *Noticia histórica de la riqueza minera de México,* en la cual (p. 439), dice que la "célebre Ca-verna de Cacahuamilpa dista 5 leguas de Tasco y se halla en la vertiente oriental del cerro de Huisteco." Que ha tenido ocasión de explorar últi-mamente la región de que se trata, y le consta que la Caverna de Cacahua-milpa está muy lejos del Huisteco y no pertenece á la misma formación geológica.

NOMBRAMIENTO. Socio honorario:

Ingeniero de Minas D. ANDRÉS ALDASORO, Subsecretario de Fo-mento.

POSTULACIONES.— Para socios de número: Ingenieros Cesáreo Puen te, Luis Basave, Juan E. García, Manuel Balarezo, D. V. Navarro. David Segura, Ignacio López de Nava, Crisanto Rodea, J. Calero, C. Romero, M. G. Amador, D. Gutiérrez, A. Arellano, L. Híjar y Haro y L. Cabañas.

El Secretario anual,
LEOPOLDO SALAZAR.

DICIEMBRE 2 DE 1903.

Presidencia del Sr. Dr. M. Uribe Troncoso.

BIBLIOTECA.—Los Sres. Dr. Prof. W. Branco, Prof. Saccardo y J. Wharton, enviaron interesantes publicaciones.

TRABAJOS —Dr. E. Angermann. *Observaciones geológicas en una ascensión al Citlaltepetl (Pico de Orizaba).*

Dr. A. J. Carbajal. *El Cólera de las gallinas. Comprobación bacteriológica de su agente patógeno en México.* (Memorias, XIX, 213).

Ing. Juan D. Villarello. *Estudio químico del Beneficio de Patio.* (Memorias, XIX, 219),

NOMBRAMIENTO.— Socio honorario, DR. HERMANN STREBEL, de Hamburgo.

El Secretario interino,
JUAN D. VILLARELLO.

ENERO 4 DE 1904.

Presidencia de los Sres. Dr. Juan Duque de Estrada é Ing Joaquín de Mendizábal Tamborrel

ELECCIONES; Junta Directiva para el presente año:
Presidente. Dr. R. E. Cicero.
Vicepresidente, Ing. T. L. Laguerenne.
Secretario anual, Prof. G. de J. Caballero, S. J.
Prosecretario, Dr. José Guzmán.

TRABAJOS.—R. Aguilar Santillán. *Reseña de los trabajos de la Sociedad durante el año* 1903.

Prof. G. de J. Caballero. *Los yacimientos de fierro del Carrizal, N. L.*

Pedro González. *Atlas del Estado de Guanajuato.*

Dr. D. Vergara Lope. *Estudio de un caso de ectocardia congénita.* (Memorias, XIII, 379).

NOMBRAMIENTOS.—Las personas postuladas en la sesión de Noviembre quedaron nombradas miembros titulares.

Socios honorarios: A. H. Becquerel, P. Curie y Mme. Curie.

POSTULACIONES.—Para miembros titulares: Ings. Ramiro Robles, Teodoro Flores y Froilán Alvarez del Castillo y Dr. Gonzalo Castañeda (Pachuca).

El Secretario anual,

GUSTAVO DE J. CABALLERO, S. J.

FEBRERO 1 DE 1904.

Presidencia del Sr. Dr. R. E. Cicero.

BIBLIOTECA.—El Secretario perpetuo presentó las importantes donaciones hechas por el Sr. Ing. J. D. Villarello.

NECROLOGÍA.—Se dió cuenta de la muerte del sabio paleontologista alemán KARL ALFRED VON ZITTEL, miembro honorario de la Sociedad. (Véase Revista. XX, 25).

RENUNCIA.—Se presentó la que hace del cargo de Secretario anual el Sr. Prof. G. de J. Caballero, la cual fué aceptada con sentimiento, quedando nombrado en su lugar el suscrito, y acordándose que en la próxima sesión se hará la elección de Prosecretario.

TRABAJOS.—Ing. M. F. Alvarez. *El ejercicio de la Arquitectura en Europa y Estados Unidos y el voto del 5º Congreso Internacional de Arquitectura de* 1900. (Memorias, XIX, 335).

Ing. Teodoro Flores. *Apuntes sobre el uso del aire comprimido en las minas y su aplicación á la perforación mecánica.* (Memorias, XX, 349).

J. M. de la Fuente. *Algo sobre les causas ocasionales de la mortalidad en México por las enfermedades gastro–intestinales.* (Memorias, XX, 339).

Dr. D. Vergara Lope. *Visita á los Sanatorios para tuberculosos de Liberty y de Bedford. N. J.. E. U.*

DIPLOMAS.—El Secretario perpetuo presentó los que van á distribuirse á todos los socios, y los cuales se han hecho en el papel que se sirvió obsequiar el Sr. Ing. F. Ferrari Pérez.

NOMBRAMIENTOS.

Socios honorarios: J. Dewar, F. R. S. (Londres), J. Milne, F. R. S. (Isle of Wight), D. I. Mendeleeff (S. Petersburgo), R. Radau, H. A. Deslandres, C. Zeiller (París), F. von Richthofen, C. Klein (Berlín).

Socio correspondiente: Ing. Eduardo Halse (Puerto Berrio, Colombia).

MARZO 7 DE 1904.

Presidencia del Sr. Ing. Manuel F. Alvarez.

TRABAJOS.—Ing. A. Capilla. *Los yacimientos de fierro de Tatatila, Cantón de Jalapa, V. C.* (Memorias, XIX, 341).

Dr. J. Guzmán. *Climatología de la República Mexicana desde el punto de vista higiénico.* (Memorias, XX, 181).

Prof. M. M. Mena. *La esencia de linaloé.*

Lic. Ramón Mena. *Las ruinas de Tezayuca, Puebla.* (Memorias XIX, 333).

NOMBRAMIENTOS.

Socio honorario: Dr. Gustav Mayr (Viena).

Socios correspondientes: Dr. Guiseppe Scalia (Catania) y Dr. Enrico Quajat (Padua).

POSTULACIONES.—Para miembros titulares:

Ing. Ponciano Aguilar y Dr. S. Scalia.

El Secretario anual,
DR. JOSÉ GUZMÁN.

ABRIL 4 DE 1904.

Presidencia del Sr. Dr. R. E. Cicero.

BIBLIOTECA.—M. P. Curie, Mme. Curie, M. Laveran. H. Bequerel y M. Dewar enviaron sus trabajos para la biblioteca, así como sus retratos los tres últimos.

NECROLOGÍA.—El Secretario perpetuo dió parte del fallecimiento de los socios honorarios Callandreau, Fouqué (Véase Revista, XX, p. 48) y Perrotin.

TRABAJOS.—Dr. S. Bonansea. *La Medicina y las supersticiones populares.*

Ing. A. Téllez Pizarro. *Ideas generales para la formación de los presupuestos en las obras de construcción.* (Memorias, XX, 379).

Francisco de P. Tenorio. *Ligera crítica del abrigo "Pastrana"· para termómetros.* (Memorias, XX, 371).

Dr. J. J. Urrutia. *Contribución al estudio de las corrientes de alta frecuencia en el tratamiento de la tuberculosis* (Memorias, XX, 383).

POSTULACIONES.—Para miembros titulares: Dr. Carlos Burckhardt é Ing. Pablo Orozco.

Mayo 2 de 1904.

Presidencia del Sr. Ing. M. F. Alvarez.

TRARAJOS.—Dr. C. Burckhardt. *Les masses éruptives intrusives et la formation des montagnes.* (Memorias, XXI, 5.)

Dr. S. Scalia. . *Sulle formazioni sedimentarie del tratto S E. della base dell' Etna.*

Ing. Juan D. Villarello. *Descripción de los yacimientos de mercurio de Chiquilistlán, Jalisco.* (Memorias, XX, 389).

NOMBRAMIENTOS.—Miembros titulares: DR. CARLOS BURCKHARDT, Instituto Geológico de México, y Pablo Orozco, Ingeniero de Minas, Guanajuato.

SOCIOS HONORARIOS: M. Luis Bouquet (París.) Joseph Chapuis (París), Prof. Dr. G. Di Stefano (Roma,) Prof. Dr. L. Camerano (Turín), Prof. Conde Tommaso Salvadori (Turín), Prof. E. Verson (Padua).

SOCIOS CORRESPONDIENTES: Prof. Dr. Carlos Sapper (Tübingen), Dr. Prof. Alfredo Borelli (Turín) y Prof. Angelo Heilprin (Filadelfia).

Junio 6 de 1904.

Presidencia del Sr. Ing, M. F. Alvarez.

Biblioteca.—Se dió cuenta con las obras remitidas por el Ministerio de Relaciones, por M. G. Eiffel y por las librerías Gauthier-Villars y Ch. Béranger, de París.

Necrología.—El Secretario perpetuo participó la muerte del socio honorario E. Duclaux.

Trárajos —El mismo Secretario dió cuenta del descubrimiento de fósiles en la Serranía de Zacatecas, por los Sres. Burckhardt y Scalia, que se hallan en esa región estudiando su geología; tan importante descubrimiento permitirá determinar la edad de esas formaciones, lo cual hasta la fecha no se había hecho con certidumbre.

Ing. M. F. Alvarez. *Observaciones artinométricas en la Escuela N. de Artes y Oficios.*

————— *Estudio sobre la enseñanza del dibujo* (Memorias, XXI, 65).

Ing. T. L. Laguerenne. *Cálculo de la resisiencia á la flexión ó trabajo estático de los rieles.* (Memorias, XXI, 29).

M. Moreno y Anda. *La declinación magnética con instruméntos inadecuados.*

————— *Las nubes mammato-cúmulos en el Valle de México.* (Memorias, XXI, 9).

Prof. G. Renaudet. *L'imitation du protoplasma.* (Memorias, XIX, 347).

Dr. M. Vergara. *Influencia del sexo en la criminalidad en el Estado de Puebla.* (Memorias, XXI, 13).

———————

Julio 4 de 1904.

Presidencia del Sr. Ing. M. F. Alvarez.

Trabajos.—Prof. A. Castellanos. *Procedencia de los pueblos américanos. Cronología Mixteca.*

Ing. Leopoldo Salazar. *Mapa y cuadro gráfico de la producción minéra en la República Mexicana.*

F. de Montessus. *Les relations sismico-géologiques de la Méditerranée Antilliennc.* (Memorias, XIX, 351).

Ing. A. Villafaña. *Ademación de tiros verticales.*

Nombramiento.—Socio honorario, Prof. Dr. George Davidson, Universidad de California.

POSTULACIONES. Para miembros titulares:
Ing. Andrés Villafaña y Dr. Paul Waitz.

AGOSTO 1? DE 1904.

Presidencia del Sr. Ing. Joaquín de Mendizábal Tamborrel.

NECROLOGÍA.—Se dió cuenta de la muerte del socio honorario Dr. R.
A. Philippi. (Véase adelante).

TRABAJOS.—Ing. Manuel de Anda. *Principales cuestiones tratadas por
la Asociación Geodésica Internacional.*

Ing. M. Balarezo. *Bosquejo de las obras proyectadas en las minas de la
Negociación Minera Casa Rul en Guanajuato.*

Dr. E. Böse é Ing. E. Ordóñez. *Observaciones geológicas en el Iztaccihuatl.*

Prof. G. Renaudet. *La Plasmologie; son état actuel; son rôle en Biologie générale; son avenir.*

NOMBRAMIENTO.—Socio corresponsal, Prof. G. RENAUDET.

El Secretario anual.
DR. JOSÉ GUZMAN.

SEPTIEMBRE 5 DE 1904.

Presidencia del Sr. Ing. M. F. Alvarez.

TRABAJOS.—Ing. A. Capilla. *Breves apuntes sobre la mina de mercurio
"La Guadalupana,"* San Luis Potosí (Memorias, XIII, 423).

Dr. A. M. del Campo. *Trece casos de difteria* (Memorias, XIII, 419).

Dr. J. M. de la Fuente. *Higiene pedagógica.*

R. Mena. *Exploraciones arqueológicas en algunos puntos del Distrito de
Tehuacán, Puebla.*

El Secretario perpetuo,
R. AGUILAR.

Analyse des Efflorescences Salines Provenant des terrains du Lac de Zacoalco (Jalisco, Mexique).

PAR M. L. PHILIPPE.

(Extrait du *Bull. du Mus. d'Hist. Nat.* de Paris, 1903, n. 7).

On sait que dans les pays chauds, comme aux Indes, en Égypte, en Chine, etc., des efflorescences salines apparaissent fréquemment à la surface du sol, pendant la période de sécheresse qui suit la saison des pluies. La terre, d'abord noire et humide, devient blanche et pulvérulente; elle semble cachée sous la neige. Ces productions cristallines sont à peu près entièrement constitués par des nitrates, de chaux, de soude et surtout de potasse, si bien que ces terrains sont quelquefois utilisés comme nitrières. M. L. Diguet, l'explorateur bien connu des naturalistes du Muséum, vient d'envoyer du Mexique, au laboratoire de Physique végétale, un échantillon de terre qui présente, sous le rapport des concrétions salines, un certain intérêt. Le sol, où la prise d'essai a été faite est situé au bord du lac de Zacoalco, dans l'État de Jalisco (Mexique).

Nous avons déterminé sa richesse en sels et fait l'analyse des efflorescences qui se produisent à sa surface.

L'échantillon avait environ 10 p. 100 d'humidité; c'est une terre argilo siliceuse, très fine, peu riche en matière humique. On a trouvé que 100 parties de cette terre sèche abandonnent, par simple lavage à l'eau froide 20, 2 grammes de matières salines sèches.

Ce nombre est relativement élevé si on le compare à ceux fournis par les auteurs qui ont étudié différentes terres à forte teneur en éléments solubles.

M. Diguet avait joint, à l'échantillon de la terre, un échantillon des efflorescences salines. En voici l'analyse:

Humidité...	15.0
Insoluble (terre entrainée)	18.3
Chlorure de sodium..................................	15.5
Sulfate de sodium	9.4

Carbonate de sodium..................................		35.2
Bicarbonate de sodium...............................		2.0
Silice soluble.......................................		0.9
Nitrate de soude...........	0.8 }	
Autres éléments..Phosphate de soude........	1.7 }	3.7
Oxyde de fer; mat. org......	1.2 }	
Total.....................		100.0

L'analyse spectroscopique n'a pas révélé la présence appréciable de métaux rares, tels, que le cœsium, le rubidium, etc.

Il est bon de remarquer que la composition de ces efflorescence est toute différente de celles qu'on observe généralement. Les nitrates no tamment sont ici en quantité très faible. De plus, la potasse est absente; la soude est la seule base à laquelle sont combinés les divers acides. Sa présence s'explique évidemment par le voisinage du lac salé.

M. Diguet accompagne ce second échantillon de la notice suivante:

"Ce sel, appelé salitre ou *sal tierra* ou *tequesquite*, se vend au marché et sert pour les bestiaux."

La causticité du mélange salin ne s'oppose pas à son emploi dans l'alimentation des animaux. Elle ne semble pas non plus un obstacle à l'entretien des propriétés germinatives des graines, si l'on en juge par cette mention de M. Diguet:

"Cette terre salée est employée depuis un temps immémorial par les Indiens des bords du lac pour conserver aux graines leur propriété germinative. Des essais faits sur le Maïs et le Frijol (?) ont prouvé que, après sept années, ces graines pouvaient encore germer."

Posiciones geográficas y alturas de varios puntos del Estado de Durango determinadas por el Ing. Juan Mateos.

LUGAR.	Lat. N.			Long. W. de Tacubaya.			Altura absoluta.
	°	'	"	h	m	s	
San Juan Guadalupe.*	24	37	54.08	0	14	09.40	1570 m
Nazas *	25	12	36.24	0	19	18.01	1273
Cuencamé *	24	52	.17.58	0	17	45.71	1665
San Juan del Río †	24	46	45.31	0	20	49.77	1737
Mezquital *	23	28	56.77	0	20	42.46	1468
Nombre de Dios †	23	51	03.62	0	20	15.00	1855
Santiago Papasquiaro †	25	02	46.89	0	24	55.33	1898
Topia **	25	19	19.43	0	29	28.62	1951
Guanaceví ††	25	55	58.53	0	27	03.35	2230
El Oro *	25	56	52.98	0	24	33.08	1871
Indé *†	25	54	44.86	0	23	54.35	2049
Santa Catarina	25	21	19.00	0	26	22.00	1967
El Tizonazo	25	54	04.09	0	24	15.00	1981

* Torre de la Parroquia. † Torre del Reloj público. ** Centro, Plaza del Mercado.
† Kiosko del Jardín. *† Kiosko, Plaza J. N. Flores.

(Boletín de la Secretaría de Fomento, Agosto 1904, IV).

PRISMATIC CRYSTALS OF HEMATITE FROM GUANAJUATO
by G. W. McKee.

(From *American Journal of Science*, March 1904).

The common forms for hematite crystals are rhombohedra and sca-
lenohedra. Prismatic faces are seldom well developed. The basal pinacoid
is still rarer. Specimens of well crystallized hematite showing crystals of
an unusual habit were obtained recently from Dr. A. E. Foote, Philadel-
phia. These specimens are reported to be from Guanajuato, Mexico. The
crystals. which are very small, seldom more than a millimeter in diameter,
are well formed and possess a bright metellic lustre such as is character-
istic of the specimens from Elba. They occur spread in a layer over the
surface of a much decomposed rock, which is probably a rhyolite.

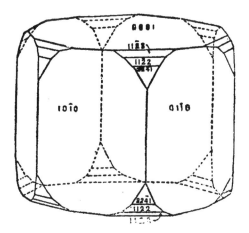

A few of the best crystals were selected for measurement on a
Goldschmidt two-circle reflecting goniometer. Somo of them showed
combinations of the prism (10$\bar{1}$0) and base (0001), while others presented
in addition to these forms several pyramids of the second order. In all
cases, however, the most prominent forms were the prism (1010) and the
base (0001). These faces ordinarily play a very subordinate part in the
crystallization of hematite and by their prominence here we obtain a dis-
tinct prismatic crystal habit hitherto rarely recorded for hematite. The

results of the measurements on two crystals are given in detail and along with them, for purposes of comparison, the calculated results for the symbols deduced. If we consider the pyramids as of the second order then the prism becomes the prism of the first order. All the forms observed here are already well known, the complete list being as follows:—(0001), (10$\bar{1}$0), (11$\bar{2}$8), (11$\bar{2}$2), (22$\bar{4}$1).

The accompanyng drawing, was prepared from a gnomonic projection showing the projection points of the normals of an idealized crystal representing all the forms obtained. The relative central distance for the different forms indicated in the drawing corresponds very closely with that of the crystal examined.

Hematite crystals showing the prismatic habit have been described by Pirsson * His apecimens were also obtained from Mexico and were peculiar in their association with cassiterite, which was frequently contained in the hematite as inclusions. Some of the Guanajuato crystals were finely powdered and treated with hot concentrated hydrochloric acid: the resulting solution was tested in the usual method and was found to be free from tin.

These observations were made in the Mineralogical Laboratory of the University of Toronto.

December, 1903,

CRYSTAL N? I.

N?	Measured.		Calculated.		Symbol
	ç	φ	ç	φ	
1	0°	......	0°	......	(0001)
2	90°	0° 15′	90°	0°	
3	90°	0° 2′	90°	0°	
4	90°	0° 8′	90°	0°	(10$\bar{1}$0)
5	90°	0° 15′	90°	0°	
6	90°	0° 10′	90°	0°	
7	90°	0° 8′	90°	0°	
8	72° 21′	29° 52′	72° 22′	30°	(22$\bar{4}$1)
9	38° 36′	28° 2′	38° 11′	30°	
10	37° 15′	27° 46′	38° 11′	30°	(11$\bar{2}$2) ‹
11	38° 24′	30° 25′	38° 11′	30°	
12	37° 15′	30° 40′	38° 11′	30°	
13	40° 6′	28° 55′	38° 11′	30°	

* Journal; vol. 42, p. 407. 1891.

CRYSTAL N.º II.

N.º	Measured.		Calculated.		Symbol
1	0ᶜ	......	0°	......	(0001)
2	90°	0° 14'	90°	0°	
3	90°	0° 2'	90°	0°	
4	90°	0° 17'	90°	0ᶜ	(10$\bar{1}$0)
5	90°	0° 3'	90°	0°	
6	90°	0° 1'	90°	0°	
7	72° 22'	29° 31'	72° 22'	30°	
8	72° 22'	29° 45'	72ᶜ 22'	30°	(22$\bar{4}$1)
9	12° 30'	29° 45'	11° 7'	30°	(11$\bar{2}$8)

NECROLOGÍA.

Rudolph Amandus Philippi.

El 23 de Julio del presente año murió en Santiago de Chile el Néstor de los naturalistas en América, Rudolph Amandus Philippi. Nació en Charlottenburg, cerca de Berlín, el 14 de Septiembre de 1808, hijo de un empleado del Gobierno de Prusia. Estuvo primero en el Instituto de Pestalozzi en Yverdon (1818-1822) en donde se despertó su amor por el estudio de la naturaleza; después pasó á Berlín y entró á la Escuela Superior (Gimnasio) del Graues Kloster, estudiando más tarde (1826-1830) medicina é historia natural en la Universidad de Berlín, siendo uno de sus maestros Alejandro de Humboldt, que entonces daba la clase de Geografía física. De 1830 á 1831 viajó en Italia; hemos publicado en la Revista (1902) de esta Sociedad la traducción de su descripción, y allí dimos á conocer el retrato del ilustre anciano y enumeramos también los trabajos que fueron el resultado de ese viaje.

Philippi publicó importantes contribuciones á la conchiología del viejo mundo, pero sus trabajos más valiosos y numerosos se refieren á la historia natural de Chile, en donde pasó la mayor parte de su vida como Director del Museo Nacional de Santiago; estos trabajos se refieren tanto á Botánica como á Zoología, Paleontología y Etnología; algunas de estas obras van citadas en seguida.

Los fósiles terciarios y cuartarios de Chile. 1887. 4º—Sobre los tiburones y algunos otros peces de Chile. 1887.—Catalogus praevius plantarum in itinere ad Tarapacá. 1891. 4º—La alcayota de los chilenos. 1892. 4º—Algunos peces de Chile. 1892. 4º—El guemul de Chile. 1892. 4º--Las focas chilenas del Museo Nacional. 1892. 4º—Nociones preliminares sobre los huesos fósiles de Ulloma. 1893. - Nuevas plantas chilenas. 1894-1896. -- Descripción de los ídolos peruanos de greda cocida. 1895. 4º—Descripción de los mamíferos de Tarapacá. 1896. 4º—Las tortugas chilenas. 1899. 4º—Sobre las serpientes de Chile. 1899. 4º—Los fósiles secundarios de Chile, 1ª parte. 1899. 4º—Observaciones críticas sobre algunos pájaros chilenos y descripción de algunas especies nuevas. 1899.—Contribución á la Osteología del *Grypotherium domesticum*, Roth, y un nuevo delfín. 1900.—Figuras y descripciones de los murídeos de Chile 1900. 4º—Nueva especie chilena de zorra. 1901.—Figuras y descripción de aves chilenas. 1902. 4º, etc., etc.

La reputación de Philippi fué universal; esto se vió notablemente en su jubileo de 70 años de doctorado (1900) cuando le fueron dirigidas felicitaciones de todas partes; la de la Facultad de Medicina de Berlín tuvo como autor á Rudolph Virchow, quien dijo en aquel lugar: "Con alegría hemos seguido la actividad continua y de profunda influencia que Ud. ha desplegado en todo el dominio de la Biología y Etnología. Con orgullo hemos visto que Ud. ha logrado ser un iniciador para su nueva patria y que Ud. ha dado á conocer el método alemán también en Chile y que ha logrando hacerlo popular."

La popularidad del sabio se mostró en su entierro; más de veinte mil personas siguieron el ataud; entre éstas las personalidades más eminentes tanto chilenos como alemanes; los representantes de Academias Científicas y Literarias, estudiantes de la Universidad, maestros de escuelas, diputaciones del Parlamento y de sociedades industriales, niños de escuelas y muchas otras personas acompañaron al cortejo al panteón protestante donde el Ministro de Instrucción Pública, el Embajador alemán v. Reichenan y otros pronunciaron discursos. La muerte de Philippi ha sido considerada como una pérdida de luto nacional en Chile.

Philippi fué un trabajador de energía extraordinaria y todavía en los últimos años, cuando ya estaba casi completamente ciego no dejó de completar sus estudios. haciéndose leer las obras científicas publicadas últimamente y dictando sus ideas. Nosotros perdimos en él un socio honorario de nuestra Sociedad, á la cual perteneció desde 1889.

México, Agosto de 1904.

Dr. Emilio Böse, M. S. A.

BIBLIOGRAFIA.

La Machine Dynamo à courant continu. Théorie, Construction, Calcul, Essais et Fonctionnement par **E. Arnold**, Professeur–Directeur de l' Institut électrotechnique à l' École techniqne supériure grand–ducale de Karlsruhe. Traduction française par E. Boistel et E. J. Brunswick, Electriciens.— Tome premier. Théorie de la Machine à courant continu. 421 fig.—Paris, *Librairie Polytechnique, Ch. Béranger.* 1904. gr.–in 8. 620 pages. 25 fr.

La notoria competencia teórica y práctica del autor de esta obra y la notable altura de progreso á que ha llegado la construcción de los dinamos de corriente contínua, serán suficientes para comprender la importancia del libro que nos ocupa, y que está escrito en vista de considerables documentos emanados de las investigaciones y ensayos del autor, de sus colaboradores, de sus alumnos ó de sus relaciones indus riales. La originalidad y el inmenso valor intrínseco de este primer tomo consisten en el estudio de todas las partes de los circuitos magnético y eléctrico de la máquina de corriente contínua en sus relaciones con la conmutación y la reacción de inducido, desde el punto de vista de su influencia sobre el límite de potencia de dichas máquinas; al lado de estos fenómenos primordiales son también objeto de un estudio profundo el calentamiento de los diversos órganos y las condiciones de su enfriamiento. Campean en el libro el espíritu de método, el empeño en la precisión y el sentido práctico que distíngue á los trabajos alemanes, lo que ha hecho que la obra no tenga indicaciones oscuras ó vagas.

Traité de Métallurgie générale par **C. Schnabel,** Conseiller supérieur des mines à Berlin, ancien professeur de métallurgie et de chimie technologique à l' Académie des mines de Clausthal (Harz). Traduit d' après la deuxième édition alle-

maade par le Dr. L. Gauthier.—Paris, *Librairie Polytechnique,*
Ch. Béranger. 1904. gr. in-8. 755 pages, 768 figs. 30 fr. relié.

El autor es ya muy conocido por su excelente tratado teórico y práctico de metalurgía, que ha sido tan justamente apreciado. En este tomo
lo mismo que en los del tratado anterior se ve el propio estilo claro y preciso, dando las descripciones más prácticas y de mejores resultados.

Contiene las materias siguientes: Cuerpos de los cuales se extraen
los metales.—Preparación mecánica preliminar.—Procedimientos usados
para la separación de los metales de los cuerpos metalíferos.—Procedimientos metalúrgicos de importancia particular para el metalurgista.—
Cuerpos con la ayuda de los cuales se favorece ó se produce la separación
de los metales.—Producción del calor necesario para la extracción de los
metales.—Producción de la electricidad para la extracción de los metales.
—Dispositivos diversos: hornos, fuelles, reguladores, etc.—Productos de
la industria metalúrgica: finales, intermediarios y desechos.

F. Rinne. Le Microscope Polarisant. Guide pratique pour
les études élémentaires de Cristallographie et d' Optique. Traduit et adapté aux notations françaises par **L. Pervinquiére,**
Docteur ès sciences, Chef des Travaux pratiques de Géologie
à la Sorbonne. Avec une préface de A. de Lapparent, Membre de l' Institut.—Paris, *F. R. de Rudeval,* Éditeur. 4, Rue
Antoine Dubois. 19.)4. 12? 160 pages, 212 figs. 5 fr.

Obrita escrita con notable sencillez y claridad destinada á vulgarizar
el empleo del microscopio polarizador y los métodos cristalográficos. Llena
un vacío muy deseado, pues en francés no había una obrita del carácter
práctico y elemental como la presente, de manera que será de mucha utilidad á todo estudiante que la consulte.

En los cinco capítulos que el libro contiene se trata con la extensión
conveniente, de la relación entre la simetría geométrica y la simetría óptica de los cristales, propiedades geométricas de los cristales (sistemas cris-
talinos, macles, etc.), el microscopio cristalográfico y sus accesorios, medidas de ángulos y métodos ópticos para el estudio de los cristales (refracción, doble refracción, luz polarizada, etc.).

Traité théorique et pratique de la résistance des matériaux appliquée au beton et au ciment armé par **N. de Tedesco,** Rédacteur en chef du journal "Le Ciment" et **A. Maurel**, Ingénieur–Constructeur.—Paris, *Librairie Polytechnique Ch. Béranger.* 1904. gr. in-8. 640 pages. 199 figs. 25 fr. relié.

Presenta este libro los estudios preliminares completos para que el ingeniero adquiera el conocimiento profundo de todo lo que hoy día se sabe acerca de la teoría del cemento armado y contiene los métodos de cálculo más célebres y extensas aplicaciones numéricas.

El libro primero detalla las propiedades físicas, químicas y mecánicas del cemento Portland, de los morteros y betones de cemento, y el cálculo de las obras con betón no armado. El segundo libro está consagrado á los principales métodos de cálculo propuestos, entre los cuales se halla el notable de Considère. En el libro tercero se trata del cálculo de las obras de cemento armado sometido á la extensión, la compresión, la flexión ó á esfuerzos oblícuos, y de la teoría general del cálculo de las deformaciones; en lo relativo á flexión da las fórmulas de Considère aplicadas á la verificación de la estabilidad de las obras. El libro cuarto es la aplicación de las fórmulas del anterior á los diversos casos que se han presentado á los autores en su práctica, reasumiendo los resultados tan notables obtenidos.

En un apéedice se da la discusión general relativa á las variaciones de los parámetros, una colección razonada de ensayes de ruptura, etc.

Manuel pratique des mesures physico–chimiques par **W. Ostwald,** Directeur de l' Institut de chimie physique de l' Université de Leipzig, et **R. Luther,** Sous–directeur. Traduit de l' allemand sur la deuxième édition par Ad. Jouve, Ingénieur, ancien préparateur de chimie à l' École Polytechnique.—Paris. *Librairie Polytechnique Ch. Béranger.* 1904. gr. in-8. 534 pages, 319 fig. 20 fr. relié.

Esta obra es el resultado de quince años de trabajos prácticos en un gran laboratorio; es por consiguiente un precioso acopio de enseñanzas del más alto interés, que ayudará notablemente en las investigaciones precisas y serias. Aunque está escrito en la suposición de que quien consulte el libro le son ya familiares la física y la química, no omite sin embargo, detalles prácticos expuestos con claridad y haciendo ver los malos resultados que trae el desconocimiento de ciertas manipulaciones y trabajos preparatorios de gabinete.

Los veintiún capítulos se ocupan sucesivamente de los cálculos de las medidas de las longitudes, pesadas, temperaturas; termoestática, trabajo del vidrio; medidas de las presiones, volúmenes y densidades; dilatación por el calor, puntos de ebullición, tensiones de vapores, puntos críticos; medidas ópticas; frotamiento interno, tensión superficial, difusión; solubilidades, determinación de los pesos moleculares en las soluciones; medidas eléctricas, generalidades, técnica; fuerza electromotriz, conductibilidad de los electrolitos, constantes dieléctricas; cantidad de electricidad, voltámetro de peso; medida eléctrica de las temperaturas; dinámica química, empleo de los métodos físico–químicos para cuestiones químicas. —Apéndice: Ejercicios prácticos hechos en el Instituto físico–químico de la Universidad de Leipzig.

ENCYCLOPÉDIE SCIENTIFIQUE DES AIDE-MÉMOIRE.

Paris, *Gauthier–Villars.* Chaque tome 3 *fr.*

Prophylaxie du Paludisme par le Dr. **A. Laveran,** Membre de l' Institut et de l' Académie de Médecine. 1904. 209 p.

La primera parte de este importante tomito se ocupa del papel de los mosquitos en la propagación del paludismo, estudiando los diferentes aspectos del *Haemamoeba malaria,* en la sangre, su evolución en los *Anopheles,* estudio de los Culicídeos, etc.—La segunda parte está consagrada á la profilaxia de la enfermedad, destrucción de los mosquitos, protección contra ellos, empleo de la quinina, etc.

Propriétés et essais des matériaux de l' Électrotechnique, par **F. de Poncharra,** Ingénieur des Arts et manufactures.— 1904. 152 pages. 28 figs.

En esta obrita se recuerdan las propiedades generales de los aisladores, de los cuerpos conductores y de los materiales magnéticos. En seguida se estudian los métodos de ensaye aplicados á esos cuerpos, exponiéndose su principio y sus resultados, dando lugar preferente á los ensayes de alta tensión, especialmente con relación á los aisladores y los cables subterráneos para transmisiones de energía.

Enroulements d' induits à courant continu. Théorie élémentaire et règles de bobinages. Par **E. J. Brunswick et M. Alliamet**, Ingénieurs-électriciens.—1904. 187 pages. 61 figs.

Los autores, inspirados en los mejores tratados especiales, presentan en este tomito, un resumen sucinto de los principios esenciales de la teoría de los enrollamientos, para facilitar su estudio completo en las obras de fondo. Los seis capítulos tratan sucesivamente de las generalidades relativas á los enrollamientos, su clasificación, establecimiento de las notaciones concernientes, preparación de los esquemas y propiedades de los diversos géneros de enrollamientos.

L'Industrie oléicole. Fabrication de l'huile d'olive. Par **J. Dugast**, Directeur de la Station agronomique et œnologique d'Alger. 1904. 176 pages. 20 fig.

Es este librito un excelente guía para oleicultores; con una forma clara y sencilla da los mejores procedimientos de fabricación del aceite de olivo. Principia por estudiar los olivos; trata después de la fabricación del aceite en todos sus detalles; en seguida la composición, clasificación, alteraciones y conservación de los aceites, y el aprovechamiento de los productos secundarios, etc.

L'Année Technique. 1903-1904. Par **A. Da Cunha**, Ingénieur des Arts et Manufactures. Avec Préface de H. Moissan, Membre de l'Institut—Paris, *Gauthier-Villars*. 1904. Gr. in-8, VIII-303 pages, 142 figs. 3 fr. 50 c.

Préface.—**Locomotion.** Considérations génerales. *Les Chemins de fer.* 207 kilomètres à 1 heure. Locomotives anglaises pour train de banlieue. Voitures motrices du "London and South-Western Railway." Locomotives à benzine pour mines grisouteuses. Le chemin de fer du Vésuve. Voiturette automobile pour la circulation sur les voies ferrées. Eclissage des rails par soudure. Taraudage électrique des traverses d'une voie en construction. Fourgon á toit mobile. Les chemins de fer grecs et le réseau continental.—*Locomotions sur routes.* Considérations générales. Le train Renard. Châssis démontable. Les omnibus automobiles. Automobiles pour le sauvetage en cas d'incendie. Les automobiles employées pour l'agriculture. Goudronnage des routes. *Navigation.* Le paquebot à turbines. "The Queen." Un navire marchand de 14 mâts. Un bateau démontable, Embarcation insubmersible "Henry." Le dock flottant de Durban. Torpilles et torpilleeurs.—*La navigation aérienne.* L'aviation. L'aéroplane de M. Whitehead. Le ballon dirigeable Spencer. Le ballon du Dr. Greth. Le ballon jaune de M. M. Lebaudy. *Variétés.* Les compteurs de voiture de place. Acrobaties scientifiques. **Applications de la physique expérimentale.** Production de vrais diamants par la méthode de cristallisation à de hautes pressions de M. Moissan. Le radium. Acclimatation en France des huitres perlières. Transmission des images photographiques par l'électricité. Procédé facile pour obtenir des photographies d'agrandissements photographiques. La chromophotographie des mouvements très rapides. **—Travaux publics et architecture.** *Travaux publics.* Le béton fretté. Le transbordeur de Nantes. Déplacement de la passerelle de Passy. Le nouveau pont de Luxembourg. Le viaduc d'Austerlitz pour le métropolitain. Le nouveau pont du Mississipi. Le pont à bascule de Barking. Mesure du travail dans une pièce flexible, à l'aide de câbles témoins. Le parc de Nicolaïeff. Pieux en béton armé. La salle des machines de l'usine G. W. S. à Douston-on-Tyne. Machines à charger les cornues à gaz. La grue de 150 tonnes de Hambourg. Moufle à air comprimé. *Architecture.* Concours des maisons de la ville de Paris pour 1902. Agrandissement de la Bourse de Paris. Les nouvelles tribunes de Longchamp. Une maison en ciment armée de la rue Claude Chahu. Déplacement vertical d'une maison. Maison tournante montée sur pivot.—**Eclairage et chauffage.** *Eclairage.* Les nouvelles lampes des voitures du chemin de fer de l'Ouest. Lampe Scott-Snell pour l'éclairage des rues par l'incandescence du gaz. Lampe de mineur à acétylène. Emploi de l'acétylène pour l'éclairage des phares.—*Chauffage.* Le chauffage par l'électricité. **Physiologie et hygiène** La maladie du sommeil. L'hypnotisme expérimental. La tuberculose humaine. La guérison des sourds.

Sociedad Científica "Antonio Alzate."

MEXICO.

Revista Científica y Bibliográfica.

Núm. 5–8.   1904.

ELOGIO DE DON JOSÉ ANTONIO ALZATE Y RAMIREZ

Leído en la Sociedad *Ciencia y Arte* el 21 de Agosto de 1904.

Floreció el padre Alzate en la centuria décimoctava en esta patria nuestra llamada entonces *Nueva España.* "Todo se tenía dispuesto en la colonia, dice el profundo maestro D. Gabino Barreda. de manera que no pudiese penetrar de afuera, ni aun germinar espontáneamente dentro, ninguna idea nueva, si antes no había pasado por el tamiz formado por la estrecha malla del clero, secular y regular, tendida diestramente por toda la superficie del país, y enteramente consagrado al servicio de la metrópoli, de donde en su mayor parte había salido, y á la que lo ligaba íntimamente el cebo de cuantiosos intereses y de inmunidades y privilegios de suma importancia, que lo elevaban muy alto sobre el resto de la población, principalmente criolla."

Alzate era *criollo*, fué un espíritu científico, y los doctores de aquel clero manifestaban su hostilidad á la filosofía moderna con toda clase de vejaciones en las personas que la profesaban. No podía ser de otra suerte, pues nada es más contrario al espíritu teológico que la indagación de las leyes naturales que gobiernan los fenómenos que á cada paso nos impresionan. La condenación de Galileo, la más conocida de todas, porque ese genio esclarecido de la humanidad midió una talla que á pocos ha sido dado alcanzar, no es ni con mucho un hecho aislado sino la manifestación de una hostilidad irreducible. Los doctores en teología que oponíanse á la labor de Alzate sólo sabían campar en las aburridas logomaquias y éste tenía por criterio las enseñanzas de los hechos, en los que veía el origen de todos los conocimientos y el pedestal de la grandeza de los pueblos. Para aquellos toda verdad científica era una irreverencia á Dios, para Alzate á pesar de los dolores que causábale la hostilidad de sus contemporáneos los eclesiásticos, la verdad le aparecía siempre con hermosos esplendores. La conciliación entre los doctores del peripato y el sabio hijo de Ozumba, era imposible, no cabía en forma alguna, como que no ha existido nunca entre la teología y la ciencia.

El padre Alzate nos relata en uno de sus escritos la ojeriza con que eran vistos por el clero, en este pasaje: "En el año de 1778 imprimí una Memoria sobre el terremoto del 4 de Abril del mismo año, siguiendo los principios de una física cristiana. Poco después se trató en *dos venerables puestos* de *impía la opinión que numera los temblores entre los efectos naturales.* Lo reciente de mi papel me incluía precisamente en esta declamación: siempre alabaré el fervor cristiano de estos *oradores;* pero no les perdonaré el que no consultasen los libros ó á los sabios, para hablar debidamente y no con tanta generalidad, en presencia de los instruídos y de los ignorantes."

La fecunda semilla de la intolerancia religiosa había producido árboles frondosos aquí y en España y los frutos de esas plantas presentaban allá y acá los mismos caracteres, como productos de la misma especie. La Universidad de Salamanca resistió á las reformas de Carlos III, declarando que: "Nada enseña Newton para hacer buenos lógicos y metafísicos; y Gassendi y Descartes no van tan acordes como Aristóteles con la verdad revelada."

Queda establecido lo poco favorable de las condiciones de que Alzate estaba rodeado para su labor científica. El medio adverso del teatro de sus trabajos aquilata y enaltece su vida ejemplar y su obra fecunda.

*
* *

En el obscuro pueblecillo de Ozumba, que se halla situado en las faldas de la sierra que forma el Popocatépetl y al que liga con la capital el ferrocarril que va al rico y pintoresco Estado de Morelos, vino al mundo D. José Antonio Alzate y Ramírez. Hijo del pueblo, de las humildes capas inferiores de la sociedad, por sus solos esfuerzos se elevó desde la muchedumbre anónima y la gran masa humana hasta las cimas holladas sólo por los sabios más distinguidos de su era Por sus trabajos y su constancia convirtió en grandes fuerzas sus ideas y éstas socavaron los cimientos de nuestra ignorancia y abrieron una época nueva.

Observador de la naturaleza y no sabio encerrado entre las cuatro paredes de su gabinete, servíase de los libros para facilitar el estudio directo de los fenómenos, y con su dinero y sus actividades constituyó su biblioteca, su colección de aparatos de física y su museo de historia natural. De toda preferencia cultivó la Cosmología, y el fruto de sus observaciones y de sus raciocinios se halla en su obra maestra: las "Gacetas de Literatura." Con muy loable celo invirtió su tiempo y sus recursos en estudiar las condiciones de producción de variados fenómenos anotando los cambios y alteraciones que en ellos ocurren, indagando sus causas y por tanto las leyes que los rigen, y siguiendo sus consecuencias para llegar por ese medio á servir á sus compatriotas ilustrándolos y aconsejándolos.

En las aludidas *Gacetas*, cuya lectura es un deleite y una instrucción constante, en estilo sobrio y severo, falto de adorno, pero perfectamente explícito, está vaciado su saber en notas breves y substanciosas, y allí también cuando dejaba la pluma del expositor para tomar la del polemista figuran réplicas vigorosas escritas en prosa socarrona y salpicadas aquí y allí de cáustico humorismo.

En muchas de las notas consignadas en las *Gacetas*, se encuentran á la par que observaciones profundas, juiciosas reflexiones sobre la relación constante que existe entre la superstición y la ignorancia. Muestra de esto último son las frases siguientes que figuran en la nota descriptiva de una aurora boreal: "¿Qué mucho que todo un pueblo compuesto de más de 200,000 almas se conturbase, si sabemos que París, reputada por una de las cortes más sabias de Europa, no hace muchos años se consternó al oír que Saturno había desaparecido, entendiendo muy mal la expresión de uno de los primeros astrónomos de este siglo? La falta de conocimientos de la verdadera física ha hecho creer á los pueblos, sobrenaturales y espantosos los fenómenos raros que de tiempo en tiempo ofrece la naturaleza á la indagación y entretenimiento de los sabios; y aunque el pueblo nunca será físico, si los muchos que estudiaron sus cursos de filosofía hubieran sabido lo que es aurora boreal habrían desde luego libertado al público de un temor, efecto sólo de su ignorancia en esta parte, así como desengañaron á muchos varios sujetos instruidos en las ciencias naturales."

Es testimonio elocuente de las prendas de sagaz observador que poseyó el padre Alzate, esta reflexión atinada sobre las pocas desgracias causadas por el rayo en la ciudad de México: "Advertí en la Gaceta núm. 13, que la electricidad en México es muy activa: se me dirá ¿pues cómo se experimentan tan pocos accidentes infaustos? Es cierto que esta reflexión siempre se me había presentado, porque en una ciudad en que se edifican tantos templos, tantas torres elevadas, parece que los efectos del rayo se debieran verificar á menudo; pero la memoria del abate Bertolon disipó mis dudas. Debemos considerar que los materiales con que se fabrica en México, á causa de su naturaleza son unos conductores (aunque imperfectos) que disipan la mayor parte de las tempestades. La arena está mezclada con muchas partículas de fierro virgen: el tezontle (verdadera puzolana), la piedra sólida es una lava de antiguos volcanes, y muy recargada de fierro: el ladrillo lo fabrican con barro, que tiene mucho fierro mezclado: los cimientos llegan hasta la agua: ¡qué mucho que las fábricas compuestas con materiales ferruginosos sirvan de conductores para disipar el mayor número de tempestades, que en otras ciudades como en Puebla y Guadalajara son tan temibles por sus anuales dañosísimos efectos!"

Sabio á la altura de su época no se contentó con saber, sino que trabajó por difundir la cultura contemporánea en su patria y daba á conocer á sus compatriotas el progreso incesante de la ciencia, el poder modificador de ésta y su fuerza de unión entre los hombres. De los verbosos y retóricos de su tiempo decía "tantos habladores impertinentes, que por nuestros pecados resuellan."

El programa de su vida lo resume él mismo en las siguientes palabras: ".......... ignoro los efectos de la envidia; miro con grande indiferencia todos los puestos, aun los más altos, y en esta atención, jamás se verificará que por contemplación, por animosidad ú otro motivo torpe, lisonjee yo á la ignorancia. Esta es una hidra muy perniciosa y á la que no basta cortarle la cabeza, porque le renacen inmediatamente otras siete; es necesario extirparla del todo, y para esto me he propuesto dos fines: publicar noticias importantes, y hacer frente á las falsas que se publicaren en perjuicio del progreso de las ciencias,"

Su choque con los teólogos era incesante y como queda dicho inevitable, pues él veía en la ciencia la redención de la Nueva España y ellos la veían en la ignorancia sin luces. En el *Diario Literario de México* que fundó en 1768, dice explícitamente: "La Minería que se sabe es la parte principal del Reyno, está manejada por unos hombres que con una práctica ciega, carecen de las reglas aun menos principales para el beneficio de metales, padeciendo los infelices Dueños de Minas y Aviadores, quienes fiados de aquella gente sencilla, pierden sus comodidades. En este ramo que es tan necesario en el Reyno, pondré mucha atención, según se proporcionen las circunstancias.

El contraste entre la infecundidad del espíritu teológico para el bien de los humanos en este bajo mundo y de su fecundidad para el mal de los mismos, también en esta tierra, y la abundancia de riquísimos dones con que nos brinda el conocimiento científico del Cosmos, lo patentiza el sabio Alzate en estos dos conceptuosos períodos: "Luego que publiqué en la *Gaceta* de literatura número 13 la utilidad de los para-rayos, se desentonaron muchos tratando de puerilidad el asunto; pero ¿quiénes fueron éstos? Sin duda aquellos centinelas de los ya casi arruinados baluartes del Peripato. El sublime físico Franklin podría decirles: Escolásticos, que por tantos siglos habéis estado aposesiodados de la enseñanza pública ¿qué utilidad han recogido los hombres de vuestros voluminosos impresos, de vuestros interminables manuscritos? ¿Algún viviente se ha libertado de la muerte en virtud de vuestras disputa? ¿Algún edificio se ha libertado de los rayos por vuestra gritería? Por el contrario, mi aplicación á la sólida filosofía me hizo reconocer que la materia del rayo es la materia eléctrica, y que es muy fácil desarmar á la naturaleza de sus terribles armas por el uso de unas cuantas libras de fierro: aun podría decirles más,"

"Cuando en el siglo décimo sexto se reconoció que el cómputo eclesiástico discrepaba de los verdaderos movimientos de los astros, ¿qué escolástico sirvió para la corrección? Un Lilio, un Clavio y otros aplicados á las ciencias naturales útiles, fueron los promovedores de una corrección, que al fin aun los mismos ingleses, enemigos de todo lo que se ejecuta en Roma, se han visto necesitados á recibir. ¿No os abochornáis, de que tratando del sol, de la tierra y de toda la naturaleza, según decís, ignoráseis la verdadera medida del año solar? Quería suspender mis reflexiones; pero no puedo menos que hacer ésta, aunque muy corta. La colocación de mi barra (habla Franklin) tiene libertados de la muerte súbita hasta el día millares de hombres; ¿y vuestra filosofía no ha causado la muerte de millones? Sí: en virtud del despotismo á que la exaltó la barbarie que se apoderó del estudio de la medicina. Un médico repleto de categorías, de materia, forma y unión, y de otras mil zarandajas, ¿cómo podía rebatir á las enfermedades? Enseñado á disputar en todo, se forjaba una enfermedad imaginaria, ínterin la verdadera daba en tierra con el paciente: cuánto más pudiera deciros............."

Estas juiciosas palabras nos recuerdan las que inspiró al eminente Dr. Barreda la terrible enfermedad que llevó al sepulcro á su venerado maestro el gran clínico D. Miguel Jiménez. ¡¡Por qué el *epitelioma*, ese terrible testigo de las infinitas imperfecciones de nuestro mundo, que la Providencia humana tiene sin cesar que corregir, no ha encontrado aún á su paso un Jiménez que tronchase en sus propias manos la guadaña de la muerte! *El cáncer es incurable*, responderá alguno con resignación· ¡El cáncer es incurable! Esa es precisamente la ignominia del arte: esa es la fatal consecuencia de una ciencia que tanto tiempo ha perdido en perseguir fantasmas y entidades en donde sólo había *leyes y condiciones!* El cáncer es incurable: porque habéis esperado á que la casualidad os traiga á las manos el específico que debe extirpar del organismo esa *entidad morbosa* que os habíais forjado en la imaginación en vez de estudiar, como Jiménez, las condiciones reales de que el éxito depende...........!"

No sólo en la Cosmología, sino también en el estudio de los seres organizados descolló el inmortal Alzate. En general, puede decirse que abarcó los más variados conocimientos. Sus escritos que versan sobre el estado de la agricultura en la Nueva España, abundan en atinadas reflexiones, y en varios de sus trabajos advierte frecuentemente á sus lectores hechos que se relacionan á nuestro estado social de entonces.

$$*_*^*$$

Los contemporáneos de Alzate lo estimaron debidamente y le tributaron los honores que se merecía. No hiciéronlo en verdad sus compatriotas en masa, porque á los sabios no se les aclama cual se aclama á los héroes de la espada; pero los pocos espíritus selectos de aquel tiempo que cultivaban como él la ciencia, le respetaron y ensalzaron. Además, la *Academia de Ciencias de París*, que podía juzgar de su labor y la pudo estimar, honró su nombre con el nombramiento de socio correspondiente de aquella celebrada corporación. Este honor tan señalado y tan deseado por los sabios, no ha vuelto á tributárselo la expresada *Academia* á ningún otro mexicano.

La posteridad no ha sido menos justiciera con Alzate. Es muy conocida la costumbre de designar en botánica y zoología las nuevas especies con el nombre de algún botánico ó zoólogo ilustre: no han faltado estos honores al sabio hijo de Ozumba, pues botánicos extranjeros le dedicaron una planta sud-americana y en nuestro país el Dr. Dugès dió el nombre de Alzate á un insecto.

El Ayuntamiento de esta ciudad de México dió la denominación de *Alzate* á un conjunto de calles sucesivas de Oriente á Poniente en el barrio de Santa María de la Ribera. Por último, el año de 1884, un grupo de estudiosos compatriotas se congregó en Sociedad Científica y ésta fué denominada con el preclaro nombre de *Alzate*. Los progresos de dicha asociación y el merecido puesto que ocupa entre las sociedades científicas de México: la primera por sus trabajos, la primera por su biblioteca y la primera por la continuidad de sus labores, son dignísimo homenaje al sabio que ha sido el patrono subjetivo de sus socios.

La misma Sociedad "Alzate" conmemoró solemnemente el 2 de Febrero de 1899, el primer centenario de la muerte del sabio mexicano que nos ocupa.

Esclarecidos contemporáneos de Alzate, como León y Gama y Velázquez de León, no han recibido ni iguales ni parecidos homenajes y la justicia social ha sido con ellos más tardía en darles el honor que se merecen.

De las obras del padre Alzate, la más conocida es la intitulada "Gacetas de Literatura de México " Allí está su obra capital, y la estimación en que se las ha tenido por propios y extraños, es prenda de su perdurable mérito. El Sr. D. Jesús Galindo y Villa, biógrafo del padre Alzate, en una nota de su erudito y documentado estudio da este dato importante para juzgar del aprecio de las obras de su biografiado: el "Bibliophile Américain" en 1890 anunciaba el ejemplar de las Gacetas en 350 francos.

Después de la edición de las Gacetas hecha en vida del autor, publicóse otra en Puebla el año de 1831 y en 1893 comenzó á imprimirse la 3ª edición en el "Boletín de la Sociedad Agrícola Mexicana" á expensas de los fondos del Supremo Gobierno.

El alma mexicana, que no carece de los sentimientos que mueven á aplaudir los grandes ideales, ha hecho cumplida justicia al benemérito de la ciencia D. José Antonio Alzate y Ramírez.

Los que aquí nos reunimos para ofrecer nuestro culto á la ciencia hermanada al arte, creemos que ni la piedad desdeñosa ni la indulgente ironía han de ser lo norma del hombre. Creemos también que cada generación tiene el útil deber de formar el balance de lo que adeuda á las generaciones antecedentes, y que la reconstrucción del pasado no sólo es venero fecundo de enseñanzas mentales sino que lo es asimismo de bellísimos ejemplos morales. Revivir las épocas que fueron para vivir en ellas, es ponerse en íntima unión con los predecesores y participar de sus desengaños como de sus triunfos, de sus luchas como de sus anhelos, de sus sacrificios como de sus conquistas, es, en una palabra, conocer á nuestros progenitores y saber de donde venimos para mejor trazar el camino por donde vamos.

Hermoso es para nosotros el espectáculo de la propia inteligencia que se cultiva y desarrolla; el interés que ofrece es vivo y sostenido; más hermoso es aún cuando se une el influjo sobre los demás y el hombre no incurre ni en el extremo de la vida absolutamente silenciosa ni en el otro de los que á cada momento quieren obrar cual si estuviesen en los debates de las grandes asambleas. El hombre de ideas sanas y de luminosas concepciones debe abrir su inteligencia á los demás y derramar á manos llenas el bien de que es depositario; y cuando lo hace es porque su corazón da abrigo á toda clase de sentimientos generosos. Los hombres así, son los genios tutelares de los pueblos: cada triunfo de ellos lo alcanzan á fuerza de estudios, de observaciones, de experiencias, de meditaciones, de perseverancia sin par, de esfuerzos sin cuento, pues no sólo tienen que proveer á la prosecución de sus trabajos con energías físicas é intelectuales, sino que también han menester de gran virtud para que no los desvíe de su objeto, ni la contradicción sistemática ni los murmullos insidiosos de la canalla que denigra.

Este conjunto de raras prendas caracterizó al sabio insigne de cara memoria para nosotros y por eso buscamos apoyo en su ejemplo y aplaudimos con entusiasmo sus inmortales trabajos.

Agustín Aragón.

BIBLIOGRAFIA.

Traité de Physico-Chimie ou Lois générales et théories nouvelles des actions chimiques à l'usage des chimistes, des biologistes et des élèves des grandes écoles par M. Emm. **Pozzi-Escot,** Chef du Service des recherches de Chimie pure à l'Institut Scientifique et Industriel de Malzéville-Nancy. Préface de M. le Prof. E. Jacquemin, Directeur honoraire de l'École Supérieure de Pharmacie de Nancy, etc.—Paris, *Librairie Polytechnique Ch. Béranger.* 15 Rue des Saints-Péres. 1905. 8º 627 pages. 112 figs. 20 fr. relié.

Trata este libro de los principios y teorías científicas en que en la actualidad se basan todos los trabajos químicos, así desde las especulaciones de química pura como hasta en sus múltiples aplicaciones industriales. Contiene todo lo que el químico debe conocer para ser á la vez que teórico, técnico y práctico, es decir, las leyes físicas, mecánicas y químicas, que todas ellas tienen una liga tan íntima que hán constituído ya la *Química física* ó Físico-química, de cuyo conocimiento no podrá desentenderse. La literatura química francesa no contaba con una obra de este género, y no dudamos que será altamente apreciada por todos, que verán en el libro la práctica y segura competencia del autor.

Esta obra merecería un análisis detallado de su importancia, pero dados los límites de nuestra Revista, solo presentamos en seguida las materias de que tratan sus diez y ocho capítulos.

Unidades y medidas.—Leyes fundamentales; números proporcionales.—La teoría atómica y los pesos atómicos.—Fórmulas y ecuaciones químicas.—Propiedades y leyes generales del estado gaseoso.—Calores específicos.—Clasificación de los elementos (Mendeléeff, Schützemberger, Meyer).—Propiedades generales de los líquidos (ebullición, solución, congelación, Cryoscopía).—Determinación de los pesos moleculares.—Complejidad molecular.—Fenómenos de disolución, de fusión y de solidificación de los cuerpos simples y de las mezclas.—Leyes generales de la disolución.—Propiedades generales de la materia en el estado sólido.—Cristalografía é isomorfismo.—Transformaciones termoquímicas.—Las radiaciones luminosas y sus propiedades químicas.—Teorías modernas de la materia.—Isomería.—Doctrina estereoquímica.—Doctrina de la labilidad.—Influencia de la composición y de la constitución sobre las propiedades generales de los cuerpos.—Relaciones de la mecánica con la química.—Equilibrios de los sistemas químicos.—Estudios teóricos de las reacciones.—Fenómenos electrolíticos.—Aplicaciones de la teoría de los ions. Los principios científicos de la química analítica.—Teorías generales de los fenómenos de fermentación.

Geology applied to Mining. A concise summary of the chieff geological principles, a knowledge of which is necessary to the understanding and proper exploitation of ore–deposits for mining men and students by Josiah Edward **Spurr**, A. M., Geologist, U. S. Geological Survey, etc.—New York. *The Engineering and Mining Journal.* 1904. 8º 326 pp. 70 figs. $1.50.

Libro eminentemente práctico que contiene los principios de la ciencia geológica aplicados á la Minería, y que será consultado con buen resultado, no solo por los estudiantes, sino aun por los mineros, pues no existía publicada una obra semejante. Está escrita con buen acopio de datos de las diversas explotaciones de yacimientos y mostrando siempre los tipos característicos de las formaciones, de la manera más concisa y clara á la vez.

En seis capítulos el autor trata de las siguientes materias:
1. Proceso de los depósitos minerales. Metamorfismo ó cambios de la corteza terrestre. Proceso de la concentración de los minerales. —II. Estudio del arreglo de las rocas estratificadas, desde el punto de vista de la aplicación á la Minería. Formación de las rocas estratificadas; caracteres físicos, origen, estructuras diversas; Periódicos geológicos correspondientes; determinación de la edad geológica de los estratus; asociación de los minerales á los estratus.—III. Estudio de las rocas ígneas, también desde el punto de vista minero. Caracteres, clasificación, sus relaciones con los depósitos minerales, etc.—IV. Estudio de la Geología dinámica y estructural. Levantamiento de mapas. Deformación y dislocación de las rocas y su conexión con los filones minerales; efectos de las fallas, saltos, fracturas, fisuras, discordancias, diques, etc. Placeres, acciones mecánicas y químicas de las aguas; concentración, etc.—V. Geología química. Concentración; disolución; precipitación; aguas subterráneas y superficiales, etc.—VI. Relaciones entre la Fisiografía y la Minería.

Leçons d'Electricité par **E. Carvallo**, Docteur ès sciences, Professeur à l'École pratique d'Électricité industrielle.—Paris, *Librairie Polytechnique Ch. Béranger*. 1904. 8° 259 pages, 203 figs. 10 fr. relié.

Obra escrita con claridad que presenta una exposición bien ordenada de las leyes experimentales de la electricidad, identificándolas con las leyes de la mecánica, siguiendo en lo posible las aplicaciones útiles, y empleando solo los cálculos matemáticos en los casos indispensables. Ese método seguido con muy buen éxito por el autor, contribuirá á difundir la enseñanza de un ramo de tanto porvenir como es la electricidad.

Comprende cinco grandes capítulos que á su vez se dividen en párrafos que tratan las materias siguientes:

La corriente eléctrica. Leyes de la mecánica. Transmisión de la energía. Ley de la equivalencia á lo largo del circuito. Experiencias de Favre. Desalojamientos electroquímicos. Ley de Faraday. Fuerzas electromotrices. Experiencias de Joule y Pouillet. —*Distribución de las corrientes y de las fuerzas electromotrices.* Problema de Kirchhoff. Experiencias de Faraday y Pouillet. Resistencia y conductancia. Leyes de Ohm. Conducción de las corrientes. Experiencias de Kirchhoff. Fuerzas electromotrices de contacto. Efecto Peltier. —*Electromagnetismo.* Preliminares. Vectores, ciclos y flujos. Ley elemental del electromagnetismo. Experiencias de Faraday y Ampère. Medida electromagnética de la intensidad. Brújula y ley de Pouillet. Campo magnético de las corrientes. Experiencias de Biot y Savart. Trabajo y función de las fuerzas electromagnéticas. Aplicaciones. Electrodinamómetro absoluto de Pellat. Imanes. Ideas de Coulomb y de Ampère.—*Inducción electromagnética.* Corrientes inducidas. Experiencias de Faraday. Energía electrocinética. Circuito magnético. Aplicaciones. Permeámetro Hopkinson. Histéresis. Experiencias de Ewing. —*Electroestática.* Condensadores. Dieléctricos. Energía electroestática. Inducción y potencial. Electrometría. Unidades electroestáticas.—Conclusión general.

Actualités Scientifiques.—Introduction a la Géométrie générale par Georges **Lechalas,** Ingénieur en Chef des Ponts et Chaussées.—Paris, *Gauthier-Villars.* 1904. 16º ıx-65 pages, figs. 1 fr. 75 c.

Propónese el autor en este tomito proporcionar á las personas que no se han encerrado en alguna de las concepciones sistemáticas de las tres Geometrías de Euclides, de Lobatchefsky y Bolaï y de Riemman, una reseña que les permitirá abordar de lleno un tratado de la materia, sin dejarse subyugar por concepciones filosóficas innecesarias y de corto horizonte.

Traité pratique des constructions métalliques. Ouvrage faisant connaître par des formules très simples les sections, les proportions et le poids des constructions métalliques et facilitant l'élaboration des projets et la rédaction des notes de calculs et des métrés, par **Léon Cosyn,** Chef de section aux Chemins de fer de l'État belge.—Paris, *Ch. Béranger.* 1905. 8º 551 pages, 188 figs. 25 fr. relié.

El autor presenta en su libro una importante série de 260 fórmulas prácticas que permiten determinar, por medio de operaciones aritméticas, las secciones, las proporciones y peso de las construcciones metálicas. Con dichas fórmulas, para las cuales el autor ha calculado numerosos coeficientes numéricos, se simplifican notablemente las diversas determinaciones usadas en las obras metálicas. Principia el libro recordando los elementos de la resistencia de materiales y de la estática gráfica. En seguida se ocupa sucesivamente de las piezas empalmadas y la simplificación de los cálculos de resistencia; de las vigas macizas, cálculo de su resistencia, peso, etc.; órganos de apoyo, dimensiones, peso; puentes con vigas macizas, diversos sistemas para ferrocarril, etc.; vigas en rejilla ó celosía, resistencia, peso; puentes con vigas en rejilla; armaduras y cobertizos; peso, inclinación, resistencia; armaduras articuladas; junturas. Reglamentos acerca del cálculo de puentes metálicos. Datos diversos: pesos de diversas substancias; pesos de barras, de tubos, de láminas, etc.; pesos y momentos de viguetas; pesos y dimensiones de tubos de fierro y de plomo; resistencia á la tracción de las barras; tablas de senos, cosenos, etc. de los arcos; tabla de los cuadrados, cubos, raíces, etc. de 1 á 1000.

Utilisation des chutes d'eau pour la production de l'énergie électrique. Application aux usages agricoles par Paul **Lévy-Salvador,** Ingénieur des constructions civiles.—Paris, *Librairie Polytechnique, Ch. Béranger.* 1903. 8? 122 pages. 46 figs. 5 fr.

Creemos que la lectura de este libro por nuestros ingenieros é industriales, podrá serles de grande utilidad, pues no escasean los saltos de agua que pueden ser aprovechados en diversas regiones del país.

El autor trata del empleo de la energía hidráulica, ocupándose sucesivamente de las barreras, presas, compuertas, etc. y de las demás obras necesarias al aprovechamiento de la fuerza motriz del agua, de los aparatos hidráulicos y eléctricos más en uso (turbinas, reguladores, dinamos etc.) y por fin las aplicaciones á los trabajos agrícolas. Termina con útiles y prácticos consejos para auxiliar á las víctimas de la energía eléctrica.

Traité pratique des emplois chimiques du bois. Carbonisation du bois en vases clos. Fabrication de l'acide acétique, de l'alcool méthylique, de l'acétone et autres produits dérivés par **M. Klar,** Ingénieur chimiste de la Société F. H. Meyer, de Hanovre-Hainholz. Traduit de l'allemand par le Dr. L. Gautier.—Avec 59 ligures dans le texte.—Paris. *Librairie Polytechnique, Ch. Béranger.* 1904. 1 vol. gr. in-8?, 345 pages, 15 fr. relié.

La larga práctica del autor le ha permitido escribir un libro de grande importancia, como que trata de una industria que hoy día ha alcanzado innumerables aplicaciones. En efecto, la destilación de la madera ó su carbonización en vaso cerrado, para obtener ácido acético, alcohol metílico, acetona y otros productos, tiene una importancia considerable.

La industria de las materias colorantes provenientes del alquitrán de hulla y la desnaturalización del alcohol etílico, consumen enormes cantidades de espíritu de madera, así como la fabricación de las pólvoras sin humo exije el empleo de la acetona; la preparación del vinagre de mesa, la fabricación de los acetatos, etc., emplean grandes cantidades de ácido acético. Y así otras muchas preparaciones químicas desde el alquitrán de madera y la esencia de trementina, la formaldeida, el cloroformo, el iodoformo, la creosota y el gayacol, tienen por base los productos de la destilación de la madera y constituyen industrias de un desarrollo colosal.

Por todo esto se comprenderá que la presente obra es de altísimo interés y será acogida favorablemente por ingenieros, químicos y fabricantes.

Véase en seguida una reseña de los capítulos que contiene:

Historia de la destilación de la manera. Materias primas empleadas en la destilación. Modificaciones químicas en la madera sometida á la destilación seca. Disposición de las fábricas de carbonización de la madera y marcha de las operaciones. Disposición general de una fábrica. Condiciones y gastos de establecimiento y cálculo del rendimiento de una fábrica. Tratamiento de los productos brutos: alquitrán, acetato de cal, espíritu de madera, carbón de madera (Preparación de la creosota, el gayacol, aceites ligeros, ácido acético, acetato de sosa, acetona, cloroformo, iodoformo, alcohol metílico, etc.). Parte analítica (Ensayes de las materias primas y de los productos fabricados), etc.

Roues et turbines à vapeur par **K. Sosnowski,** Ingénieur civil. Deuxième edition. Revue et augmentée. Avec 356 figures dans le texte.—Paris. *Librairie Polytechnique, Ch. Béranger.* 1904. 1 vol. in–8. 234 pages. 12 fr. 50 c. relié.

Muy notable ha sido de diez años á la fecha el aumento de las instalaciones de turbinas de vapor ó de gas, lo que demuestra claramente que se ha llegado á apreciar sus grandes ventajas. Sus aplicaciones están ahora generalizadas á tal grado que se les ve ya en grandes vapores trasatlánticos y en estaciones centrales diversas.

El autor presenta en su libro desde la histórica eolípila de Herón de Alejandría, haciendo una revista de la multitud de ruedas y motores inventados, hasta la famosa turbina Labal y las muy recientes de Breguet-de Laval, Brown–Boveri, Veichelt, Lindmark, Zoëlly (1902) y de Riedler-Stumpf, Siemens & Halske, Westinghouse (1903) y Hedlund (1904), dando de cada una su teoría, descripción y el cálculo de sus principales órganos.

Radioactivité par le **Dr. J. Daniel**, Ingénieur des Arts et Manufactures.—Paris. Vve *Ch. Dunod*, Éditeur. 49, Quai des Grands–Augustins (VIᵉ). 1905. 8ᵒ 120 pages, 40 figs. 3 fr. 50 c.

Parmi les phénomènes dont s'occupe actuellement la science, il n'en est guère qui présentent un intérêt comparable aux manifestations de la radio activité. Cet intérêt résulte du caractère imprévu, inexplicable même, dont ces manifestations sont revêtues.

"Dans tous les pays, dit l'auteur, les savants les plus éminents se passionnent pour l'étude de ces phénomènes nouveaux. Chaque jour, le résultat de leurs recherches fait l'object de mémoires, de notes dont les conclusions offrent des contradictions, marquées parfois.

"Sans prétendre aucunement y apporter de contribution personnelle, nous nous sommes borné à coordoner ces éléments, afin de présenter un exposé aussi complet que possible de la question......"

"Cet exposé constitue réellement une œuvre scientifique, ainsi que l'a constaté l'illustre physicien Becquerel, qui a bien voulu en parcourir les épreuves. D'autres part, il est présenté sous une forme des plus simples, parfaitement accesible aux gens du monde.

Encyclopédie industrielle. Fondé par M. M.-C. Lechalas, Inspecteur général des Ponts et Chaussées, en retraite.— **L'Énergie hydraulique et les Récepteurs Hydrauliques** par **U. Masoni**, Directeur et Profeseur de l'Institut d'hydraulique à l'École royale des Ingénieurs de Naples.—Paris, *Librairie Gauthier-Villars*. Gr. in-8 IV–320 pages, 207 fig. 1905. 10 fr.

L'auteur, qui s'occupe spécialement d'Hydraulique, traite, dans cet Ouvrage, des principales questions concernant l'énergie mécanique des courants d'eau et les récepteurs hydrauliques. qui servent à l'utilisation des forces motrices hydrauliques.

Puisque de nos jours l'emploi des chutes d'eau tend toujours à se développer dans les pays civilisés, notamment par suite des merveilleux pefectionnements introduits dans les machines et dans les transmissions électriques à grande distance, la tâche de ceux qui étudient la question est, avant tout, de vulgariser les connaissances théoriques et pratiques qui s'y rapportent.

Les Ingénieurs accueilleront favorablement cet Ouvrage, qu'on doit considérer comme une partie très importante d'un cours d'Hydraulique appliquée. Sur les particularités constructives des récepteurs hydrauliques, l'auteur donne seulement quelques rares indications, cette partie relevant plutôt des traités de Mécanique appliquée aux machines et de construction de celles-ci.

Table des matières. 1ʳᵉ Partie: Généralités sur l'énergie mécanique des courants d'eau et sur les machines hydrauliques.—I. *Relevé de quelques principes et formules fondamentales d'Hydraulique.* II. *Énergie mécanique des courants d'eau.* III. *Machines hydrauliques et transmission de l'énergie hydraulique par l'eau sous pression.* IV. *Description et clasification des récepteurs hydrauliques.*

IIᵉ Partie: Roues hydrauliques.—V. *Roues á augets.* VI. *Roues á palettes de côté.* VII. *Roues á palettes en dessous.*

IIIᵉ Partie: Turbines hydrauliques.— VIII. *Théorie des turbines hydrauliques.* IX. *Types principaux de turbines hydrauliques.* X. *Principaux dispositifs de support, de vannages et de réglage automatique dans les turbines hydrauliques.*

IVᵉ Partie. Machines à colonne d'eau et récepteurs hydrauliques-opérateurs.— XI. *Machines à colonne d'eau (moteurs à pression hydraulique).* XII. *Récepteurs-hydrauliques-opérateurs à piston.* XIII. *Béliers et éjecteurs hydrauliques.*

Bibliothèque du conducteur de travaux publics. **Mathématiques,** par Georges **Daries,** Ingénieur de la ville de Paris, licencié ès-sciences mathématiques. 2ᵉ édition, revue et très augmentée.—Paris. *Vᵛᵉ Ch. Dunod,* éditeur. 1905. 1 vol. gr. in-16, 550 pages, 310 figs. Belle relieure mouton souple 12 fr.

L'étude des mathématiques supérieures peut être envisagée à deux points de vue qui supposent des notions préparatoires bien differents.

Le premier point de vue n'interesse guère que les savants et les personnes qui se destinent au professorat. La connaissance approfondie de l'algèbre supérieure est indispensable; celle de la géométrie analytique n'est pas moins utile.

Pour le second point de vue, celui de l'application pratique, qui convient aux ingénieurs et conducteurs de travaux publics, les études sont moins longues. Les notions relatives à la différentiation et à l'intégration des fonctions simples, à leur développement en série, et aux applications géométriques, quadrature et cubature, suffisent largement pour la pratique.

Un jeune homme ne possédant que les connaissances élementaires de la géométrie, l'algèbre, la trigonométrie, peut, en travaillant quelques mois, acquérir les élements d'analyse indispensables pour étudier sérieusement la mécanique, la résistance des matériaux, l'hydraulique, la physique industrielle, l'électricité, etc., en un mot toutes les spécialités qui constituent le domaine de l'ingénieur. Il est à peine permis aussi à une personne s'occupant de technique, d'ignorer les notions d'analyse infinitésimale.

L'ouvrage de M. G. Dariès est écrit en vue de l'application et dans les idées pratiques dont nous venons de parler; mais il contient, exposés d'une façon claire et concise, tous les éléments mathématiques qu'il importe à un technicien instruit de connaître Cet ouvrage sera consulté avec fruit par les élèves des diverses écoles d'ingénieurs et d'arts et métiers.

Cette deuxième édition a été considérablement augmentée comme texte et comme figures.

Actualités Scientifiques. **La Dominatrice du Monde et son Ombre.** Conférence sur l'énergie et l'entropie par le Dr. Félix **Auerbach**, Professeur à l'Université d'Iéna. Edition française publiée avec l'assentiment de l'auteur par le Dr. E. Robert-Tissot. Avec Préface de Ch.-Ed. Guillaume, Directeur adjoint du Bureau international des Poids et Mesures.—Paris, *Librairie Gauthier-Villars*, Quai des Grands-Augustins, 55, volume in-16. xv-86 pages. 1905. 2 fr. 75 c.

Table des Matières.—Avant-propos.—Préface.—Loi de la conservation de l'énergie. L'énergie dominatrice du monde. Loi de la conservation de la matière. La quantité de la matière est immuable, mais ses qualités sont variables.—Le travail.—Les réserves de travail. L'énergie et ses formes diverses. Mesure du travail.—Énergie actuelle. Énergie potentielle.—Les transformations de l'énergie. Équivalent mécanique de la chaleur.—Les phénomènes naturels sont des transformations de l'énergie.—Le changement est le caractère commun à tous les phénomènes naturels.—Les phénomènes naturels tendent au nivellement.—Dispersion de l'énergie. Intensité et *extensité*. Réversibilité imparfaite. Usure. L'entropie est le degré de dispersion de l'énergie.—Conséquences de l'entropie.—Remarques. Bibliographie.

Sur le développement de l'analyse et ses rapports avec diverses sciences. Conférences faites en Amérique par Émile **Picard**, Membre de l'Institut.—Paris. *Librairie Gauthier-Villars*, Quai des Grands-Augustins, 55. Volume in-8. IV-168 pages. 1905. 3 fr. 50 c.

L'auteur a réuni ici les Conférences qu'il a faites, en Amérique en 1899 et en 1904. Les premières traitent du développement de l'Analyse pendant le XIXe siècle; en même temps qu'elles ont un caractère historique, elles montrent les voies où la Science tend à s'engager. Dans la quatrième Conférence, il est question surtout des relations de l'Analyse avec la Géométrie, la Mécanique et la Physique mathématique, et l'on insiste sur l'influence que ces dernières sciences ont eue sur son développement.

Table des matiéres.—*Conférences faites à Clark-University* (1899).—
I. Sur l'extension de quelques notions mathématiques et en particulier
de l'idée de fonction depuis un siècle.—II. Quelques vues générales sur
la théorie des équations différentielles.—III. Sur la théorie des fonctions
analytiques et sur quelques fonctions spéciales.—*Conférence faite au Congrès de Saint-Louis* (1904). Sur le développement de l'Analyse mathématique et ses rapports avec quelques autres sciences.

Étude sur développement des Méthodes Géométriques, lue
le 24 Septembre 1904 au Congrès des Sciences et des Arts, à
Saint-Louis, par Gaston **Darboux,** Secrétaire perpétuel de
l'Académie des Sciences.—Paris. *Librairie Gauthier-Villars,*
Quai des Grands Augustins, 55. Brochure grand in-8. 35 pages. 1905. 1 fr. 50 c.

Dans cette Conférence M. Darboux analyse les progrès que la Géométrie a faits au cours du siècle qui vient de finir. Après avoir jeté un
coup d'œil rapide sur l'état des Sciences mathématiques au commencement du XIXe siècle, il montre comment la Géométrie moderne est venue
contribuer dans une large mesure au renouvellement de la Science mathématique tout entière, en offrant aux recherches une voie nouvelle et féconde, et sortout en montrant, par des succés éclatants, que les méthodes
générales ne sont pas tous dans la Science et que, même dans le sujet le
plus simple, il y a beaucoup à faire pour un esprit ingénieux et inventif.
Puis, dans quinze Chapitres pleins d'intérêt, il passe en revue les travaux
des plus illustres géomètres, et conclut dans les termes qui suivent: "Cultivons donc la Géo·étrie, qui a ses avantages propres, sans vouloir sur
tous les points l'égaler à sa rivale. Au reste, si nous étions tenté de la
négliger, elle ne tarderait pas à trouver, dans les applications des Mathématiques, les moyens de renaître et de se développer de nouveau. Elle
est comme le géant Antée qui reprenait des forces en touchant la terre."

**Bibliothèque du conducteur de travaux publics. Fouilles
et fondations,** par **P. Frick,** Ingénieur des Constructions civi-

les.—Paris. *Vve Ch. Dunod*, éditeur. 1905. 1 vol. gr. in–16, 480 pages, 372 figs. Belle reliure en mouton souple 12 fr.

M. Frick, dans son nouveau livre, a su condenser tout ce qui a trait à l'importante question de la fondation des ouvrages.

L'auteur a principalement en vue de mettre en relief les principes à appliquer dans chaque cas particulier, principes qu'il a accompagnés d'exemples.

Le volume débute par des généralités sur les conditions que doit remplir une fondation, et sur les moyens à employer pour s'assurer que les terrains se comporteront avec une stabilité parfaite. Il traite en suite des fondations à l air libre et définit les méthodes d'assèchement des fouilles. Il passe en revue les fondations sous l'eau et leurs divers procédés.

Un troisième chapitre est consacré au procédé des fondations à l'air comprimé. L'auteur a pu, sur cette question, rédiger une véritable monographie substantielle, où il met en relief les principaux caractères de ce mode de travail, qu'il appuie d'exemples. Un quatrième chapitre traite des déblais souterrains et des tunnels, que l'auteur considère comme des puits horizontaux.

Enfin, une annexe importante fournit des généralités sur ce "matériau" récent qui a déjà de si nombreuses applications: *"le ciment armé."* Elle en présente les précieuses propriétés, rappelle les différents systèmes de calcul auxquels il a donné naissance et cite quelques-unes des plus curieuses applications. Elle se termine par un rapide exposé sur un produit tout nouveau également qui est appelé à rendre de signalés services: "le métal déployé."

Métallurgie du zinc par A. Lodin, Ingénieur en chef des mines, Professeur à l'École Nationale Supérieure des Mines. —Paris. *Vve Ch. Dunod*, éditeur. 1905. 1 vol. gr. in–8. 810 pages, 275 figs. et 25 pl. 35 fr.

La métallurgie du zinc présente un intérêt considérable, à raison de l'importance de la production annuelle de ce métal et de la multiplicité de ses emplois. Cependant elle n'avait fait, jusqu'à ces derniers temps, l'objet d'aucun traité spécial.

Les chapitres préliminaires du livre de M. Londin, consacrés à la description des conditions dans lesquelles le zinc se présente dans la nature, fournissent, sous une forme condensée, des indications disséminées jusqu'ici dans un grand nombre de publications et dont quelques-unes sont inédites.

La description des opérations préparatoires de la métallurgie du zinc, telle que la calcination et le grillage, a été faite en se plaçant au point de vue des conditions générales de travail qui se rencontrent normalement en Europe. La production du zinc par réduction et distillation en vase clos, telle qu'elle se pratique actuellement, constitue l'objet principal de l'ouvrage. Les moyens employés pour la réaliser dans le passé comme dans le présent, sont décrits d'une manière complète.

Les opérations accesoires, qui exercent une influence considérable sur le résultat final, ont été également étudiées et discutés dans leurs moindres détails.

La réduction en vases clos exige encore, malgré les progrés réalisés, des consommations considérables de main-d'œuvre, de combustible et de produits réfractaires. Aussi de nombreux inventeurs ont-ils cherché à substituer à son emploi celui d'autres procédés. Ces tentatives sont exposées et discutées par M. Lodin.

Un des derniers chapitres de l'ouvrage est consacré à la description du procédé de fabrication directe du blanc de zinc en usage aux Etats-Unis; on y rencontrera des documents inédits sur cette formule peu connue en Europe.

La publication du présent ouvrage contribuera largement à faire perdre à la métallurgie du zinc le caractère un peu mystérieux qu'elle avait conservé jusqu'ici; elle fournira à tous ceux qui s'occupent de cette branche d'industrie un moyen de contrôler les résultats obtenus et de les améliorer méthodiquement, et suivant une voie rationnelle et réellement scientifique.

Granderye (**L. M.**), Ingénieur chimiste, Préparateur à l'Université de Nancy. **Détermination des espéces minérales.** Petit in.8º (19×12) 184 pages, avec 11 figures. 1904. 3 fr. Paris. Encyclopédie Scientifique des Aide Mémoire. *Librairie Gauthier-Villars.*

Cet Ouvrage, fait dans le but de faciliter les recherches et de déterminer rapidement les minéraux sera sans doute bien accueilli de tous ceux qui s'occupent de Minéralogie. Etudiants ou prospecteurs y trouveront un résumé des principales propriétés des minéraux qui leur permettront d'en fixer avec certitude l'espèce. Il contient sous une forme réduite et décrit en quelques lignes une grande quantité d'espèces minérales qui ont été groupées d'après leurs propriétés organoleptiques, physiques, mécaniques et chimiques.

L'accumulateur électrique et ses applications industrielles. Traité pratique à l'usage de l'ingénieur par **Lamar Lyndon.** Traduit de l'anglais par Ch. de Vaublac.—Paris, *Librairie Polytechnique Ch. Béranger.* 1904. 8º gr. 392 pages, 184 figs. 17 fr. 50 relié.

Esta obra, que es un excelente manual que aprovecharán no solo los ingenieros sino también los prácticos, está escrito en un estilo fácil y sin hacer uso en lo posible de cálculos matemáticos.

Contiene en la primera parte el estudio del acumulador de plomo, explicando la teoría general del acumulador, condiciones á las cuales debe satisfacer una placa, voltage y sus variaciones, cantidad y distribución de la materia activa, electrolito y su cantidad, descarga interior, influencia de la temperatura, variaciones de la capacidad, resistencia interior, rendimiento, duración, causas de deterioro y sus remedios, manejo de las baterías; placas modelo Planté; sistema Faure, etc. La segunda parte se ocupa de los aparatos auxiliares y de sus aplicaciones, como son baterías, cables de reducción, elevadores de tensión, etc., terminando con un ejemplo práctico del aprovechamiento de una batería en una instalación aislada.

Eléments de Sidérologie par Hans Baron von Juptner, Professeur à l'École des Mines de Leoben. Traduits de l'allemand par E. Poncelet et A. Delmer, Ingénieurs.—Première Partie. —Paris, *Librairie Polytechnique Ch. Béranger.* 1904. 8º gr. 340 pages, 91 figs. 18 fr. relié.

Se hallan en esta útil obra reunidos todos los conocimientos actuales sobre el hierro y presenta un resumen de las investigacionos ejecutadas hasta el día, haciendo notar la íntima relación entre la constitución, propiedades y aplicaciones del fierro y el acero.

El tomo primero que se ha publicado, trata de la constitución de las ligas de fierro y de las escorias, detallando la teoría de las soluciones, la difusión, la conductibilidad eléctrica y la dilatación; la constitución microscópica ó micrografía del fierro y de las escorias; la composición química de las diferentes ligas de fierro, así como de las diversas escorias.

A Treatise on Metamorphism by **Ch. R. Van Hise.** (United States Geological Survey, Ch. D. Walcott, Director. Monographs, Vol. XLVII). Washington. Government Printing Office. 1904. 4? 1286 pages, XIII pl. & 32 figs. $1.50.

Esta obra escrita después de acumular los más notables trabajos de varios hombres de ciencia, trata con gran desarrollo y detalles el importante fenómeno del metamorfismo considerado conforme á los principios físicos y químicos, es decir en general con relación á las leyes de la energía.

Los nueve primeros capítulos tratan de los variados fenómenos que presenta el metamorfismo, detallando los efectos mecánicos y químicos, que provienen de la energía química, del calor y luz, y en seguida estudiando las soluciones acuosas y sólidas, la circulación de las aguas subterráneas, sus variados efectos mecánicos y químicos; los minerales, su distribución, composición, alteraciones, etc., principalmente los que entran en la composición de las rocas; la acción de los diversos agentes atmosféricos (agua, viento, temperatura, presión barométrica); acción de animales y plantas; cementación, acciones mecánicas y químicas; zona de anamorfismo; acciones ígneas; rocas sedimentarias.

Los tres últimos capítulos se ocupan de las relaciones entre el metamorfismo y la estratigrafía, la distribución de los elementos químicos y los depósitos minerales, estudiando de estos últimos los producidos por sedimentación, procesos ígneos y de metamorfismo, considerando especialmente los que provienen de: soluciones gaseosas, soluciones acuosas ascendentes ó descendentes, etc.

El autor propone en resumen la siguiente clasificación de los depósitos minerales:

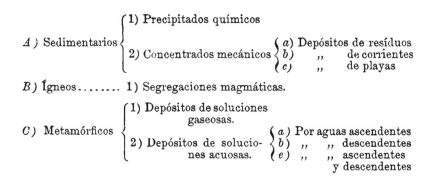

A) Sedimentarios
1) Precipitados químicos
2) Concentrados mecánicos
- *a)* Depósitos de resíduos
- *b)* ,, de corrientes
- *c)* ,, de playas

B) Ígneos........ 1) Segregaciones magmáticas.

C) Metamórficos
1) Depósitos de soluciones gaseosas.
2) Depósitos de soluciones acuosas.
- *a)* Por aguas ascendentes
- *b)* ,, ,, descendentes
- *e)* ,, ,, ascendentes y descendentes

Le fraisage. *L'outil à fraiser, les machines à fraiser, l'affûtage,* par Emile **Jurthe** et Otto **Mietzschke,** ingénieurs; traduction française, d'après la 2ᵉ édition allemande, par **M. Varinois,** ingénieur des Arts et Manufactures. 1 vol. in-8 de 362 pages, avec 371 fig. Broché, 15 fr.; cartoné, 16 fr. 50. (Vᵛᵉ Ch. Du-nod, éditeur, 49, quai des Grands-Augustins, Paris, VIᵉ)

Ce manuel de fraisage est un guide d'emploi journalier, dont le but est, d'un côté, de donner une méthode au technicien. au contremaître et au constructeur de machines consciencieux, pour exécuter lui même les travaux les plus difficiles du fraisage, et pour pouvoir les enseigner à d'autres, et, en second lieu, pour stimuler l'homme de métier vers une série d'essais et de découvertes nouvelles et lui présenter les derniers perfectionnements qui ont été réalisés dans ce domaine.

L'ouvrage traite de toutes les particularités concernant ce très moderne procédé de travail du métal et indique ce qui est nécessaire pour la parfaite connaissance de la remise en état, de l'entretien et de l'usage des fraises. Des tableaux synoptiques sont adjoints aux chapitres.

Partant de cette idée qu'on ne peut obtenir de bons services d'aucun outil sans un bon entretien, l'affilage des fraises est expliqué d'une façon détaillée, avec de nombreuses illustrations. Ce livre donne également la description à fond de la rectification des outils, ainsi que des machines à rectifier et de leur emploi.

Ramosite not a Mineral; by Lea McI. Luquer.

(From *American Journal of Science* January 1904).

The doubtful mineral *Ramosite* occurring in pebbles in alluvium from San Luis Potosí, México, originally described by Perry in the Transactions of the American Institute of Mining Engineers in 1884 (vol. XII, 628), has been carefully reexamined with the following results.

Sections were obtained with great difficulty on account of the extreme hardness and brittleness, but proved the material to be greenish by transmitted light, non-pleochroic and isotropic and gave no indication of crystalline structure. Irregular fracture lines were common, sometimes approaching in appearances cleavages, and many minute shot-like grains of an iron-stained decomposed mineral were noticed.

The region in which the material occurs is volcanic, and the very marked vesicular structure and conchoidal fracture would indicate a volcanic scoria. The hardness from 8–9 is unusual, but basic scorias from the Sandwich Islands and elsewhere have shown a hardness from 6–7, greater than that of ordinary obsidian. The recorded analysis, for which no great accuracy is claimed, shows:

SiO^2	Fe_2O_3	Al_2O_3	CaO	MgO	MnO_2
46.32	13.00	9.19	17.74	13 13	trace = 99.38,

corresponding rather closely to formula R_2O_3 $4RO$. $5SiO_3$. The material qualitatively resembles garnet, but quantitatively differs widely; thus removing the possibility of it being a kind of garnet (as suggested by Dana).

The analysis of a tachylyte from Gethurms, Germany, by Lemberg, shows:

SiO_2	Fe_2O_3	Al_2O_3	CaO	MgO	K_2O	N_2O	Loss
45.73	12.46	20.15	8.67	3.59	4.11	5.74	0.12 = 100.57

as low in SiO_2 as the supposed Ramosite.

The evidence, therefore, shows the material to be *not a mineral*, but a basic scoria of unusual hardness and composition.

Department of Mineralogy,
Columbia University, N. Y., Nov. 4, 1903.

Sociedad Científica "Antonio Alzate."

MEXICO.

Revista Científica y Bibliográfica.

Núms. 9-12.   Tomo 21.   1904.

SESIONES DE LA SOCIEDAD.

OCTUBRE 3 de 1904.

20? aniversario de la fundación de la Sociedad.

Presidencia del Sr. Lic. Ramón Manterola, Vice–presidente Honorario.

Abierta la sesión á las 7 p. m., el Sr. Manterola dió las gracias por la galante invitación que le hizo la Junta Directiva para que presidiera la presente sesión en la que la Corporación celebra el 20? aniversario de su fundación.

El Secretario perpetuo anunció el sensible fallecimiento de M. A. Le Jolis, Socio honorario de la Sociedad y Director de la Société Nationale des 'Sciences Naturelles et Mathématiques de Cherbourg.

Se presentaron los trabajos siguientes:

Prof. C. Conzatti. *Las Criptógamas Vasculares Mexicanas.*

Dr. A. Dugès. *El tacto colorido* (Memorias, XIX, 375).

Prof. M. Lozano y Castro. *Análisis del agua mineral de Ojocaliente, Zac.* (Memorias, XIII, 433).

Ing. Leopoldo Salazar. Ideas relativas á una obra sobre la Industria Minera de México.

Ing. Luis Urquijo. *Nivelaciones topográficas y geodésicas.* (Presentado por el socio B. Anguiano).

El Sr. Ing, Joaquín de Mendizábal presentó sus Tablas de Multiplicar.

El Sr Lic. R. Manterola hizo una breve exposición del estado á que ha llegado el idioma Esperanto considerándolo como idioma auxiliar internacional y haciendo notar sus inmensas ventajas.

A moción de los socios Cicero y Aguilar, quedó nombrado por aclamación el SR. LIC. D. RAMÓN MANTEROLA, PRESIDENTE HONORARIO de la Sociedad, quien después de repetidas excusas debidas á su sincera modestia, aceptó dicho nombramiento manifestándose profundamente reconocido.

Se levantó la sesión á las 8.25 p. m. á la cual asistieron los socios S. Alemán. M. F. Alvarez, B. Anguiano, S. Bonansea, C. Burckhardt, A. Castellanos, R. E. Cicero, T. Flores, T. L. Laguerenne, R. Manterola, Joaquín de Mendizábal, M. Moreno y Anda, G. M. Oropesa, F. M. Rodríguez, J. F. Romaní, Leopoldo Salazar, F. Solórzano Arriaga y A. Villafaña; los Sres. N. Andrade, F. Bracho, M. Campos, J. Híjar, M. Villafaña, F. de P. Zárate, M. Zárate y J. Rojas y el Secretario que subscribe.

El Secretario perpetuo,
R. AGUILAR.

<hr>

NOVIEMBRE 7 DE 1904.

Presidencia del Sr. Ing. Juan de D. Villarello.

El Secretario perpetuo dió cuenta de una carta que el distinguido astrónomo F. Folie ha dirijido al Sr. Ing. Joaquín de Mendizábal, proponiéndole que la Sociedad tome parte en los estudios que está haciendo relativos á la desviación del péndulo, indicándole que la Sociedad ejecute en México observaciones simultáneas á las que hace en Bruselas. Quedó acordado que por intermedio de los socios B. Anguiano y el subscripto, se trate de conseguir del Observatorio Nacional ó de la Comisión Geodésica, los instrumentos necesarios para las referidas sbservaciones.

Se presentaron los trabajos siguientes:

Pbro. S. Díaz. *Los alto-stratus; su origen, evolución y función meteorológica* (Memorias, XXI, 237).

Ing. R. Escobar. *Algunos problemas agrícolas en México.*

Ing. **T. Flores.** *Consideraciones generales sobre el uso de motores de gasolina en las minas* (Memorias, XXII, 78).

Ing. **M. Moncada.** *El gusano de la fruta.* (Presentado por el suscrito) (Memorias, XXI, 229).

DICIEMBRE 19 DE 1904.

Presidencia del Sr. Dr. S. Bonansea.

Se presentaron los trabajos siguientes:

Dr. **J. Díaz de León.** *Los plantíos de ornato* (Memorias, XXI).

Dr. **J. de la Fuente.** *Higiene pedagógica* (Continuación).

R. **Mena.** *El linaloé.*

Dr. **S. Polverini** (Girgenti). *La Parábola de la Vida del hombre y de las animales* (Presentado por el socio S. Bonansea). (Memorias, XXII).

Quedaron nombrados miembros titulares los Sres. Ingenieros JERÓNIMO HÍJAR y LUIS URQUIJO, postulados en la sesión pasada.

El Secretario interino,
M. MORENO Y ANDA.

NOTICE SUR A. DAMOUR

PAR M. A. LACROIX.

(Extrait du Bulletin de la Société Française de Minéralogie).

Le 22 Septembre 1902, s'est éteint, à l'âge de 94 ans, l'un des fondateurs de notre Société, son doyen, A. Damour, qui fut son troisième président (1880), le second de ses membres honoraires français (1889) et qui, pendant 20 ans, a été mêlé à sa vie de la façon la plus intime.

Quel est celui de nous qui n'a encore présente à l'esprit l'image de ce vieillard à la physionomie si fine, à la démarche pleine de distinction, apportant dans nos réunions et nos discussions une bienveillance égale pour tous et une courtoisie parfaite, qui rappelait les habitudes un peu cérémonieuses du vieux temps!

Damour était un passionné de notre Science. Il aimait les minéraux, non seulement pour les recherches qu'ils lui permettaient de faire, mais il les aimait aussi pour eux. Sa collection était une partie de lui-même; depuis sa jeunesse, il collectionnait; à 93 ans, il achetait encore des miné- raux et, alors comme par le passé, rien ne lui était plus agréable que de recevoir quelque échantillon nouveau ou rare. Accueillant pour tous les travailleurs et en particulier pour les jeunes gens, il leur ouvrait volon- tiers sa porte et c'était un plaisir partagé que de passer en revue, avec lui, quelques-uns de ses tiroirs, remplis d'échantillons, rendus plus précieux encore par les observations personelles, consignées d'une écriture fine et régulière sur chaque étiquette.

La Minéralogie a rempli sa vie et elle l'a rempli jusqu'au bout. Lorsque à la fin de mai 1902, Damour apprit que j'étais envoyé en mission à la Mar- tinique, avant que j'aie eu le temps d'a. ler prendre congé de lui, il m'envoya une lettre d'introduction pour des parents de son fils qui habitait à la Gua- deloupe, en même temps que des renseignements sur la Soufrière, jadis visitée par lui. A ma rentrée en France, quelques mois plus tard, je fus le voir. Il était mourant; l'un de ses fils voulut bien cependant m'intro- duire dans sa chambre; il lui dit mon nom, mit ma main dans la sienne. Le vieillard avait les yeux fermés, son visage émacié resta impassible; j'allais me retirer, quand ses lèvres s'agitèrent et nous l'entendîmes dire d'une voix à peine perceptible: "Avez-vous trouvé des cristaux de soufre à la Soufrière?" puis ce fut tout.

Nous avons été témoins de l'amitié touchante qui a uni Damour et un autre de nos grands disparus, Des Cloizeaux; cette amitié ne datait pas de la veille; elle avait pris naissance vers 1840 chez A. Brongniart; elle n'a été obscurcie par aucun nuage et elle n'a été rompue que par la mort en 1897. Elle s'est manifestée par quelques Notes publiées en commun, mais la collaboration des deux amis s'est effectuée surtout d'une façon plus étendue et plus discrète. Damour n'était pas cristallographe et Des Cloizeaux n'était guère chimiste; ils se consultaient continuellement, se complétant merveilleusement l'un l'autre, pour le plus grand bien de leurs mutuels travaux. A plusieurs reprises, j'ai entendu Damour dire à Des Cloizeaux qu'il comptait sur lui, tôt ou tard, pour faire le rappel de son œuvre scientifique; bien que plus jeune de près de 10 ans, Des Cloizeaux nous a quittés le premier; j'ai tenu à remplir dans ce *Bulletin* les enga- gements de mon maître.

Alexis Damour est né à Paris le 19 juillet 1808. Embrassant la même carrière que son père, il entra en 1827 au Ministère des Affaires Etrangè- res dans le bureau du chiffre, dont il devait plus tard devenir le chef, avec rang de sous-directeur; il prit sa retraite en 1853. A partir de cette épo- que, la Minéralogie, qui jusqu'alors avait occupé tous ses loisirs, devint la principale de ses occupations. Depuis longtemps universellement connu dans le monde minéralogiqne, il fut élu en 1862 correspondant de l'Institut, puis membre libre en 1878. Membre d'un grand nombre d'associations scientifiques françaises et étrangères, il a présidé en 1857 la Société géologique de France, où se réunissaient les minéralogistes de Paris, avant la création de notre Société, qu'il devait présider 23 ans plus tard.

Le goût de la Minéralogie fut donné à Damour par le cours d'A. Brongniart qu'il suivit au Muséum au début de sa carrière administrative; Brongniart lui témoigna une bienveillance particulière et le mit en relations avec Delafosse et Dufrénoy. Il fut lié d'amitié avec les principaux minéralogistes, géologues et chimistes de son temps et en particulier avec Henri Sainte-Claire Deville, en collaboration duquel il publia plusieurs Notes. Il était le dernier survivant de ceux qui ont entretenu des relations scientifiques avec les contemporains d'Haüy [1]

Damour a fourni l'exemple trop rare d'un homme, indépendant par sa situation de fortune, consacrant la plus grande partie de son existence à la science pure, travaillant d'une façon solitaire, avec ses propres ressources, en dehors de toute attache universitaire et arrivant à une haute situation scientifique. Il a vécu ainsi une très longue vie, tranquille et heureuse, partagée entre sa science et sa famille, entouré jusqu'à la dernière heure par ses fils et belle-fille et leurs enfants, parmi lesquels s'en trouve un, qu'il a eu la joie de diriger dans les études chimiques qu'il aimait tant.

Son unique installation scientifique a toujours consisté en deux pièces exigües, situés au dernier étage de la maison qu'il habitait dans le quartier de la Madeleine; c'est là qu'on était assuré de le recontrer chaque matin au milieu de ses minéraux, à condition de le visiter de fort bonne heure. Une petite cuisine lui servait de laboratoire, une chambre voisine renfermaint ses collections. Son œuvre considérable est là pour montrer qu'un laboratoire perfectionné n'est pas toujours indispensable pour faire de la bonne besogne.

L'œuvre de Damour est remarquablement unie; il s'est consacré entièrement et exclusivement à l'analyse chimique des minéraux, ne faisant que quelques rares incursions dans le domaine de la Chimie pure et encore y a-t-il été conduit par ses analyses de minéraux; je veux parler des Notes qu'il a publiées tur la réunion au niobum du dianum, soi-disant corps

(1) Les archives de ma chaire renferment, régulièrement tenus et sans interruption depuis 1793 (date de l'organisation sous sa forme actuelle, du Muséum d'histoire naturelle), les registres que signent les auditeurs du cours de Minéralogie; le nom de Damour s'y trouve à l'année 1827; Brongniart avait succédé à Haüy cinq ans auparavant.

simple, trouvé dans la niobite (en collaboration avec H. Sainte-Claire Deville), sur celle du donarium (provenant de l'orangite) au thorium.

Damour était un analyste extrêmement habile et des plus consciencieux; ses analyses ont résisté pour la plupart à l'épreuve du temps.

Dans son troisième Mémoire, datant de 1840, il démontra que le plomb-gomme est un phosphate d'alumine et de plomb et non un aluminate de plomb, comme on le croyait alors, sur la foi d'une analyse de Berzélius. Il racontait volontiers, et non sans quelque fierté, que l'illustre chimiste suédois, auquel il avait envoyé son travail de bébut, en s'excusant d'avoir osé contredire une si haute autorité, lui avait répondu par une lettre d'encouragement des plus flatteuses. L'estime des minéralogistes pour l'habileté de Damour, surtout dans les cas d'analyses difficiles, avait d'ailleurs dépassé nos frontières. C'est ainsi que vom Rath s'adressa à lui pour l'analyse de la kentrolite et de la trippkéite, que Websky lui fournit les éléments de celle de la rhodizite et de la jeremeiewite.

Damour a décrit un très grand nombre d'espèces minérales nouvelles, soit seul (*roméine, faujasite, dufrénoysite, alluaudite, brongniardite, descloizite, titanolivine, hydroapatite, jadéite, chloromélanite, callaïs, jacobsite, érythrozincite, goyazite, jereméiewite, venasquite*), soit en collaboration avec divers savants; il se chargeait toujours alors de la partie chimique;—avec Des Cloizeaux (*ottrélite, chalcoménite, picroépidote*), avec vom Rath (*kentrolite, trippkéite*), —avec M. E. Bertrand (*zincaluminite*),—avec Arzruni (*utahite*). Il faut ajouter à cette liste le vanadate, don il a fait, le premier, l'analyse en 1837 et qui, en 1854, a reçu de Fischer et Nessler le nom d'*eusynchite*.

Les analyses d'un certain nombre de minéraux lui ont permis d'établir l'identité chimique de substances, considérées jusqu'alors comme constituant des espèces distinctes; c'est ainsi qu'il a montré l'identité de la *marceline* et de la *braunite*, de la *melilite* et de la *humboldtilite*, du *néoctèse* et de la *scorodite*, de la *morvénite* et de l'*harmotome*, du *jade* et de la *trémolite*, de l'*orangite* et de la *thorite*, de l'*eudyalite* et de l'*eucolite*, de la *vietinghöffite* et de la *samarskite;* cette démonstration chimique, pour celles de ces espèces qui sont cristallisées, a été appuyée par l'étude cristallographique ou optique faite par Des Cloizeaux. De même, Damour a montré que la *prédazzite* est un mélange de calcaire et de brucite et non un minéral, que la *cymophane* est un aluminate et non un silicate, que l'*anatase* et le *rutile* ont exactement la même composition chimique.

Ses analyses ont permis pour la première fois d'établir la formule rigoureuse d'espèces rares ou mal connues à ce point de vue (*gehlenite, ouwarowite, andalousite, euclase, lévyne, christianite, huréaulite, parisite, homilite, cabrérite, hopéite, vénasquite, iodyrite, rhodizite, dumortiérite, bertrandite,* etc.) ou ont confirmé celle admise pour beaucoup d'autres espèces déjà solidement établies.

Damour a entrepris aussi quelques travaux, peu nombreux il est vrai, sur des groupes de minéraux ; le premier, il a mis en relief cette curieuse propriété que possèdent les *zéolites* de perdre, puis de reprendre une partie de leur eau, suivant les variations de température. En collaboration avec Des Cloizeaux, il a étudié l'incandescence que présentent les minéraux à terres rares (orthite, gadolinite, etc.) quand on les chauffe au chalumeau. Il a fait connaître en outre les divers minéraux qui, au Brésil, constituent le cortège du diamant.

Les pétrographes lui doivent les premières notions précises sur la composition minéralogique de la *lherzolite,* jusqu'alors considérée comme une substance homogène ; il en a extrait du péridot, du diopside chromifère de l'enstatite et un nouveau type de spinelle auquel a été donné le nom de picotite. Il a analysé les météorites de Montrejau et de Chassigny et enfin le fer nickelé de Sainte-Catherine.

Les échantillons d'eaux rapportés par Des Cloizeaux de ses deux voyages aux geysers d'Islande ont fourni à Damour matière à un important travail, dans lequel il a établi la composition de silicates solubles qu'elles contiennent et étudié, à l'aide de quelques expériences, le mécanisme de la production de ceux-ci, par l'action de l'eau à haute température sur des silicates renfermant des alcalis.

Ses observations sur la Soufrière de la Guadeloupe (1860) paraissent être les seules qu'il ait faites en dehors de son laboratoire.

En terminant, il me reste à signaler une catégorie de travaux qui a occupé Damour pendant près de 40 ans ; il s'agit de la détermination des minéraux et des roches utilisés par les peuplades préhistoriques pour la fabrication de leurs armes et par les peuples de l'Extrême Orient pour la confection de ces objects d'art qui font l'ornement de nos musées. Il avait réuni une collection d'objets en jade, en jadéite, etc.. incomparable aussi bien au point de vue artistique qu'au point de vue minéralogique ; elle a été malheureusement dispersée à sa mort, ainsi que ses autres collections. C'est elle qui lui a permis de fixer la composition chimique et la densité [1] de toutes ces matières intéressantes ou précieuses, dont quel-

(1) Cette question de la densité des minéraux intéressait beaucoup Damour, qui a fait à ce sujet un nombre incalculable de déterminations ; il a publié celles concernant le zircon. Pendant de longues années, il a complété et perfectionné les tables de densité publiées par l'*Annuaire du Bureau des Longitudes.* Un grand nombre des densités adoptées par Des Cloizeaux, dans son *Manuel de Minéralogie,* ont été vérifiées par lui.

ques–unes font depuis si longtemps, au point de vue de leur origine, le
sujet des discussions des archéologues, discussions auxquelles il a souvent
pris part; c'est par l'étude de cette collection qu'il a pu établir les caractères distinctifs du *jade,* variété de trémolite ou d'actinote, ceux de la
jadeite, riche en soude, que nous savons aujourd'hui être un pyroxène, et
de la *chloromélanite,* qui en est une variété ferrifère.

Cette brève énumération des travaux de Damour, résultat d'un labeur
ininterrompu de 57 ans (sa première Note date de 1837, sa dernière de
1894), suffit à expliquer le respect et l'estime qua lui accordaient tous les
minéralogistes et la place importante qu'il a tenue pendant si longtemps
parmi nous. Cette place, il la devait d'ailleurs, non seulement à sa science,
mais encore à la noblesse de son caractère et à sa vie de travail, consacrée
tout entière au culte passionné et désintéressé de la Science.

BIBLIOGRAFIA.

The Science Series.—The Stars. A Study of the Universe
by Simon **Newcomb,** Retired Professor U. S. Navy.—New
York. G. P. Putnam's Sons. 1904. Illustrated. 8° x-333 pp.
$2.20.

El nombre solo del autor, basta para dar idea de la importancia de la
obra, pues es universalmente reconocida su alta competencia.

Presenta el libro un resumen conciso á la vez que elegante y completo, de los resultados de los más modernos estudios estelares, que exparci-
dos en revistas y periódicos, difícilmente pueden consultarse todos cuan-

do se desea. El autor incluye los últimos trabajos de Campbell, Kapteyn, Pickering, Huggins, Common, Roberts, Sindgreaves y Barnard, relativos á Espectroscopía, Fotografía, etc., que le fueron proporcionados por sus autores.

Los veinte capítulos que forman la obra tratan las siguientes materias: Revista de los progresos recientes. Magnitudes de las estrellas. Nombres de las constelaciones y de las estrellas. Catálogo y numeración de las estrellas. Espectros de las estrellas. Movimientos propios. Estrellas variables. Estrellas nuevas. Paralajes de las estrellas. Sistemas de estrellas. Nebulosas. Constitución de las estrellas. Evolución estelar. Estructura de los

cielos. Distribución aparente de las estrellas. Enjambres de estrellas. Estructura de la Vía Láctea. Estudios estadísticos sobre los movimientos propios. Distribución de las estrellas en el espacio.

The Science Series.—Earthquakes in the Light of the New Seismology by Clarence Edward Dutton, Major U. S. A. —New York, G. P. Putnam's Sons. 1904. Illustrated. 8º XXIII-314 pp. $2.20.

Consigna este libro los estudios que hoy día se hacen de los temblores, considerando sus causas y sus efectos desde el punto de vista de los adelantos de la geología, y no simplemente como narraciones de desastres. Los estudios de las condiciones tectónicas de las regiones de temblores y ·

el progreso notable que han alcanzado los instrumentos registradores, han constituído ya realmente lo que el autor llama *Nueva Seismología*, y en vista de todos sus adelantos está escrito su interesante libro.

Describe la naturaleza de los temblores conforme á las ideas modernas; discute sus causas estableciendo claramente los temblores de origen volcánico y los de origen tectónico, dando los caracteres distintivos de ambos; describe detalladamente los instrumentos más importantes y recientes para el estudio de los temblores (Ewing, Milne, Agamenone, Vicentini, Rebeur–Paschwitz, Omori, Péndulo horizontal, Péndulo bifilar, etc.). Discute circunstanciadamente las vibraciones y movimientos, sus amplitudes y períodos, intensidad, variación de la superficie de intensidad, propagación de las ondas; ondas de gran extensión; distribución y estadística de los seísmos; regiones séismicas y su distribución geográfica; temblores marinos; terminando con la lista de la distribución de la seismicidad en el globo formada por M. de Montessus de Ballore, bien conocido ya por sus trabajos en este ramo de la ciencia.

La Montagne Pelée et ses éruptions par **A. Lacroix**, Membre de l'Institut, Professeur au Muséum d'Histoire Naturelle, Chef de la Mission Scientifique de la Martinique.—Ouvrage publié par l'*Académie des Sciences*, sous les auspices des Ministères de l'Instruction Publique et des Colonies.—Paris, *Masson et C.* 1904. 4? XXII–662 pages, 258 figs. et 31 pl. héliogravure. 60 fr.

Le 9 mai 1902, le monde civilisé apprenait avec stupeur à la fois le réveil subit d'un vieux volcan de la Martinique, la montagne Pelée, qui n'avait pour ainsi dire pas d'histoire, et l'anéantissement total d'une partie de la belle colonie, de la riche et coquette ville de Saint-Pierre, la perle des Antilles, ainsi que de ses 28 000 habitants. Les premiers détails reçus ajoutèrent encore à l'horreur de ce sinistre, l'un des plus rapides et des plus extraordinaires, qu'ait à enregistrer l'histoire du volcanisme.

Le Gouvernement français et l'Académie des sciences se réunirent dans la commune pensée d'envoyer aux Antilles une mission scientifique chargée d'étudier l'éruption et de chercher une explication du désastre. Elle eut plus tard à organiser un service permanent d'observations et de surveillance du volcan. M. A. Lacroix, professeur au Muséum, qui a dirigé cette mission, nous en fait connaître aujourd'hui les résultats scientifiques.

L'auteur a rapporté une impression inoubliable non seulement des phénomènes grandioses et passionnants auxquels il a assisté, mais encore des infortunes dont il a été le témoin, du spectacle tragique de sa campagne qui a duré de longs mois, de ses chevauchées à travers la ville et sur cette Montagne Pelée, naguère véritable Eden, aujourd'hui terre ravagée, couverte d'un gris linceul de cendres, qui n'évoque plus que des souvenirs de désolation et de mort. Dans un volume de 662 pages in-4?, il nous entraîne à sa suite dans tous les détails de l'éruption, des plus grands aux moindres; fixant, dans 258 figures dans le texte et 31 planches en héliogravure hors texte, les traits principaux et souvent fugitifs des phénomènes les plus variés et de leurs effets. Aucune éruption volcanique peut-être n'a été ainsi suivie jour par jour, aucune certainement ne laissera de trace plus durable dans la science.

L'ouvrage est divisé en trois parties. La première, et la plus importante, traite de toutes les questions qui se rattachent à la *Physique du globe*.

Pour la première fois, il a été donné à des géologues d'assister à toutes les phases de l'édification de ce genre de montagne volcanique si fréquent cependant dans les volcans éteints et que l'on appelle un *dôme*. Son histoire est faite jour par jour par l'auteur; ses principales étapes sont illustrées par de nombreuses figures (croquis et photographies) qui montrent en particulier les incessantes vicissitudes de l'étrange *extension à l'état solide* de l'aiguille qui en couronnait le faîte.

Les nuées ardentes, qui ont été l'agent destructeur des éruptions, constituent un phénomène jusqu'alors inconnu des géologues. Les planches hors texte donnent une idée saisissante de la grandeur de cette terrifiante manifestation volcanique.

L'étude de la marche, de la composition, des particularités de ces nuées, a permis de reconstituer ce qui s'est passé lors des grands paroxysmes et en particulier le sombre drame du 8 mai.

Les phénomènes secondaires, nombreux et variés, produits aux dépens des matériaux solides accumulés par les éruptions, enfin les phénomènes électriques, magnétiques. météorologiques consécutifs sont successivement passés en revue dans autant de chapitres où abondent les illustrations.

La seconde partie est consacrée aux *produits rejetés par le volcan*. L'attention de l'auteur s'est particulièrement portée sur les questions, si importantes au point de vue théorique, que soulève la cristallisation des roches acides et les variations qu'elles présentent en fonction du refroidissement.

Enfin, la dernière partie es consacrée à un sujet d'un tout autre ordre. Saint-Pierre n'a pas été seulement renversée, elle a été en outre incendiée par le souffle brûlant de la nuée du 8 mai. Les matériaux de tous genres recueillis dans les rúines ont fourni des documents scientifiques d'un puissant intérêt à de nombreux égards. Il faut citer, en première ligne, les minéraux cristallisés produits à la suite de la fusion des murs de certaines maisons; celle-ci a donné naissance à des coulées en miniature qui ont englobé et dissous les objets métalliques les plus divers, en constituant des expériences synthétiques qui éclairent quelques particularités de l'histoire des roches en général et ramènent ainsi par un chemin détourné au volcanisme et à l'évolution des magmas éruptifs naturels.

Publications de l'Observatoire Central Nicolas (Pulkovo) sous la direction de O. Backlund. St.-Pétersbourg. Impr. de l'Académie Impériale des Sciences. Fol.

O. Backlund.

Série II. Vol. V et VI. 1898 et 1900. Observations faites au Cercle méridien de Poulkovo par *H. Romberg.*—(Le vol. VII contiendra les catalogues tirés des observations).

Vol. VIII. Observations faites au cercle vertical par *M. Nyrén* et *A. Ivanof.* 1901.

Vol. IX. Observations faites à la grande lunnete méridienne par *A. Sokoloff*, et *S. Lébédeff*. 1903.—2. Die Rectascensionen der Pulkowoer Hauptsternwarte aus den Catalogen 1845 0, 1865.0 und 1885 0 abgeleitet und auf die Epoche 1900.0 bezogen von *A. Kowalski.*

1903.—3. Catalog von 781 Zodiacalsternen für Aequinoctium und Epoche 1895.0 nach Beobachtungen von *M. Ditschenko* bearbeitet von *J. Seyboth.* 1903.—4. Durchgangsbeobachtungen von Zodiacalsternen von *H. v. Zeipel.* 1904.

INDICE DE LA REVISTA.

1904.

Table des matières de la Revue.

Bibliografía.

BIBLIOGRAPHIE.

Lightning Source UK Ltd.
Milton Keynes UK
UKHW011629220219

337801UK00010B/1846/P